科技文献量化分析举要
——以钛铝金属间化合物材料为例

鲍芳芳　编著

北　京
冶　金　工　业　出　版　社
2022

内 容 提 要

本书以钛铝金属间化合物材料的科技文献为例，综合国内外资料，并结合工作实践，介绍了科技文献量化分析的基本知识，并详细地阐述了钛铝金属间化合物材料的学术论文和技术专利的量化情况等。

本书可供广大科技工作者阅读，也是读者快速了解科技文献量化分析的参考书。

图书在版编目(CIP)数据

科技文献量化分析举要：以钛铝金属间化合物材料为例/鲍芳芳编著.—北京：冶金工业出版社，2022.6

ISBN 978-7-5024-9070-6

Ⅰ.①科…　Ⅱ.①鲍…　Ⅲ.①钛合金—科技文献—量化分析　②铝合金—科技文献—量化分析　Ⅳ.①TG146.2

中国版本图书馆 CIP 数据核字(2022)第 032724 号

科技文献量化分析举要——以钛铝金属间化合物材料为例

出版发行	冶金工业出版社	**电　　话**	(010)64027926
地　　址	北京市东城区嵩祝院北巷 39 号	**邮　　编**	100009
网　　址	www.mip1953.com	**电子信箱**	service@mip1953.com

责任编辑　高　娜　美术编辑　燕展疆　版式设计　郑小利

责任校对　梁江凤　责任印制　李玉山

三河市双峰印刷装订有限公司印刷

2022 年 6 月第 1 版，2022 年 6 月第 1 次印刷

710mm×1000mm　1/16；16.25 印张；314 千字；249 页

定价 89.00 元

投稿电话　(010)64027932　投稿信箱　tougao@cnmip.com.cn

营销中心电话　(010)64044283

冶金工业出版社天猫旗舰店　yjgycbs.tmall.com

(本书如有印装质量问题，本社营销中心负责退换)

前　　言

在互联网、大数据背景下，科技文献不断涌现并且获取途径更加快捷，关注科技文献已成为科技工作者日常工作的一项重要内容。随着计量工具的发展，科技文献量化日趋完善，科技文献工作者在文献量化方面的水平有了大幅度提高。为了更好地帮助读者了解科技文献量化情况，作者撰写了本书，希望能提供有益帮助。

本书知识体系完整，内容丰富全面，叙述深入浅出，从最基本的科技文献概念开始，阐述了科技文献量化分析的基本知识，并以钛铝金属间化合物材料为例，对中文 CNKI 数据库、外文 Web of Science 数据库、全球专利、中国专利等进行具体研究分析。书中内容对其他主题的科技文献量化也有重要的参考价值。

本书主要用于了解和学习科技文献量化，可作为科技工作者、科技文献工作者及科技文献计量爱好者的参考用书。需要说明的是，由于作者的侧重点不同，各章节论述繁简会不尽相同。

本书以钛铝间金属化合物材料为科技文献量化分析的研究对象展开论述，共 8 章：第 1 章为绪论，阐述本书主要相关概念，包括科技文献、科技文献量化分析和钛铝金属间化合物；第 2 章为基础知识，包括论文和专利概述；第 3 章为钛铝金属间化合物材料中文论文量化举要，基于 CNKI 数据库揭示钛铝金属间化合物材料中文学术论文情况；第 4 章为钛铝金属间化合物材料外文论文量化举要，基于 Web of Science 数据库揭示钛铝金属间化合物材料英文学术论文情况；第 5 章为钛铝金属间化合物材料中外论文量化分析，基于 CiteSpace 软件对中英文钛铝金属间化合物材料学术论文予以揭示；第 6 章为钛铝金属间化合物材料全球专利量化分析，基于 Incopat 专利数据库对全球钛铝金属间化合物材料技术专利予以揭示；第7章为钛铝金属间化合物材料中国专利量化分析，基于Incopat专利数据库对中国钛铝金属间化合物材料技术专利予以揭示；第8章为其他科技文献，以标准为例，介绍相关基本知识。

作者在撰写本书的过程中，得到了中国航发北京航空材料研究院丁贤飞博士在合金知识方面的指导，获得了中国航发北京航空材料研究院南海研究员、高威高级工程师、王晓博士、胡海涛博士、冯新博士、宗骁博士、纪志军博士、黄宏工程师、罗倩工程师、左家斌工程师等许多同志的热情帮助和支持，在此一并表示衷心的谢意。同时，感谢国家自然科学基金项目（51671026）对本书的出版提供了资助。

另外，本书参考了有关文献资料，在此对本书引用的所有参考资料的作者表示衷心感谢。

由于作者水平所限，书中不妥之处，敬请广大读者批评指正。

作 者

2021年6月21日

目　录

1 绪 论

航空发动机是飞机的动力来源，就像飞机的心脏，没有它飞机就飞不起来，它会直接影响到飞机的性能、可靠性和经济性。航空发动机被誉为“工业制造皇冠上的明珠”，其核心是超高的设计和制造要求。高性能航空发动机被看作是一个国家在工业制造方面最高水平的重要标志之一。

航空发动机的研究涉及冶金、材料、机械加工、机械制造、热力学、空气动力学、流体力学、控制学等，基本上工科学科的75%以上都要把自己的最高成就献给航空发动机。此外，制造航空发动机面临的风险和资金需求很大，商业周期和研发周期也很长，例如，研发一型商用发动机需要15亿~20亿美元；航空发动机生产商，例如，通用电气航空公司需要提前十几年为下一代发动机做准备。目前来看，能够独立设计、制造高性能航空发动机的只有美国、俄罗斯、英国、法国、中国等少数国家。

航空发动机具有高温、高压、高转速和高负荷的工作环境特点，对航空发动机材料有极高的要求。航空发动机材料作为实现航空发动机综合性能的保障，被视作三大航空关键技术之一。航空发动机材料在航空发动机减重、耐高温、高推重比和长寿命的技术性能突破中的贡献率占50%以上。航空发动机材料包括合金材料和复合材料，其中，合金材料有铝合金、钛合金、超高强度钢和高温合金等，复合材料有碳/碳复合材料、陶瓷基复合材料、树脂基复合材料和金属基复合材料等。

在航空发动机材料中，钛合金是以钛为基础加入其他元素组成的合金。钛合金以其优良的高强度、耐蚀性及耐热性等特点已成为高性能结构件的首选材料。钛和航空共存共荣，航空工业是钛合金的重要市场，钛合金在航空发动机中主要用于压气机叶片、机匣、发动机舱和隔热板等部位。现代涡轮发动机结构重量的30%左右由钛合金材料组成，例如，F-22使用的F119发动机中40%为钛合金、A320使用的V2500发动机中31%为钛合金。

在钛合金材料体系中，钛铝金属间化合物比一般钛合金的高温性能好，抗氧化、抗蠕变性能好，密度小于一般的钛合金；并且，钛铝金属间化合物材料的密度低、弹性模量高、综合性能指标优于传统高温合金，韧性又高于普通陶瓷材料。钛铝金属间化合物在航空航天材料中展现出令人瞩目的发展前景，成为新一代高温材料的代表之一，被视作高推重比先进军用飞机发动机高压压气机及低压涡轮叶片的首选材料。世界主要航空发动机公司均致力于钛铝金属间化合物材料的工程化应用开发，例如，美国通用电气公司已经将钛铝金属间化合物材料应用到 GEnx 发动机最后两级低压涡轮叶片，使单台发动机减重约 90. 6kg（200 磅）、节油 20%、氮化物排放量减少 80%。

钛铝金属间化合物材料的重要性不言而喻，与此同时，钛铝金属间化合物材料相关科技文献不断涌现，这些科技文献主要围绕钛铝金属间化合物材料成分研究、制备成形与应用技术从学术论文、技术专利、行业标准、科技报告等角度予以揭示。尽管这些科技文献有重要价值，但是，对这些科技文献的整体性整理与系统性揭示，即由点到线、由线到面、由面到体呈现出钛铝金属间化合物材料的科技文献分析并不多见。在科技领域，科技文献量化分析已是发展迅速、颇具前景的关注重点之一，并且已经涌现出一系列具有指导意义和决策参考价值的分析成果，这些成果以图书、论文、专利等的形式存在。

科技文献是科技工作者对知识的真实反映和行为印迹，也是对科技要求与科技过程客观的、可获取的、可追溯的文字记录。如今，在互联网、大数据时代，科技文献数据获取便捷程度增加，可视化分析方法不断涌现，为科技文献量化分析提供了更多的可能和更为广阔的发展空间。基于对科技文献分析的关注和思考，本书从科技文献量化分析的视角出发，揭示隐藏在科技文献背后的深层次内涵，挖掘科技文献分析的价值与意义。

在科技推进过程中，科技文献利用是一项基础性工作，需要通过检索手段搜集科技文献，再将搜集到的科技文献进行整理和分析，以便为相关课题研究、论文写作等服务。本书以钛铝金属间化合物材料为研究对象，将其作为科技文献量化分析的具体案例，对其学术论文、技术专利展开科技文献的搜集并予以量化分析，以期从科技文献角度客观、具体地揭示出钛铝金属间化合物材料的科技概貌。本研究一方面能够为钛铝金属间化合物材料的从业人员全方位了解行业概况、辨识行业机会等提供参考，另一方面能够为科技文献量化分析发展起到一定的启示性和推进性作用。

1.1　科技文献

1.1.1　含义

科技文献是指科学技术人员或者其他研究人员在科学实验/试验的基础上，对自然科学、工程技术科学以及人文艺术研究领域的现象或问题进行科学分析的研究和阐述。

按照研究方法不同，科技文献分为理论型、实验型和描述型三种。其中，理论型文献运用理论证明、理论分析或者数学推理的研究方法获得科研成果；实验型文献运用实验研究获得科研成果；描述型文献运用描述、比较或者说明的方法，对新发现的事物或现象进行研究获得科研成果。

1.1.2 搜集

1.1.2.1 阶段

以课题研究为例，科技文献搜集可以划分为四个阶段，具体如下。

(1) 前期阶段。主要是选题和论证阶段。选题考虑科学性、学术性、创造性、应用前景及相关研究成果调研等，需要足够的科学依据对其可行性进行论证。

(2) 初始阶段。主要是制订研究计划和选择研究方法。研究计划制订必须遵循事物发展客观规律，有组织、有计划、有步骤地按时完成课题研究工作。研究方法关系到研究成败，为使课题能按计划顺利完成，必须设计和选择适合的研究方法和技术方案。

(3) 中间阶段。主要是研究计划和研究方法实施过程。在整理、总结和综合分析课题进展情况的基础上，应参考和借鉴相关研究成果，及时调整课题研究方法和技术方案，以保证课题研究创新和水平。

(4) 总结阶段。主要是研究成果的总结、鉴定和课题报告的撰写阶段。研究成果是课题中间阶段的产物，对其要进行结果的讨论与分析，在前人研究基础上提出独到见解、结论及存在问题，并接受有关主管部门的鉴定与验收。

1.1.2.2 途径

在现有科技文献保障体系下，搜集科技文献资源的主要途径有以下几方面。

(1) 公共网络搜索引擎。通过公共网络搜索引擎检索科技文献，呈现出的结果会显得分散和杂乱，对科技文献系统性和脉络性的揭示不够。

(2) 国家/省/市/县/区情报研究所。各级情报研究所主要服务对象为公众，科技文献的专一性比较弱，检索到的科技文献宽泛。

(3) 高校及科研院所数据库。高校及科研院所通常会根据学科建设及研究领域需求购置国内外权威学术资源数据库，检索到的文献相对全面。

常用的科技文献搜集途径有中文科技文献、英文科技文献等。

A 中文科技文献

中文科技文献包括中国知网、万方数据知识服务平台、维普网、数字图书库等。

a 中国知网

中国知网即中国知识基础设施工程（China National Knowledge Infrastructure, CNKI），又称中国知识资源总库或中国学术文献网络出版总库，如图 1-1 所示。

图 1-1　CNKI 主页

CNKI 是目前世界上信息量最大、信息内容最全的中文数字图书馆，覆盖自然科学、工程技术、农业、哲学、医学、人文社会科学等各个领域。其文献类型包括学术期刊、博士学位论文、优秀硕士学位论文、工具书、重要会议论文、年鉴、专著、报纸、专利、标准、科技成果、知识元、哈佛商业评论数据库、古籍等，可以与德国 Springe 公司期刊库等外文资源统一检索。

b　万方数据知识服务平台

万方数据知识服务平台集成期刊、学位、会议、科技报告、专利、标准、科技成果、法规、地方志、视频等十余种知识资源类型，覆盖自然科学、工程技术、医药卫生、农业科学、哲学政法、社会科学、科教文艺等全学科领域，如图 1-2 所示。

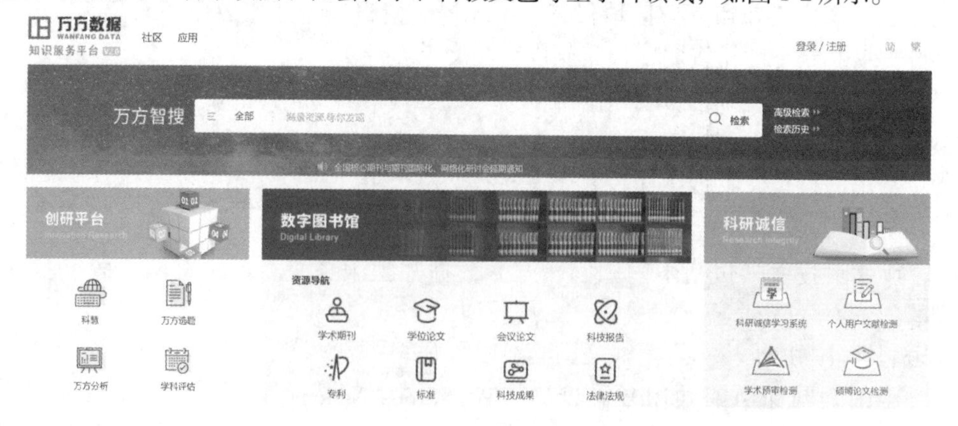

图 1-2　万方数据知识服务平台

c 维普网

维普网包括9000余种/2000万篇中文期刊全文，30余个国家/11300余种/800余万条外文期刊文献，400多种重要中文报纸信息，学科覆盖理、工、农、医、文、史、哲、法多个领域，如图1-3所示。

图1-3 维普网

d 数字图书库

数字图书也称为电子图书、e-book或digital book，是以数字形式制作、出版、存取和使用的图书，一般以磁性或电子载体为存储对象，并借助一定的阅读软件和设备读取。数字图书是数字出版物中最常见的文献类型，常见的有超星数字图书馆、方正Apabi数字资源平台、书生之家数字图书馆和百链云图书馆，具体介绍如下：

(1) 超星数字图书馆。超星数字图书馆是目前世界上最大的中文在线数字图书馆，收录了社会科学和自然科学各个门类的中文图书200余万种，并且拥有新书精品库、独家专业图书资源等。

(2) 方正Apabi数字资源平台。阿帕比（Apabi）电子书产品已在全球3000多家学校、公共图书馆、教育城域网、政府、企事业单位等机构应用，全国多家报社的300多份报纸应用方正阿帕比数字出版技术发行数字报。

(3) 书生之家数字图书馆。书生之家数字图书馆收录入网出版社500多家、期刊7000多家、报纸1000多家，主要提供1999年以来我国内地出版新书的全文电子版，内容覆盖社会科学与自然科学的各个分支学科领域，检索结果为书目、提要及全文三个层次。

(4) 百链云图书馆。百链云图书馆能够同时搜索到纸质馆藏、电子图书、电子期刊、会议论文、学位论文、报纸、专利、标准、视频、音频、图片、随书光盘、OA 资源、特色库等。

B　英文科技文献

英文科技文献包括 Web of Science、EI、ACS、RSC、Wiley 等。

（1）Web of Science。Web of Science 是获取全球学术信息的重要数据库平台，它的三大引文索引（SCIE+SSCI+A&HCI）收录全球 12400 多种权威、高影响力的国际学术期刊，涵盖自然科学、工程技术、社会科学、艺术与人文等学科领域，如图 1-4 所示。

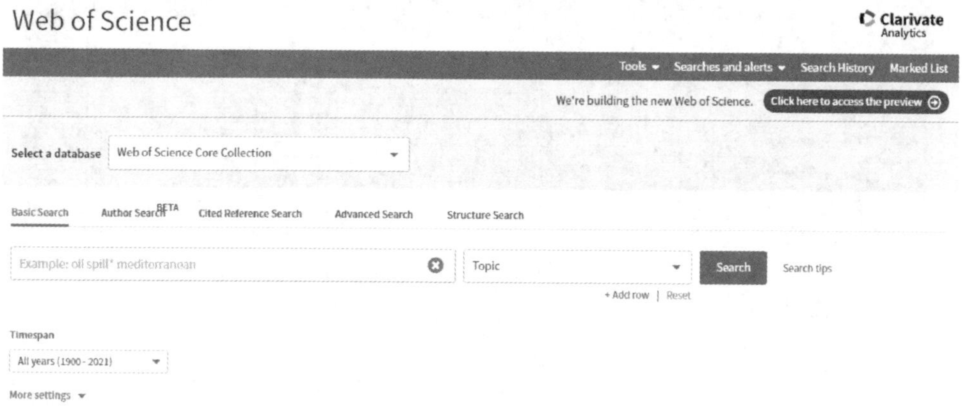

图 1-4　Web of Science 主页

Web of Science 中的 Science Citation Index-Expanded，即科学引文索引，是一个涵盖了自然科学领域的多学科综合数据库，共收录 9000 多种自然科学领域的世界权威期刊，数据最早回溯至 1900 年，覆盖 177 个学科领域。

（2）EI。工程索引（Engineering Index，EI）是美国工程信息公司出版的著名工程技术类综合性检索工具，在全球学术界、工程界、信息界中享有盛誉。EI 选用世界上工程技术类期刊 3000 余种，还有会议文献、图书、技术报告和学位论文等，包括全部工程学科和工程活动领域的研究成果。EI 收录文献几乎涉及工程技术各个领域，例如，动力、电工、电子、自动控制、矿冶、金属工艺、机械制造、土建、水利等，如图 1-5 所示。

（3）ACS。美国化学会（American Chemical Society，ACS）是全球最大及最具影响力的科学学会之一，提供包括科研、出版、会员职业发展等多种服务，如图 1-6 所示。ACS 涵盖 20 多个与化学相关的研究领域，包括无机化学、有机化学、物理化学、分析化学、高分子化学、生物化学、药物化学、材料科学、纳米

图 1-5 EI 主页

技术、化工与能源、环境科学、食品化学等。

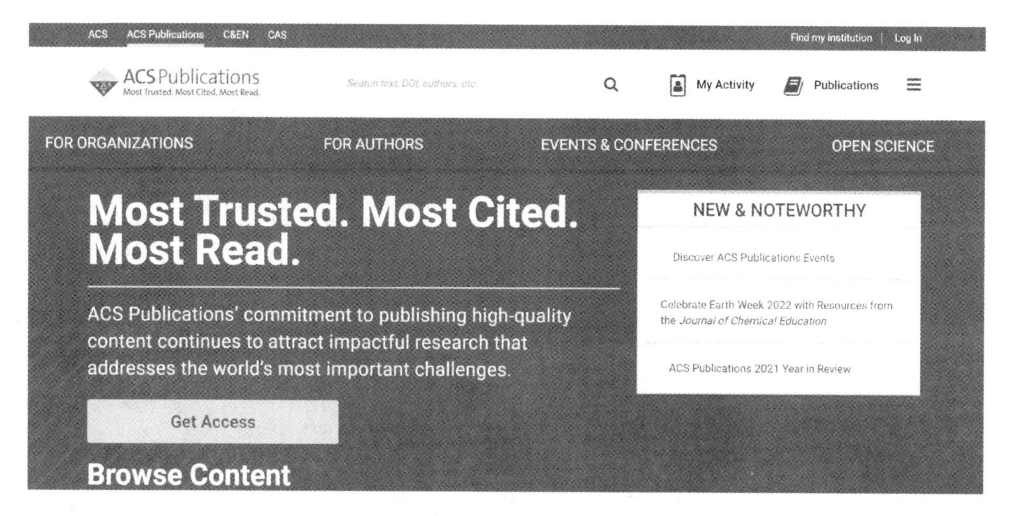

图 1-6 ACS 主页

（4）RSC。英国皇家化学学会（Royal Society of Chemistry，RSC）是世界上历史最悠久的化学学术团体、国际上最有影响的学会之一，也是国际权威的学术机构。RSC 出版的期刊及数据库一直是化学领域的核心期刊和权威性的数据库。RSC 电子期刊与资料库主要以化学为核心，包括分析化学、物理化学、无机化学、有机化学、生物化学、高分子化学、材料科学、应用化学、化学工程和药物化学，如图 1-7 所示。

（5）Wiley。John Wiley & Sons Inc.，简称 Wiley，是国际知名专业出版机构，

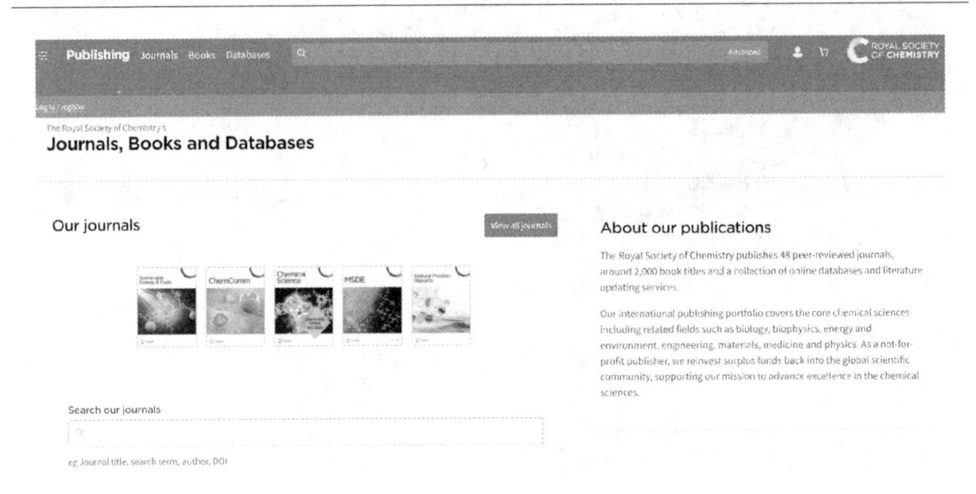

图 1-7　RSC 主页

Wiley 数据库在化学、生命科学、医学以及工程技术等领域学术文献出版方面颇具权威性。2007 年 Wiley 与 Blackwell 出版社合并，两个出版社的出版物整合到同一平台上提供服务，即 Wiley Online Library 综合性网络出版及服务平台。平台上提供全文电子期刊、在线图书、在线参考工具书以及实验室指南的服务，出版超过 1600 余种期刊、200 余种工具书和 21000 余种电子书，涵盖化学、物理、工程、农业、兽医学、食品科学、医学、护理、口腔、生命科学、心理、商业、经济、社会科学、艺术、人文等，以及其他重要的跨学科领域，如图 1-8 所示。

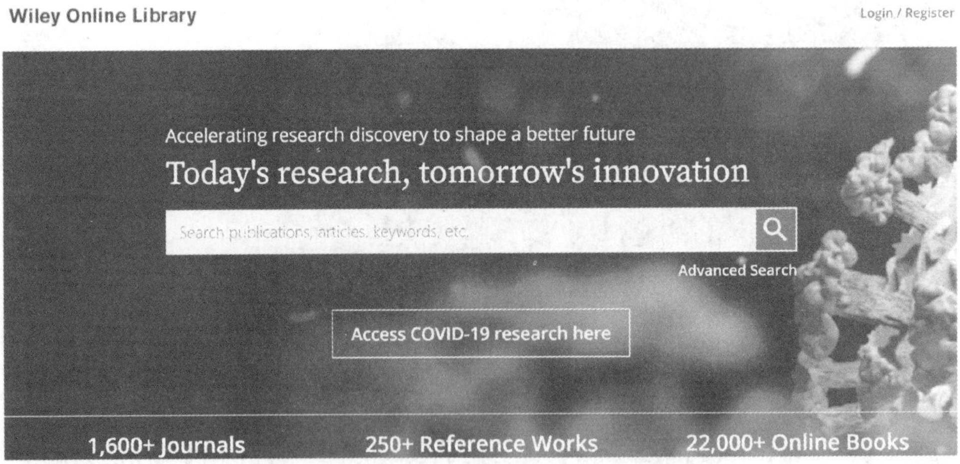

Wiley Online Library　　Login / Register

Accelerating research discovery to shape a better future

Today's research, tomorrow's innovation

Search publications, articles, keywords, etc.

Advanced Search

Access COVID-19 research here

1,600+ Journals　250+ Reference Works　22,000+ Online Books

图 1-8　Wiley 主页

（6）其他数据库。除此之外，还有许多数据库值得推荐，例如，PubMed 数据库、Medline 数据库、Springer 数据库、IEEE 数据库等。其中，PubMed 数据库是一个提供生物医学方面的论文搜寻以及摘要，并且免费搜寻的数据库，数据库的核心主题为医学，也包括其他与医学相关的领域；Medline 数据库是美国国立医学图书馆运营的国际性综合生物医学信息书目数据库，为当前国际上最权威的生物医学文献数据库；Springer 数据库是德国斯普林格（Springer-Verlag）通过 Springer Link 系统提供其学术期刊及电子图书的在线服务的数据库，包括各类期刊、丛书、图书、参考工具书以及回溯文档；IEEE 数据库主要提供计算机科学、电机工程学和电子学等相关领域文献的索引、摘要以及全文下载服务，基本覆盖电气与电子工程师学会和工程技术学会的文献资料。

1.1.2.3 策略

科技文献检索是科研必备技能之一，高效的科技文献检索可以让科研人员事半功倍。科技文献检索分为单点查询和系统查询两种。其中，单点查询是有目的地寻找某一本书、某一本刊或者某一篇文献，找到合适的资源即可；系统查询围绕某一关键词或者某一研究问题展开全面信息检索，需要制定检索策略以提高检索效率并保证检索质量。

科技文献系统查询常用检索方法有布尔逻辑检索、词组或短语精确检索、截词检索、位置检索。

A 布尔逻辑检索

布尔逻辑检索通过使用布尔逻辑运算符，将若干个检索词进行组合以表达检索需求。布尔逻辑运算符是计算机检索中常用的运算符号，基本的布尔逻辑算符有三种，分别是逻辑与（AND）、逻辑或（OR）和逻辑非（NOT）。

（1）逻辑与（AND）。逻辑与表示 A 与 B 之间有交叉或限定关系，即文献检索结果须同时包含 A 和 B，表达式为 A AND B（见图 1-9），可用于缩小检索范围、提高查准率。代表逻辑与的符号有 AND、and、&、＊以及空格等。

（2）逻辑或（OR）。逻辑或表示 A 与 B 之间存在并列关系，即文献检索结果可以仅包含 A 或仅包含 B 或同时包含 A、B，表达式为 A OR B（见图 1-10），可用于扩大检索范围、提高查全率。代表逻辑或的符号有 OR、or、｜、+等。

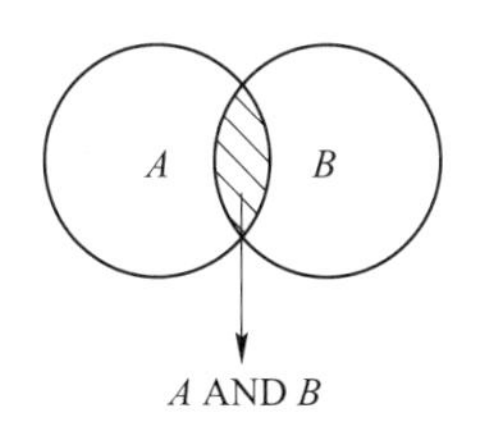

图 1-9 逻辑与示意图

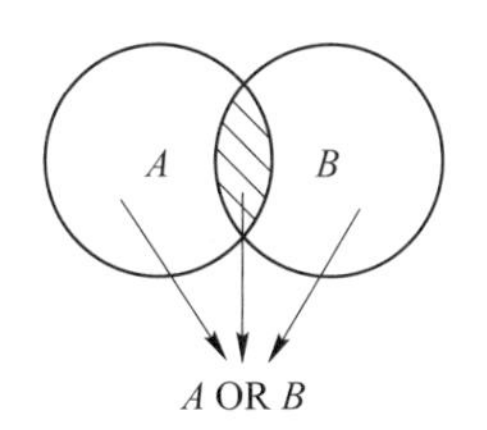

图 1-10 逻辑或示意图

（3）逻辑非（NOT）。逻辑非表示 A 与 B 之间存在不包含或排斥关系，即文献检索结果包含 A 但不包含 B，表达式为 A NOT B（见图 1-11），可用于排除检索范围中不需要部分。代表逻辑非的符号有 NOT、not、!、-等。

以上三种布尔逻辑运算符可以单独或组合使用，计算机在处理检索问题时的优先级顺序为 NOT>AND>OR；若想改变优先级顺序，可以借助“( )”实现括号内的检索式先运算。

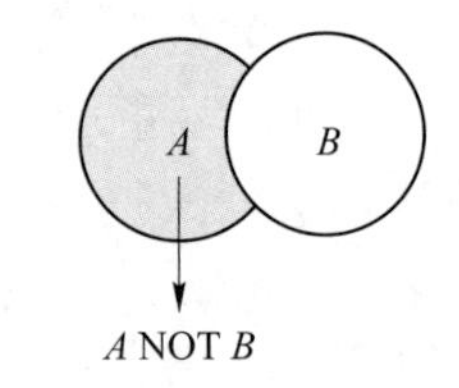

图 1-11　逻辑非示意图

（1）钛合金 AND 铝合金，表示既包括钛合金又包括铝合金。

（2）钛合金 OR 铝合金，表示可以包括钛合金，也可以包括铝合金，还可以同时包括钛合金和铝合金。

（3）钛合金 NOT 铝合金，表示可以包括钛合金，但其中不能有铝合金。

（4）在中国知网数据库中查找关于“钛铝合金精密铸造的研究”，先抽取关键词并考虑其同义词/近义词：钛铝合金（近义词：钛铝金属间化合物）、精密铸造（近义词：失蜡铸造），再制定检索式：（钛铝合金 OR 钛铝金属间化合物）AND（精密铸造 OR 失蜡铸造），如图 1-12 所示。

图 1-12　布尔逻辑检索示例

B　词组或短语精确检索

通常检索系统对于输入多个检索词的默认逻辑关系是 AND。例如，文本框中输入 investment casting，系统会认为要检索同时含有 investment 和 casting 这两个词的相关文献，如此检索出来的文献中虽然同时含有这两个词，却有一些与 investment casting 主题无关的文献。

词组或短语精确检索的方法是将一个词组或短语用双引号“ ”括起来，所有单词都被作为检索词进行严格匹配，从而提高检索准确度。

例如，在 Web of Science 数据库中查找关于“钛铝金属间化合物研究”的文献。

“钛铝”英文表述一般有 TiAl 或者 Ti-Al 或者 titanium aluminide 或者 titania-alumina 或者 Ti-Al based 或者 titanium aluminide based，化合物英文表述一般有 alloy 或者 compound。

相应检索式为：（“TiAl” OR “Ti-Al” OR “titanium aluminide” OR “titania-alumina” OR “Ti-Al based” OR “titanium aluminide based”）AND（“alloy” OR “compound”），如图 1-13 所示。

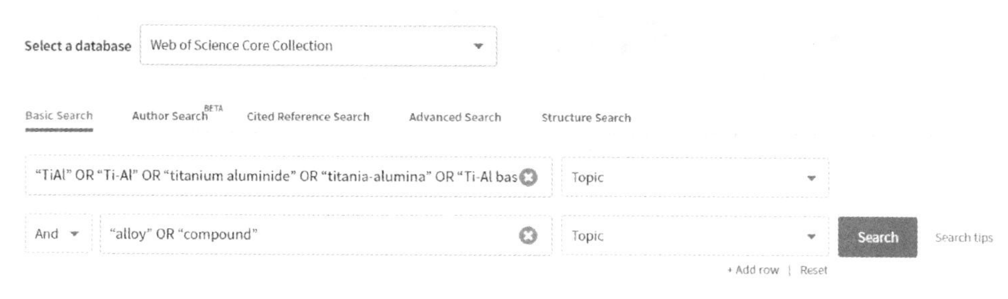

图 1-13 词组或短语精确检索示例

C 截词检索

检索英文数据库时会遇到英语词汇一个词有多种形态，例如，单复数形式不同、词性不同、英美拼法不同等，如果遗漏某些形态会造成漏检，如果检索词全部列出会使过程烦琐。采用截词检索可以解决这个问题，即在词干后可能变化的位置加上截词符?、* 或者$。

(1)? 表示一个字符，可使用一个或者多个问号代表检索词中特定数量字符。例如，输入 wom? n 可以检索到 woman 和 women。

(2) * 表示零个或者多个数量的字符，可在一个词内任意位置使用。例如，输入 patent * 可以检索到 patent、patents 和 patented。

(3) $表示零个或者一个字符，可使用一个或者多个$符代表检索词中的特定数量的字符。例如，输入 colo$r 可以检索到 color 和 colour。

例如，在 Web of Science 数据库中查找“钛铝金属间化合物精密铸造研究”的文献。

方法：首先，抽取关键词并考虑其同义词/近义词，选取钛铝金属间化合物中的钛铝：TiAl 或者 Ti-Al 或者 titanium aluminide 或者 titania-alumina 或者 Ti-Al based 或者 titanium aluminide based；精密铸造：investment casting 或者 precis * casting。然后，制定检索式，即（TiAl OR Ti-Al OR titanium aluminide OR titania-alumina OR Ti-Al based OR titanium aluminide based）AND（investment casting OR precis * casting），如图 1-14 所示。

应注意的是，截词检索的截词根不能太短，否则会检出许多无关文献。例

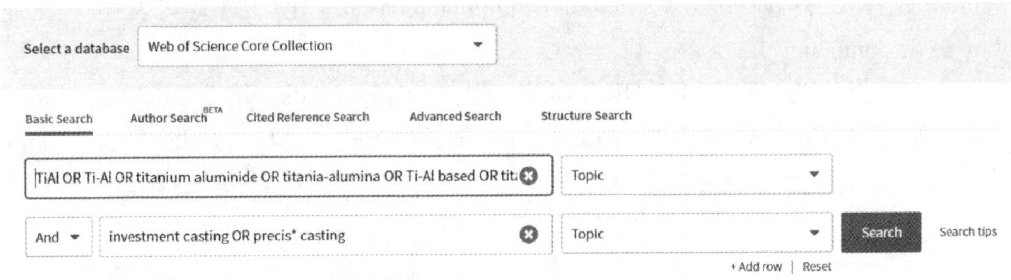

图 1-14　截词检索示例

如，检索精密铸造方面的文献，用 preci * casting 会检出很多无关的文献，选用 precis * casting 则会检出 precision casting、precise casting 相关度相对较高的文献。

D　位置检索

检索式中检索词的相对次序不同，表达的检索意图就会不一样，位置算符可以用来规定词与词之间的特定位置关系。位置算符有 W 算符、N 算符、S 算符、F 算符、C 算符、SAME 等，常用位置算符有 W、nW、N、nN。

（1）W 表示两词相邻、词序不变、中间不可以插词，但是两词间可以有一个标点、连字符或者空格。例如，输入 investment （W） casting 可以检出 investment casting 和 investment-casting。

（2）nW 表示两词之间允许插入 0 ~ n 个词、词序不变。例如，输入 investment （1W） casting 可以检出 investment mould casting。

（3）N 表示两词中间不可以插词（可以有一个标点、连字符或者空格）、允许词序发生颠倒。例如，输入 investment （N） casting 可以检出 casting investment。

（4）nN 表示两词中间可以插 0~n 个词（两词间可以有一个标点、连字符或者空格），允许词序发生颠倒。例如，输入 investment （2N） casting 可以检出 investment casting 或者 casting of the investment 等。

除上述检索策略以外，还有同段算符、语义排序、范围检索等。其中，同段算符支持多个连续使用；语义排序 R 与表格检索一起使用；范围检索中用“to”连接左右范围边界值形成类似（a to b）的检索式，用<、<=、>、>=四种形成类似于（a<=x<=b）的检索式。

1.1.2.4　*方法*

科技文献搜集方法不尽相同，以课题研究为例，分为以下几种类型。

（1）技术攻关型。搜集重点为国内外科技报告、专利、会议、学术期刊等，一般分为两步：第一步，使用专门检索工具、数据库或网络搜索引擎搜集一批相关科技文献资源；第二步，根据所查到的科技文献资源，找出核心分类号、主题词、作者姓名、研究机构、主要学术期刊及国内外学术会议等信息，通过这些线索再使用专业数据库复查以查找主要参考文献信息。

（2）仿制型。搜集重点为同类的产品说明书、专利说明书、标准、科技报告、科技期刊等，一般分为两步：第一步，通过各种手册、指南了解有关单位的名称和情况，进而利用检索工具、数据库或公共网络搜索引擎查找相关的专利和标准，以掌握专利占有和标准公布情况、摸清主要的相关单位情况；第二步，通过各国专利局网站免费获取专利说明书，通过国家市场监督管理总局获取国内外标准，通过公共网络资源或科技情报所获取产品样本和产品说明书。

（3）综述型。搜集重点为近期发表的一次文献（即原始文献）和三次文献（即经过综合、分析、研究编写出来的文献），包括以期刊论文、会议文献、专著丛书、年鉴、手册和科技报告等形式出版的综述、述评、进展报告、现状动态、专题论文等。搜集过程以专业数据库或检索工具为主，以查阅期刊、图书或手册等工具书为辅。

（4）成果鉴定型。搜集重点为专利文献、科技成果公报等。分为手工检索和计算机检索，其中，手工检索用以摸清基本情况，计算机检索利用手工检索所得线索予以扩展和完善以增加可靠性。应注意：第一，根据课题时间范围和地域范围确定搜集文献信息时间上下限及地区范围；第二，先通过中文文献检索工具和中文专业期刊了解国内外相关科技文献信息资源；第三，应对已搜集科技文献信息资源展开阅读理解，以从中补充课题所需文献信息。

1.1.3　分析

科技文献分析是根据特定需要对科技文献进行定向选择和科学抽象的一种活动。其目的是从相关文献信息中提取共性、方向性或特征性内容，为进一步研究或决策提供佐证和依据。经过科技文献分析，由检索、搜集、整理而得到的科技文献形成了某一个专题的精华文献。因此，科技文献分析过程是一个由粗到精、由低级到高级的文献信息提炼过程。

1.1.3.1　步骤

分析步骤如下：

（1）选择课题；

（2）搜集与课题相关的科技文献；

（3）鉴别和筛选科技文献的可靠性、先进性和适用性，剔除不可靠或不需要的科技文献；

（4）分类整理，对筛选后的科技文献进行形式和内容上的整理；

（5）分析与标注，利用各种科技文献分析方法对获取的科技文献进行全面分析、综合及标注；

（6）成果表达，根据课题要求和研究深度，撰写综述、述评报告等。

1.1.3.2　*方法*

（1）定性分析方法。科技文献定性分析方法是指运用分析与综合、相关与比较、归纳与演绎等逻辑学手段进行科技文献研究的方法。

1）比较法。比较法分为纵向比较法和横向比较法。其中，纵向比较法通过对同一事物不同时期的状况特征进行对比，涵盖数量、质量、性能、参数、速度、效益等。横向比较法通过区域间、部门间或同类事物间的差距对比判明优劣，涵盖不同国家、地区或部门。

2）相关关系法。事物之间或事物内部各个组成部分之间经常存在某种关系，例如，现象与本质、原因与结果、目标与途径、事物与条件等，这些关系称为相关关系。通过分析关系可以从一种或几种已知事物来判断或推知未知事物，即相关关系法。

3）综合法。综合法把与研究对象有关的情况、数据、素材进行归纳与综合，把事物的各个部分、各个方面和各种因素联系起来考虑，通过错综复杂的现象探索它们之间的相互关系，从整体角度通观事物发展的全貌和全过程，以达到获得新认识、新方法和新理论的目的。例如，把某一个课题当前发展情况，包括理论、方法、技术及优缺点集中起来并加以归纳整理，构成一份不同学派、不同技术的综合材料。

（2）定量分析方法。科技文献定量分析方法是指运用数学方法对研究对象的本质、特征进行量化描述与分析的方法。由于量化描述主要通过数学模型实现，因此定量分析也可以说是利用数学模型进行科技文献分析的方法。定量分析的核心技术是数学模型的建立与求解及模型解的评价判定，数学模型的建立过程包括明确建模目标、确定模型变量、建立数学模型的近似理论公式、确定参数和模型求解、评价模型的性能。

（3）拟定量分析方法。拟定量分析法是把定量分析法与定性分析法结合起来形成的一种新分析方法，拟定量分析法的整体流程基本上可以看作是先定量分析再定性分析的过程。通常由数理统计入手，然后进行全面、系统的技术分类和比较研究，再进行有针对性的量化分析，最后进行高度科学抽象的定性描述，使整个分析过程由宏观到微观，逐步深入进行。

1.1.4　追踪

信息时代各种信息日益增多且更新速度快，如何在信息海洋中掌握本领域最新动向、了解本领域顶尖学者和学术团体最新动向是每一个研究者必须面对的问题，文献追踪能够做到这一点。具体步骤如下：

（1）确定追踪主题。为了使追踪到的文献准确全面，应深入了解研究主题、掌握数据库中该研究主题在不同国家和地域的定义，并在此基础上制定科学检索主题。

（2）选定追踪范围。清楚研究主题的文献通常收录在哪些网站和数据库，以限定文献追踪范围。

（3）选取追踪方式。目前，文献追踪的主要方式有简易信息聚合（really simple syndication，RSS）、E-mail 提醒等。其中，RSS 是一种起源于网景的推广技术，将用户订阅的内容传送给他们的通信协同格式。

1）文献鸟 Stork，由斯坦福大学开发的免费文献追踪工具，注册后添加关键词进行设置，会收到文献鸟发来的影响因子较高且与关键词契合度高的文献邮件。

2）InoReader，在线 RSS 阅读器，支持中英文界面切换，可以实现自动推送到第三方服务。

3）Web of Science 文献追踪，打开网站网页、注册账号、填写接收邮件邮箱用以登录，设置数据库，选择包括标题、摘要、关键词的主题或者含有关键术语的标题进行检索，点击创建追踪并可以对本追踪服务进行命名。

1.2 科技文献量化分析

1.2.1 含义

在量化分析的广袤星空中，科技文献量化分析是众多星系中的一员。科技文献量化分析并非凭空产生，而是经历了不断积累、成熟，直至厚积薄发的过程。初期科技文献量化分析工作需要以人工检索、筛选、统计和绘制图表的方式完成，对科技文献量化分析的探讨和应用集中在科技文献的引文、时序、词频、科技发展重点等方面。随着信息技术的发展，科技文献量化分析开始拥有丰富的内涵、方法与工具，科技文献数据化处理越来越便捷，能够借鉴和引入统计学、计量学等学科的知识和方法，通过对科技文献内在信息与外部特征的实证分析，进行科技文献的详细状况揭示。

科技文献是记录科技过程的文本，是科技分析的真实凭证。科技文献量化分析可以通过对科技文献内在信息的挖掘和外部特征的剖析，获取客观的、可验证的分析结论，还可以通过发现隐藏于科技文献背后的科技信息与内隐规律，对科技趋势进行量化呈现与规律性预判，这也是科技文献量化分析的意义与价值所在。

（1）科技文献量化分析可以发现和印证科技的转变过程。科技不是一成不变的，会伴随着时间的推移而发生转变，这些转变在历史的长河仅是一些小小的涟漪，但对于科技工作者来说是欣喜的浪花，是科技界非常关注的问题。科技文献是科研机构履行职能的真实印迹，也是科技工作者检验的镜子，通过对一段时间、大样本量科技文献的量化分析，可以分析科技内容的结构特征和演变过程，从而发现和印证科技理念的变化。

（2）科技文献量化分析可以精确地、定量地、可视化地描绘和呈现科技变化过程。对科技演变过程的分析既能够展示不同阶段的科技特征，又能够描绘科技主题的变迁路径，还可以预测未来科技发展方向。基于定性的科技文献解读，难免带有较强的主观性、不确定性、模糊性和争议性，科技文献量化分析则为科技文献分析开辟了另一种路径，从而印证通过定性分析科技文献解读得到的科技变化内容和结论、反思和弥补定性科技文献解读在科技演变中的缺陷。

（3）科技文献量化分析可以解析科技之间普遍存在的复杂关联关系。科技文献之间的关联关系既可以体现出科技的基础和起点，又可以反映出科技的继承、发展和进步的脉络。科技文献及其关联关系，在经过一段时间的积累后就会形成复杂的关联网络，这为科技网络和科技关联分析提供了丰富的可视化数据基础。科技文献量化分析通过科技关联网络结构与特征的分析，可以反映出普遍存在的涵盖与被涵盖、衍生与被衍生的科技关联关系，从而挖掘潜藏的内隐规律，验证定性的主观判断，并呈现难以察觉的演变轨迹。

1.2.2　基础

科技文献能够真实地反映科技的变化性和多样性，是技术、政策、经济、法律等在该领域综合呈现的结果。科技文献对于科技量化分析具有重要的意义，同时由于科技文献的诸多要素均内化于其本身，通过对科技文献内部特征和外部特征的分析，可以更加细致、客观地探讨科技发展过程。

科技文献量化分析将用语言表示而非数量表示的非结构化文献转换为用数量表示的资料，并将分析的结果用统计数字描述，找出能够反映科技内容、发展趋势的特定要素以及易于计数的内、外部特征，使得对科技内容的认识更加直接、深刻和精确。

科技文献量化分析方法的可行性，主要来自科技文献的可统计性、分析数据的可获取性、量化分析方法的不断成熟以及科技文献数据库的不断丰富和完善。

（1）科技文献是可统计的。科技文献具有特定的文献结构，例如，科技文献中的专利一般都会包括公开号、公开日、申请人、发明名称、摘要、权利要求书、说明书等具体信息，因此，大规模的科技文献数据是具有统计规律的，这也是商业化平台提供可视化分析功能的基本前提。

（2）数据时代的到来和开发平台的完善，为科技文献量化分析提供了信息获取的机会和可能。科技文献数据的公开使得对科技文献的分析成为可能，随着社会信息化的不断发展和数据时代的到来，开放平台已成为一种世界性趋势。科技文献数据库的不断丰富和完善，为科技文献量化分析提供了大量基础性数据。

（3）科技文献分析方法日臻成熟，为科技文献量化分析提供了方法源泉。内容分析利用符号分析法处理各类信息或文本内部符号群之间的定性与定量关系，从内容主题出发得出的结论偏重逻辑规律。文献计量利用数据统计方法处理信息或文献之间的定量关系，从文献外部特征出发得出的结论偏重概率规律。

1.2.3 特点

（1）系统性。科技文献量化分析在科技内容或内容类目的取舍中必须依据一致的标准。首先，选择样本必须按照一定的程序，即按照精确无误、前后一致的原则来选择被分析的内容；其次，编码和分析过程也必须是系统化的，所有内容应以完全相同的方法进行处理，并且只能使用一套分析规则，否则会导致分析结论混淆不清。

（2）客观性。科技文献内容量化分析必须是客观的，分析者的个人性格和偏见不能影响分析结论，而且对科技内容或内容类目的操作性定义和规则也必须依据一套明确的标准和程序。尽管在科技文献内容量化分析的前期阶段，分析者对分析问题、分析单位、类目构建等过程基本上是主观的，但在将科技文献内容转化为定量数据后，分析者必须按照确定的标准、单位、类目进行客观量化分析并得出分析结论。

（3）定量性。定量性是科技文献内容量化分析的最显著特征。科技文献内容量化分析要运用统计分析方法，对类目的分析单元出现的频数进行计量、用数字或图表等方式表述分析结果，以达到精确、客观的目的。科技文献内容量化分析通过频次、百分比、相关分析等统计技术揭示科技文献内容的特征。但是，科技文献内容量化分析的定量性并不是将定性分析排除在外，也同样注重通过对数据的揭示和分析说明数据的意义，以及表象背后的隐含信息。

1.2.4 方法

1.2.4.1 内容量化

科技文献内容量化分析方法是一种半定量的分析方法，其基本做法是把科技文献中非量化的、非结构化的信息转化为定量的数据，建立有意义的类目以分解科技文献内容，并以此来分析科技文献的某些特征。它是一种客观、系统的定量与定性相结合的方法，其目的是测量科技文献内容中本质性的事实和趋势，揭示科技文献内容所含的隐性信息。例如，专利文献中，由于专利的适用范围、专利目标和专利内容等要素均内化于专利文献中，因此，通过专利文献中要素的系统编码分析以及对专利工具的分类可以更加细致、客观地探讨专利发展态势。

科技文献内容量化分析的对象是可以公开获取的科技文献，其目的是测量科技内容中本质性的事实和趋势；通过对科技文献内在特征分析，解释科技内容所含的隐形信息，并推论科技制定的前因、推断科技推进的效果。科技文献内容量化分析通过对科技文献量化的分析，找出能够反映科技意图、科技过程的一定本质方面且易于计数的特征，使得对科技行为的认识更加直接、深刻和精确。科技文献内容分析结果以科技文献所反映的科技意图、科技过程为对象，而且克服了定性研究中以人为主的主观性和不确切性；并且，在程序规则清楚、类目界定清晰的前提下，科技文献内容量化分析方法可以被重复检验。

1.2.4.2 文献计量

科技文献计量是一种量化分析科技文献结构属性的研究方法，它更多地关注大样本量、结构化或半结构化科技文献文本的定量分析。科技文献计量缘起于文献计量方法，基本的文献计量方法都可以在科技文献结构要素上找到数据依托。

将数学和统计学原理引入科技文献研究领域，对科技文献结构要素进行定量化分析，是科技文献计量的核心内容。科技文献计量能够为科技研究者提供实证数据与客观描述，使得研究建立在翔实的数据基础上。另外，对科技文献计量进行一定程度的方法拓展与创新，使其分析框架从归纳文献属性的数量规律出发，进而在归纳描述的基础上提出研究问题。

1.3 钛铝金属间化合物

1.3.1 含义

金属间化合物是指以金属元素或类金属元素为主构成的二元或多元合金系中出现的中间相化合物。按照用途将其分为两类：一类是结构材料，主要是利用其强度、刚度、硬度、耐热性和抗高温蠕变等性能；一类是功能材料，主要是利用其特殊的光学、电学、声学和热学等特征。用作结构材料的金属间化合物有多种类型，其中主要包括镍、铁和钛的铝化物，例如，Ni_3Al、NiAl、Ti_3Al、TiAl 及 Fe_3Al 和 FeAl 等，主要用作高温结构材料。由于这类高温材料是具有有序结构相的金属间化合物，故又称为高温有序合金或高温金属间化合物。

钛铝金属间化合物代表了一类非常重要的合金，该类合金具有一系列独特的物理及力学性能，是应用于航空发动机高温结构部件最具潜力的合金之一。当前广泛应用的高温结构材料是以 Ni、Co 为基的高温合金材料，作为传统的金属材料，这类高温合金的使用温度已接近极限，并且此类材料密度较大，这对于实现先进航空发动机减重目标造成了阻碍。钛铝金属间化合物的出现使新型高温结构材料的研究出现了新的希望。与传统高温合金相比，钛铝金属间化合物具有更低的密度、更高的强度、更好的耐热性能，综合力学性能介于金属材料和陶瓷材料之间，其比弹性模量超过现在所用结构材料的50%，比强度在700~1250K范围内，高于钛合金和多晶镍基合金，甚至可以与单晶镍基合金相媲美。此外，该材料的膨胀系数较小，可以与低膨胀系数的镍基合金相比，所具备的优异性能使其成为先进航空发动机低压涡轮叶片的首选材料。

1.3.2 分类

钛铝金属间化合物包括γ-TiAl、α_2-TiAl和δ-$TiAl_3$三种。其中，α_2-TiAl合金是较成熟的Ti-Al系合金，该类合金最先引起航空研究领域的重视。α_2-TiAl合金室温强度和塑性均高于γ-TiAl，但使用温度低于γ-TiAl，且抗氧化性较差，这在一定程度上限制了α_2-TiAl合金进一步的开发应用。δ-$TiAl_3$合金密度最低，抗氧化性最好，但由于其熔点低，因此在高温条件应用的潜力受到一定限制。

20世纪50年代初，美国率先开展TiAl合金研究，普拉特·惠特尼集团公司的实验室研究发现了具有2%室温塑性的Ti-48Al-1V-0.3C合金，该材料被称为第一代TiAl合金。到20世纪80年代末，美国通用电气公司开发了综合力学性能更好的Ti-48Al-2Cr-2Nb合金，即第二代TiAl合金。此后，TiAl合金在世界范围内受到广泛关注，目前已研发出第三代、第四代TiAl合金。我国的钢铁研究总院、北京科技大学、中国航发北京航空材料研究院等单位针对TiAl合金开展了大量的基础和应用方面的研究工作，并且取得了一定的进展。TiAl合金的发展见表1-1，不同化学成分的TiAl基合金的力学性能见表1-2。

表1-1 TiAl合金的发展

代次	组成(原子分数)/%
1	Ti-48Al-1V-0.3C
2	Ti-48Al-2(Cr,Mn)-2Nb
3	Ti-47Al-2W-0.5Si
	Ti-47Al-5(Cr,Nb,Ta)
	Ti-46.2Al-2Cr-3Nb-0.2W
4	Ti-(45~47)Al-(1~2)Cr-(1-5)Nb-(0~2)(W,Ta,Hf,Mo,Zr) B-(0.03~0.3)C-(0.03~0.2)Si-(0.1~0.25)O-X

表 1-2　不同化学成分的 TiAl 基合金的力学性能

TiAl 基合金	σ_b/MPa	$\sigma_{p0.2}$/MPa	δ/%
44Al-1Cr-2Ta-1Mn-0. 2Si	510	556	0. 3
44Al-8Nb	624	662	0. 4
44Al-7Nb-1Ta	686	713	0. 4
44Al-4Nb-4Zr-0. 2Si	676	696	0. 3
44Al-4Ta-4Hf-0. 2Si	686	698	0. 2
44Al-4Nb-4Hf-0. 2Si	643	687	0. 4

1. 3. 3　制备

1. 3. 3. 1　变形工艺

在变形工艺中，首先要浇铸出大的铸锭，然后对铸锭进行热等静压和均匀化处理，再进行锻造、挤压、轧制等热加工，最终获得锻坯、棒材、板材等。具体而言，变形工艺主要包括等温锻造、包套锻造、包套挤压和板材轧制。

1. 3. 3. 2　粉末冶金工艺

粉末冶金是采用常规塑性加工方法将金属粉末固结成型，再通过烧结实现致密化的过程。具体而言，粉末冶金的原料分为预合金粉末和元素粉末。预合金粉末的成分均匀性好，杂质含量低，烧结性能好，但制备难度大、成本高。元素粉末制备难度小、成本低，但是杂质含量较高，烧结性能较差。粉末冶金制备的主要方法有机械合金化、自蔓燃高温合成、反应烧结、放电等离子烧结和热等静压。

1. 3. 3. 3　铸造工艺

铸造是一种液态金属成型的方法，即将金属加热到液态使其具有流动性，然后浇入到具有一定形状型腔铸型中，液态金属在重力场或外力场的作用下充满型腔，冷却并凝固成具有型腔形状的铸件。铸造的最大优势在于工艺生产成本较低、能够制作出各种复杂的近终形铸件。随着热等静压技术的应用，铸造方法得到了快速发展，其中应用最广泛的工艺主要是熔模精密铸造和金属型铸造。熔模精密铸造主要用于制备形状复杂的部件；金属型铸造主要用于制备形状比较规则、产量大的部件。

1. 3. 3. 4　增材制造工艺

增材制造是按照设定数学模型，连续逐层施加材料以实现制造三维物件的技术。与传统金属材料成型工艺相比，增材制造不仅能满足各种尺寸和不同复杂构件的成型，而且原材料利用率高，因而设计和制造成本显著降低，生产周期明显缩短。按照能量源、原材料形态和反应方式进行区分，金属增材制造方法包含激光熔化沉积、激光近净成型、选区激光熔化、电子束选区熔化和电子束熔丝成型技术等。

2 基础知识

2.1 论　　文

2.1.1 含义

论文是某一学术领域在实验性、理论性或预测性基础上提出的新科学研究成果或创新见解和知识的科学记录，或是某种已知原理应用于实际取得新进展的科学总结，用以提供学术会议宣读、交流、讨论或学术刊物发表，或用作其他用途的书面文件。

2.1.2 分类

2.1.2.1　按研究领域和对象划分

（1）人文社科类论文。以人文、社会现象为研究对象的学术论文，研究并阐述各种人文社会现象及其发展规律。人文社科类论文就研究方法与行文角度而言，分为论述型、评价型、考证型、证明型、介绍型、诠释型、调查报告等类型。

（2）自然工程类论文。自然科学论文侧重对自然本体进行研究和描述，揭示自然界发生的客观现象以及自然现象背后的规律，具有客观性强、计量细、实验数据多等特点。工程科学论文侧重运用科学和技术原理来解决人类社会发展进步中存在的问题。自然工程论文按照功能和属性，分为实验型、理论型、综述型论文与科学调查（考察）报告等。

（3）医学科学类论文。医学科学类论文是对有关医疗、药物、公共卫生等研究领域的学科统称，以人类自身身体及其所患疾病、所受损伤等为研究对象，以诊断治疗、预防生理疾病和提高人体机体健康为目的。

2.1.2.2　按研究内容和方法划分

（1）理论型论文。研究对象是比较广泛的自然现象和社会现象，以及这些现象之间的关系，即抽象的理论问题。理论型论文的基本研究方法是理论证明、数学推导、综合考察等。

（2）实验型论文。实验型论文是以实验本身作为研究对象或者以实验作为主要手段得出研究成果后撰写的学术论文。其核心内容是设计实验、进行实验研究、对实验结果观察和分析、探讨客观事物和现象产生的原因和规律、形成结论或提出作者见解。

（3）描述型论文。描述型论文是以自然和社会存在的客观事物和现象为研究对象，研究方法是考察、观测和分析，主要表达方式是描述、说明和比较，目的在于向读者介绍新发现的具有科学价值的客观事物和现象。

（4）设计型论文。设计型论文的研究对象是新工程、新产品的设计，主要研究方法是对新的设计方案或实物进行全面论证，从而得出某种结论或引出某些规律。

2.1.2.3 按研究类型和用途划分

（1）学位论文。学位论文表明作者从事科学研究取得创造性的结果或有了新的见解，并以此为内容撰写而成、作为提出申请授予相应学位时评审用的学术论文。从分类来看，学位论文有学士论文、硕士论文和博士论文。

（2）期刊论文。期刊论文包括以下几种。

1）特种刊物论文。在《Science》和《Nature》两本期刊上发表的论文。

2）权威核心刊物论文。国际通用的科学引文索引扩展版、美国工程索引、科技会议录索引、社会科学引文索引以及艺术与人文科学引文索引检索系统所收录的论文，或同一学科在国内具有权威影响的中文核心刊物上发表的论文，论文不含报道性的综述、摘要、消息等。

3）重要核心刊物论文。在国外核心期刊上刊登的论文，或在国内同一学科的具有重要影响力的中文核心期刊上发表的论文。

4）一般核心刊物论文。在《全国中文核心期刊要目总览》刊物上发表的论文。

5）一般公开刊物论文。在国内公开发行刊物上发表的论文。

6）受限公开刊物论文。在国内公开发行，但受发行限制的刊物上（有期刊号、无邮发代号）发表的论文。

7）内部刊物。由教育部门主办的刊物，以主办单位级别为标准可以分为国家级内刊、省级内刊和区级内刊。

（3）会议论文。会议论文包括以下几种。

1）参加国际性学术组织举办的国际学术会议，论文作者之一做会议发言、全文收入正式出版的论文集（有书刊号）的论文为第四级，未发言的论文为第五级（D类）。

2）参加全国性学术组织举办的全国学术会议，论文作者之一做会议发言、全文收入正式出版的论文集（有书刊号）的论文为第五级（D类），未发言的论文为第六级（E类）。

3）参加省级学术会议，论文作者之一做会议发言、全文收入正式出版的论文集（有书刊号）的论文为E类，未发言的论文为区级内刊。

以下情况一般不视为学术论文：与所从事专业技术工作非密切相关的文章，如评论、文摘、短篇报道、科普文章、文艺、新闻等作品，以及会议简报、动态、讲座等资料性质的材料。

2.1.3　特点

2.1.3.1　基本特点

（1）科学性。科学性要求作者对论文的立论不能偏颇、不能主观臆造，撰写时要从客观和实际两个方面入手，做到既客观又真实；用最充分、最有力的论据作为立论依据，对立论要仔细思考和论证。

（2）理论性。论文在形式上属于议论文，但又不同于一般的议论文，它不是简单地罗列材料，而是有自己的理论体系，需要对大量的事实、材料进行分析、研究，从感性认识到理性认识。一般而言，它具有论证或辩论色彩，内容要求符合历史唯物主义、唯物辩证法，以及“实事求是”“有的放矢”“兼收并蓄”的科学研究方法。

（3）创新性。创新性要求作者撰写学术论文时必须具有独到的见解。科学方法主要是发现新现象和发展新理论的手段，能够在论文中提出新的观点和新的理论，致使旧的科学理论被新的理论不断推翻。

（4）平易性。平易性要求在论文写作中用通俗易懂的语言来表述科学道理，不仅要求文从字顺，而且要求准确、鲜明、和谐、力求生动。

（5）专业性。专业性是区别不同类型论文的主要标志，也是论文分类的主要依据。

（6）实践性。实践性是论文价值的具体体现。

2.1.3.2　分类特点

A　学术论文

在中华人民共和国国家标准《科学技术报告、学位论文和学术论文的编写格式》（GB 7713—87）中，学术论文是某一学术课题在实验性、理论性或观测性上具有新的科学研究成果或创新见解和知识的科学记录，或是某种已知原理应用于实际中取得新进展的科学总结。

学术论文不同于实验报告、阶段报告或工作总结，应对实验工作素材有整理和提高并形成论点。实验报告和工作总结多数表现为如实地汇报实验工作经过，可以没有创新成果和见解、模仿和重复前人的结果、不做判断和推理、不形成论点。学术论文的内容应有所发现、有所发明、有所创新，而不是重复、模仿或抄袭前人工作。

B　科技报告

在国际标准化组织《文献工作——科学技术报告介绍（Documentation: Presentation of Scientific and Technical Reports）》（ISO 5966—1982）中，科技报告是记述科学技术研究进展或结果的文件，或是陈述科学技术问题现状的文件。按类型分为报告、札记、论文、备忘录、通报等；按内容分为可行性报告、开题报告、进展报告、考察报告、实验报告等。

科技报告是实验、考察、调查结果的如实记录，侧重报告科技工作的过程、方法和说明有关情况，不论结果如何经验或教训都可以写入；而学术论文要求有见解或理论升华。科技报告有时是向有关部门报告科研工作进展的一种文件，作为内部的科研记录，其内容具体、一般不公开发表、保密性强于学术论文。

科技实验报告是描述、记录某项科研课题实验过程和结果的一种报告。实验报告有两种：一种是为验证某定理或其结论所进行实验而撰写的实验报告，其实验步骤和方法是事先拟定的，是重复前人的实验；一种是创新型实验报告，是研究者自己设计，从过程到结果都是新的实验，要求有所发现、发明和创造。与学术论文相比，科技实验报告侧重点是介绍实验过程中的新发现，不要求在理论上进行细致论证。

C　学位论文

在中华人民共和国国家标准《科学技术报告、学位论文和学术论文的编写格式》（GB 7713—87）中，学位论文是表明作者从事科学研究取得创造性结果或有了新见解，并以此为内容撰写而成、作为提出申请授予相应的学位时评审用的学术论文。

学位论文不同于一般学术论文。第一，学位论文说明作者的知识程度和研究能力，一般都较详细地介绍自己论题的研究历史和现状、研究方法和过程等；学术论文大多开门见山地将论题背景等以注解或参考文献的方式列出。第二，学位论文中一些具体的计算或实验等过程都较详细；学术论文只需给出计算或实验的主要过程和结果。第三，学位论文强调文章的系统性；学术论文强调文章的学术性和应用价值。

学位论文分为学士学位论文、硕士学位论文和博士学位论文三种。

a　学士学位论文

学士学位论文应能表明作者确已较好地掌握了本门学科的基础理论、专门知识和基本技能，并具有从事科学研究工作或担负专门技术工作的初步能力，应能体现作者具有提出问题、分析问题和解决问题的能力。学士论文篇幅一般为0.6万~2万字。学士学位论文是对选定的论题所涉及的全部资料进行整理、分析、取舍、提高，进而形成自己的论点，做到中心论点明确、论据充实、论证严密。写作时可以借鉴前人的研究思路、研究方法，但应具有自己的结论或见解，一般按学术论文格式写作。

学士论文选题可从以下方面考虑：

（1）选择具有创新意义的研究内容为题；

（2）在前人研究的基础上，从发展、提高的角度选题；

（3）采用“移植”方法选题；

（4）进行不同学术观点的讨论作为选题；

（5）用所学知识去解决实际问题作为选题；

（6）对有关学科、领域或研究专题等进行综述、评述作为选题。

b　硕士学位论文

国务院学位委员会明确要求硕士学位论文应在导师指导下，研究生本人独立完成，论文具有自己的新见解，有一定的工作量。硕士学位论文应能表明作者确已在本学科上掌握了坚实的基础理论和系统的专门知识，并对所研究课题有新的见解，具有从事科学研究工作或独立担负专门技术工作的能力。硕士学位论文篇幅一般不受限制。

以下情况不能作为硕士学位论文：

（1）只解决实际问题而没有理论分析；

（2）仅用计算机计算，没有实践证明和没有理论意义；

（3）对于实验工作量比较大，只探索了实验全过程，做了一个实验总结而未得出肯定的结论；

（4）重复前人的实验或自己设计工作量不大的实验，得出的结论是显而易见的，或者只做过少量几个实验，没有重复性和再现性，就匆忙提出一些见解和推论的；

（5）资料综述性文章。

c　博士学位论文

博士学位论文应能表明作者确已在本门学科上掌握了坚实宽广的基础理论和系统深入的专门知识，并具有独立从事科学研究工作的能力，在科学和专门技术上做出了创造性的成果。博士学位论文应具有系统性和创造性。博士学位论文应是一本独立的著作，自成体系。

博士学位论文的创造性通过以下方面衡量：

（1）发现有价值的新现象、新规律，建立新理论；

（2）设计实验技术上的新创造、新突破；

（3）提出具有一定科学水平的新工艺、新方法，在生产中获得重大经济效益；

（4）创造性地运用现有知识、理论，解决前人没有解决的工程关键问题。

博士学位论文的结构是书的章节形式，每章节的写作均可按一般学术论文的格式写作，是对多年研究和所著论文的总结和评论。

D 专题研究论文

专题研究是指对某专项课题的研究。专题研究论文是对其创造性的科学研究成果所作的理论分析和总结。专题研究论文与科技报告和学术论文有所不同，科技报告侧重过程记录，学术论文主要体现创造性成果和理论性、学术性，专题研究论文介于两者之间。

E 简报

有些专题研究论文常以研究简报（研究快报和研究通讯）的形式发表。研究简报主要展现作者的观点和独到的研究方法，其篇幅以2500～3000字为限。可以写研究简报的情况有：

（1）重要科研项目的阶段总结或小结（有新发现）；

（2）某些方面有突破的成果；

（3）重要技术革新成果，包括技术或工艺上取得突破，经济效益好，快报类科技期刊只收研究简报类文章。

F 综述和评论

综述是以当代某领域科学技术成果为对象，通过对广泛的国内外资料的鉴别、整理、重新汇编组合，并反映自己见解观点的文章。其目的是使读者在短期内了解某问题的历史、现状、存在问题、最新成果以及发展方向等。

评论是在综述基础上进行分析、推断、评论、预测未来和提出建议的文章。

一般来说综述和评论合为一体写作，只“综”不“评”的文章多不受欢迎。综述和评论可以节约科技工作者查阅专业文献时间、了解动态、提供文献线索，从而帮助选择科研方向和寻找科研课题等。

G 设计计算

设计计算一般是指为解决某些工程问题、技术问题和管理问题而进行的计算机程序设计；某些系统、工程方案、机构、产品的计算机辅助设计和优化设计，以及某些过程的计算机模拟；某些产品（包括整机、部件或零件）或物质（材料、原料等）的设计或调制或配制等。这类论文相对要“新”，数学模型的建立和参数选择要合理，编制程序能正常运行，计算结果要合理、准确，设计的产品或调、配制的物质要经试验证实或生产、使用考核。

H 理论分析

理论分析主要是对新的设想、原理、模型、材料、工艺、样品等进行理论分析，对已有的理论分析加以完善、补充或修改。其论证分析要严谨，数学运算要正确，资料数据要可靠，结论要准确并且需要经过实（试）验验证。

I 理论推导

理论推导主要是对提出的新假说通过数学推导和逻辑推理得到新理论，包括定义、定律和法则。其写作要求数学推导科学准确、逻辑推理严密、准确使用定义和概念、结论力求无懈可击。

2.1.4 格式

2.1.4.1 题目

论文题目即文章的篇名，题目位于论文开篇之首，能够简洁、恰当地反映论文主要内容，并对读者具有启迪作用。著名的权威数据库和文献检索系统均依据标题进行摘引和编制索引的。科研工作者从科技期刊、文献数据库和其他检索系统中先查看的也通常是论文题目。鉴于此，在撰写科技文论时首先要写好标题，如果标题写得不好，这篇论文就有可能失去读者，被尘封高阁，无人问津。

标题文字应概括精练，一般不超过15~20个汉字，单行标题要居中，双行标题的上行标题要长于下行标题。英文标题一般不超过12个词或100个书写符号。有的论文含有主副标题，其中，一个为主要的称为主标题，另一个是对主标题作辅助说明的称作副标题。这种标题有助于读者理解全文，但由于增加文字和标点符号，会造成标题烦琐，也不利于编制索引。

2.1.4.2 摘要

论文摘要又称文摘、提要，是论文的重要组成部分。摘要由目的、方法、结果和结论四部分组成。其中，目的部分应简要说明研究的目的，说明提出问题的缘由，表明研究的范围及重要性；方法部分应说明研究课题的基本设计，使用了什么材料和方法，如何分组对照，研究范围以及精确程度，数据是如何取得的以及经过何种统计学方法处理；结果部分要列出研究的主要结果和数据，有什么新发现，说明其价值及局限，叙述要具体、准确，并需给出结果的可信值和统计学显著性检验的确切值；结论部分应简要说明、论证取得的正确观点及其理论价值或应用价值，是否值得推荐或推广等。

科技论文摘要有报道性摘要、结构式摘要、指示性摘要、报道指示性摘要四种类型。其中，报道性摘要应包括论文研究的目的或目标，给出达到此目的或实现此目标所采用的方法和手段，总结所获得的主要数据，观察到的现象和得到的结果，阐明所得出的主要结论；结构式摘要的撰写要素与报道式摘要类似，但要求在行文中相应内容之前用醒目的字体标出目的、方法、结果和结论，以供读者选择所需内容；指示性摘要要求阐明论文的主题和概括性的结果及其性质和水平，供读者选择是否阅读全文，但不能代替阅读全文；报道指示性摘要是介于以上两种类型之间的一种摘要，要求以报道性摘要形式阐述论文中价值较高部分的内容，以指示性摘要形式阐述论文中的其他部分的内容。通常，科技论文应采用报道性的摘要，综合评述类的论文可以采用指示性摘要或报道指示性摘要。

摘要撰写基本要求：第一，先完成论文正文再撰写摘要。摘要内容以正文内容为依据，“皮之不存，毛将焉附”恰好说明摘要与正文撰写先后之间关系。第二，表述要有自明性和独立性。摘要源于论文正文，但却可以单独出版也可以被独立引用，其表述要有自明性、要提供与论文正文中相同量的重要信息。第三，摘要表述要简明。摘要写得简明且一语道破，才能引起读者兴趣。第四，摘要要结构严谨、用词准确、术语规范。结构严谨要求将目的、方法、结果和结论的不同的层次一气呵成地表述出来；用词要准确指使用的词语要有确切的意义，切忌使用含混不清，模棱两可的词句；术语规范指使用那些已确定下来的，作者和读者均认可并熟悉的术语，对于人们尚不了解的缩略语必须介绍全称，不熟悉的商品名应介绍学名。第五，摘要一般不分段落，不使用插图和表格，不使用化学结构式、方程式，不出现正文中的章节号、图、表及公式序号和参考文献标注序号等。第六，摘要一般采用第三人称写法，不使用“本文”“作者”等作为主语。外文撰写的科技论文摘要和用中文撰写的技论文摘要一样，文种有别。

2.1.4.3　关键词

关键词也称主题词，是从论文的题名、层次标题、摘要和正文中选出来，能反映论文主题概念的词和词组，并按照一定顺序逐次排列出来。其作用主要是便于读者了解全文涉及的主要内容，便于读者检索已发表的有关文章，便于读者编制个人检索卡片，利于计算机收录、检索和储存。选取的关键词应简练、易懂且无歧义。关键词要写原形词，而不用缩写词。选出的关键词各词间采用空一格书写，也可用分号隔开，最后一个词末不加标点。为了国际交流，有英文摘要的文章，应标注与中文关键词对应的英文关键词，其英文关键词的数量与词汇应与中文关键词保持一致。中英文关键词应分别排在中英文摘要下方；多个关键词之间以分号隔开。一般要求一篇论文要有 3~5 个全文使用频率比较高的关键词。

2.1.4.4　引言

引言也称前言、序言、导言或研究背景，引言作为论文开端主要是交代研究成果的来龙去脉，即回答为什么要研究相关的课题，目的是引出作者研究成果的创新论点，使读者对论文要表达的问题有一个总体的了解，引起读者阅读论文的兴趣。引言内容应包括论文的研究背景，国内外关于这一问题的研究现状和进展，研究思路的来源与依据，本项研究要解决的问题及研究的目的和意义。因此，引言在论文中回答“研究什么”与“为何研究”的问题。引言文字不宜过长，一般以 300~500 字为宜。不宜作自我评价和用国内首创、填补空白等文字描述，点明主题即可。引言要简明扼要地交代研究的背景、目的、范围、理论依据、以往的研究现况和存在问题，目前研究的意义等，要写得自然、概括、简洁、确切。国外研究论文引言部分还包括文献回顾、理论框架等内容。文献回顾主要是为了解本次研究问题以往所做过工作的深度和广度，使读者了解前人对本类问题的研究水平和成果，并有助于理解本研究，其引言部分内容所占篇幅较大。

引言一般可采用“背景阐述、提出问题、概述全文、引出下文”的“十六字”法撰写：第一，背景阐述，通过对研究背景的回顾，扼要阐述开展本课题研究的动机、必要性、目的及意义，对文中将引出的新概念或术语，加以定义或阐明；第二，提出问题，扼要介绍国内外对该主题相关的研究现状，提出目前尚未解决的问题；第三，概述全文，概括介绍全文的研究目的和方法；第四，引出下文，用一句过渡性的语句点出下文的主要内容。该部分的写作要言简意赅、突出重点，不要与摘要雷同，也不要成为摘要的注释。引言一般稍多于摘要的字数。一般不用图表和公式来论述问题，但至少应该有观点的罗列，同时一定要把作者的创新点明确表达出来。引言部分应以阿拉伯数字“0”作为该级层次的前置编号。

2.1.4.5　正文

正文是引言之后、结论之前的部分，也是论文核心部分。作者论点的提出、论据的陈述、论证的过程、结果和讨论都要在此得以展现。要求观点要正确、论点要明确、论据要充分、选材要新颖；论述要有条理，有较好的逻辑性、可读性和规范性；表达要以读者在最短的时间里得到最多的信息量为原则；量、单位、名词术语的使用要统一、规范。正文是否有创新性，是决定一篇论文采用与否的首要标准，也是刊物决定录用与否的主要依据。

虽然许多论文不属于“首次提出”“首次发现”，但作为一篇论文总应该对某一个问题的研究有新意，或对某种算法有改进，或对某一技术指标有提高。要求论点突出、尊重事实、表达准确，要求结构能紧紧围绕主题层层展开、环环相扣，使整篇论文系统严密、浑然一体。常见的论文的结构形式有并列式、递进式、总分式和分总式等。

论文结构层次一般分成若干个自然段，或是用若干个小标题来论述。每层的小标题均用阿拉伯数字连续编码。一个编码的两个数字之间用圆点（.）分开，末位数字后面不加圆点。每一层次一般不超过四级标题，第四级标题如果还要分层次，可用（1）；1）；①形式表示。如：1（一级标题）；1.1（二级标题）；1.1.1（三级标题）；1.1.1.1（四级标题）。正文的结构层次不论是采用自然段还是小标题的形式，都要注意各层次之间要紧密衔接、环环相扣、富有逻辑；层次与层次之间还应协调一致，各部分的先后次序、篇幅的长短，都应根据逻辑顺序和表现主题的需要当详则详，当略则略。

2.1.4.6　结论

结论也称结语或结束语，为一篇论文的收束部分，是以研究成果为前提，经过严密的逻辑推理和论证所得出的最后结论。在结论中应明确指出论文研究的成果或观点，对其应用前景和社会价值、经济价值等加以预测和评价，并指出今后进一步在本研究方向进行研究工作的展望与设想。

撰写结论时，不仅对研究的全过程、实验的结果、数据等进一步认真地加以综合分析，准确反映客观事物的本质及其规律，而且，对论证的材料，选用的实例，语言表达的概括性，科学性和逻辑性等方方面面，也都要一一进行总判断、总推理、总评价。同时，撰写时，不是对前面论述结果的简单复述，而要与引言相呼应，与正文其他部分相联系。结论中，凡归结为一个认识、肯定一种观点、否定一种意见，都要有事实、有根据，不能想当然，不能含糊其词，不能用“大概”“可能”“或许”等词语。如果论文得不出结论，也不要硬写。

2.1.4.7 致谢

科学研究通常不是只靠一两个人的力量就能完成的，需要多方面力量支持，协助或指导。特别是大型课题，需要联合作战，参与的人数很多。在论文结论之后或结束时，应对整个研究过程中，曾给予帮助和支持的单位和个人表示谢意。尤其是参加部分研究工作，未有署名的人，要肯定他的贡献，予以致谢。如果提供帮助的人过多，就不必一一提名，除直接参与工作，帮助很大的人员列名致谢，一般人均笼统表示谢意。如果有的单位或个人确实给予帮助和指导，甚至研究方法都从人家那里学到的，也只字未提，未免有剽窃之嫌。在论文末尾向曾经给予该论文各种帮助的人给予真诚的致谢，是对别人研究成果和劳动的一种尊重。

2.1.4.8 附录

附录是将不便列入正文的有关资料或图纸编入其中。它包括有实验部分的详细数据、图谱、图表等，有时论文写成，临时又发现新发表的资料，需要补充，可列入附录。附录里所列材料，可按论文表述顺序编排。

2.1.4.9 参考文献

作者在论文之中，凡是引用他人的报告、论文等文献中的观点，数据、材料、成果等，都应按本论文中引用先后顺序排列，文中标明参考文献的顺序号或引文作者姓名。每篇参考文献按篇名、作者、文献出处排列。列上参考文献的目的，不只是便于读者查阅原始资料，也便于自己进一步研究时参考。应该注意的是，凡列入参考文献，作者都应详细阅读过，不能列入未曾阅读的文献。

2.2 专　利

专利作为技术信息最有效的载体，囊括了全球90%以上最新技术情报，内容翔实准确。通过对某一行业或某一技术分支内专利文献的分析，可以客观地反映出专利总体态势、技术发展路线和主要竞争主题的研发动向和保护策略，能够为国家、地区、行业和企业制定技术创新战略、研发策略和竞争策略提供不可或缺的支撑。

2.2.1 专利

2.2.1.1 概念

专利是专利权的简称，是指一项发明创造，即发明、实用新型或外观设计向国家专利局提出专利申请，经依法审查合格后向专利申请人授予的在规定时间内对该项发明创造享有的专有权或独占权。

专利的特点：

(1) 专有性。专利权人对其发明创造所享有的独占性的制造、使用、销售和进口的权利。

(2) 地域性。一个国家依照其本国专利法授予的专利权，仅在该国法律管辖地域范围内有效，对其他国家没有任何约束力，外国对其专利权也不承担专利保护义务。

(3) 时间性。专利权人对其发明创造所拥有法律赋予的专有权，只在法律规定时间内有效，期限届满后，专利权人对其发明创造不再享有制造、使用、销售和进口的专利权。

按持有人的所有权，专利分为有效专利和失效专利。其中，有效专利指专利申请被授权后仍处于有效状态的专利。专利处于有效状态需满足：首先，专利权还处在法定保护期限内；其次，专利权人需要按规定缴纳年费。专利申请被授权后，因为已经超过法定保护期限或因为专利权人未及时缴纳专利年费而丧失专利权或被任意个人或者单位请求宣布专利无效，经专利复审委员会认定并宣布无效而丧失专利权之后，称为失效专利。失效专利对所涉及技术的使用不再有约束力。

2.2.1.2 种类

在我国，专利一般分为发明专利、实用新型专利以及外观设计专利三种。

(1) 发明专利。发明专利是指对产品、方法或者其改进所提出的新技术方案。发明专利技术含量最高，发明人花费创造性劳动最多。新产品及其制造方法、使用方法都可以申请发明专利。

新方法、新工艺和新配方等无形的发明创造只能申请发明专利。有形的新产品既可以申请发明专利，也可以申请实用新型专利。

发明专利要经初步审查、公开、实质审查后才可授权，我国的审批期限一般为2~3年，发明专利权的保护期限为20年。

(2) 实用新型专利。实用新型专利主体为产品，在我国的《专利法》中，实用新型专利是指产品形状、构造或者其结合所提出的适于实用的新的技术方案。要注意的是，只有涉及产品构造、形状或其结合时，才可以申请实用新型专利。

实用新型专利较发明专利更突出实用性，比发明专利的技术水平要求更低。另外，单一产品可以同时申请发明和实用新型专利。

实用新型专利申请实行初步审查制度，审批期限一般为 10~12 个月，保护期限为 10 年。

（3）外观设计专利。外观设计专利是指对产品的形状、图案或者其结合以及色彩与形状、图案的结合所做出的富有美感并适于工业应用的新设计。只要涉及产品的形状、图案或者其结合以及色彩与形状、图案的结合富有美感，并适用于工业上应用的新设计，就可以申请外观设计专利。例如，产品外形、包装、标贴图案或形状只能申请外观设计专利。

外观设计专利和实用新型专利一样，经初步审查即可授权。外观设计专利审批期限一般为 9~12 个月，保护期限为 10 年。

上述三种类型专利的不同之处：第一，保护对象不同、授权难度不同。发明专利需要经过国家知识产权局指定审查员进行的初步审查和实质审查两个阶段，而实用新型专利和外观设计专利通过初步审查即可以获得专利权；第二，稳定性不同。发明专利经过初步审查和实质审查两个阶段才可以获得授权，其权利稳定性比实用新型专利和外观设计专利要高；第三，审查时间和保护时间期限不同。发明专利包括初步审查和实质审查，审查时间 1~3 年不等，保护时间期限 20 年；实用新型专利审查时间 7~14 个月，保护时间期限 10 年；外观设计专利审查时间为 4~6 个月，保护时间期限 10 年。

2.2.1.3　原则

授予专利权的发明和实用新型专利应当具备新颖性、创造性和实用性等。

（1）新颖性。新颖性指该发明或者实用新型专利不属于现有技术，也没有任何单位或者个人就同样的发明或者实用新型专利在申请日以前向专利行政部门提出过申请并记载在申请日以后公布的专利申请文件或者公告的专利文件中。

（2）创造性。创造性指与现有技术相比，该发明具有突出的实质性特点和显著的进步，该实用新型专利具有实质性特点和进步。

（3）实用性。《专利法》规定：实用性指该发明或者实用新型专利能够制造或者使用，并且能够产生积极效果。不要求其发明或者实用新型专利在申请专利之前已经经过生产实践，而是分析和推断在工农业及其他行业的生产中可以实现。

（4）非显而易见性。获得专利的发明必须是在既有技术或知识上有显著的进步，不能只是已知技术或知识显而易见的改良。

（5）适度揭露性。为促进产业发展，国家赋予发明人独占的利益，发明人需充分描述其发明的结构与运用方式，以便利他人在取得专利权人同意或专利到期之后能够实施此发明，或是透过专利授权实现发明或者再利用、再发明。

2.2.2　专利文献

2.2.2.1　含义

专利文献是指各种专利机构（包括专利局、知识产权局及相关国际或地区组织）在受理、审批、注册专利过程中产生的记述发明创造技术及权利等内容的官方文件及其出版物的总称。

作为公开出版物的专利文献包括各专利管理机构以单行本方式公开出版的描述发明创造内容和限定专利保护范围的专利文件，如专利申请、专利、实用新型、外观设计等单行本；各专利管理机构以公报方式出版的公告性定期连续出版物，如专利公报。

2.2.2.2　结构

A　专利单行本

专利单行本也被统称为专利说明书，是用以描述发明创造内容和限定专利保护范围的一种官方文件或者其出版物。

目前各专利管理机构出版的每一件专利单行本基本包括扉页、权利要求书、说明书、附图等组成部分，有些专利管理机构出版的专利单行本还附有检索报告。

a　扉页

扉页是揭示每件专利基本信息的文件部分。

扉页揭示的基本专利信息包括专利申请时间、申请号码、申请人或专利权人、发明人、发明创造名称、发明创造简要介绍及摘要附图（机械图、电路图、化学结构式等）、发明所属技术领域分类号、公布或授权时间、文献号、出版专利文件国家机构等。

在专利单行本扉页上，专利的基本信息以专利文献著录项目形式表达。

b　权利要求书

权利要求书是专利单行本中限定专利保护范围的文件部分。

权利要求分为独立权利要求和从属权利要求。独立权利要求从整体上反映发明或者实用新型专利的技术方案，记载解决技术问题的必要技术特征。从属权利要求用附加的技术特征对引用的权利要求作进一步限定。

c　说明书及附图

说明书是清楚完整地描述发明创造技术内容的文件部分。附图用于补充说明书的文字描述。

说明书包括技术领域、背景技术、发明内容、附图说明、具体实施方式等。

d　检索报告

检索报告是专利审查员通过对专利申请所涉及的发明创造进行现有技术检索，找到可以进行专利新颖性或创造性对比文件，向专利申请人及公众展示检索结果的一种文件。

出版附有检索报告的专利单行本的国家或组织包括欧洲专利局、世界知识产权组织国际局、英国专利局、法国工业产权局等。附有检索报告的专利单行本均为申请公布单行本，即未经审查尚未授予专利权的专利文件。

检索报告有两种出版方式，即附在公开出版的专利单行本中，或者单独出版。

专利单行本中的检索报告以表格式报告书的形式出版。

B　专利公报

专利公报是各国专利机构报道最新发明创造专利的申请公布、授权公告等情况，以及专利局业务活动和专利著录事项变更等信息的定期连续出版物。

a　类型

根据专利申请及授权的报道形式，专利公报类型可以分为题录型、文摘型和权利要求型专利公报。

b　主要内容

各国专利公报主要内容分为以下三大部分，并有严格的编排格式。

（1）申请的审查和授权情况，包括有关申请报道，有关授权报道，有关地区、国际性专利组织在该国的申请及授权报道，与所公布的申请和授权有关的各种法律状态变更信息等。

（2）其他信息，如专利文献的订购、获得信息，工业产权局专利图书馆服务的有关信息等。

（3）各类专利索引，包括号码索引、分类索引、人名索引等。

c　专利公报的特点和作用

专利公报是二次专利文献最主要的出版物。专利公报有连续出版、报道及时、法律信息准确而丰富的特点。

专利公报可以用于了解近期专利申请和授权的最新情况，也可以用于进行专利文献的追溯检索，还可以掌握各项法律事务变更信息。

2.2.2.3　数据库

A　中国主要专利文献数据库

a　国家知识产权局专利文献馆

专利文献馆收藏纸载体专利文献，收藏范围包括 1985 年以来的中国大陆发明、实用新型说明书、外观设计公报，1979 ~ 1999 年的中国台湾专利公报，

1976～1999 年的日本外观设计公报，1926～1994 年美国专利说明书，1974～1992 年的日本专利申请说明书，1965～1993 年的日本专利说明书，1981～1993 年英国专利申请说明书，以及中、美、日三国其他检索工具刊物。专利文献馆提供中国专利所有文献（包括中国台湾）、日本外观设计公报开架阅览，其他文献为闭架提书阅览服务。除此之外，文献部专利文献馆委托服务室可以利用丰富的馆藏专利文献和局域网及因特网上的多种专利数据库提供定题、追溯、跟踪及法律状态等检索和信息分析服务等方面的委托服务。

b　国家知识产权局网站

国家知识产权局网站如图 2-1 所示。

图 2-1　国家知识产权局网站

国家知识产权局网站向公众提供免费检索服务，并提供与专利相关的多种信息服务，包括：专利申请指南、专利审查指南、专利及相关法律法规介绍、专利行政与司法保护机构介绍及案例分析、专利代理程序及代理机构介绍、专利文献馆馆藏查询、文献服务项目介绍、相关图书期刊简介、专利信息产品介绍、国内外专利信息统计、专利知识讲座及工作问答等。

c　中国专利信息网

中国专利信息网如图 2-2 所示。

中国专利信息网站提供简单检索、逻辑组配检索和菜单检索三种免费检索方式，其功能汇集国际各知名网站的检索功能，大大提高了用户的检索效率。在题录信息界面，通过身份验证即可在线浏览专利全文。中国专利信息网还提供与专利相关的多种信息服务和委托检索服务，并提供国内外免费专利数据库链接。收

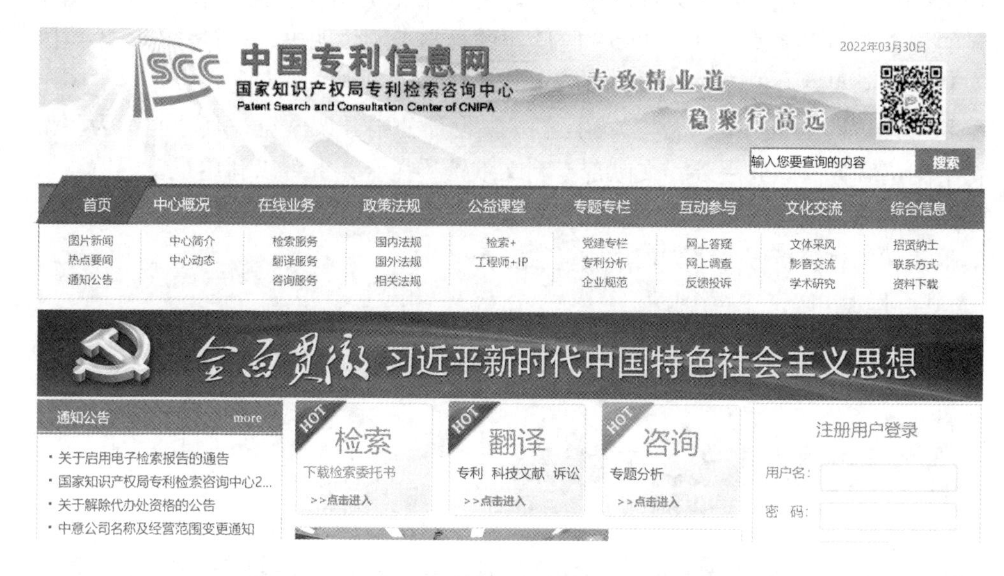

图 2-2　中国专利信息网

录 1985 年中国专利法实施以来公开的全部中国发明专利、实用新型专利和外观设计专利的题录和文摘，提供相应发明和实用新型专利的全文扫描图像。

d　中国知识产权网

中国知识产权网如图 2-3 所示。

图 2-3　中国知识产权网

中国知识产权网站收录了 1985 年《专利法》实施以来公开的全部中国发明专利、实用新型专利和外观设计专利，包括三类专利的数据库及法律状态数据库，可以单库查询和多库联合查询。

B　外国主要专利文献数据库

a　世界知识产权数字图书馆

世界知识产权数字图书馆网站如图 2-4 所示。

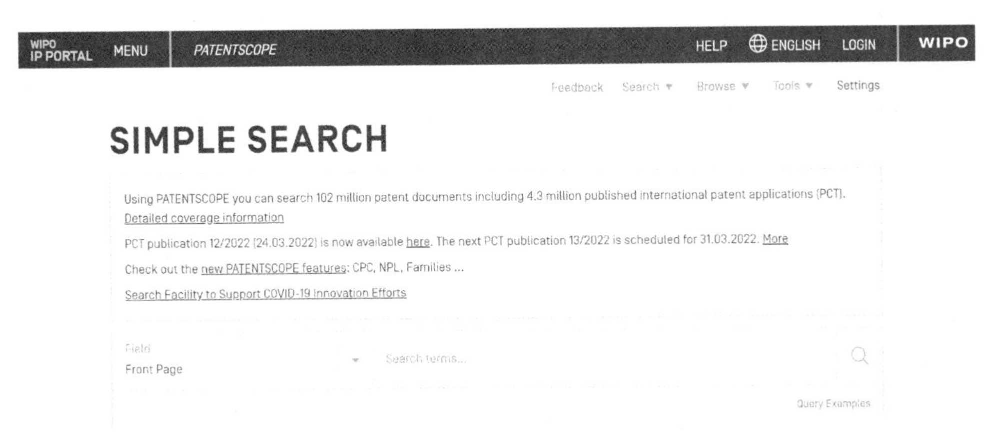

图 2-4　世界知识产权数字图书馆网站

世界知识产权数字图书馆网站提供 WIPO 维护的数据库检索服务，包括 PCT 国际专利公报数据库、马德里商标快报数据库、JOPAL 专利审查最低文献量科技期刊数据库（JOPAL Data-base）等。

b　美国专利商标局网站专利数据库

美国专利商标局网站专利数据库如图 2-5 所示。

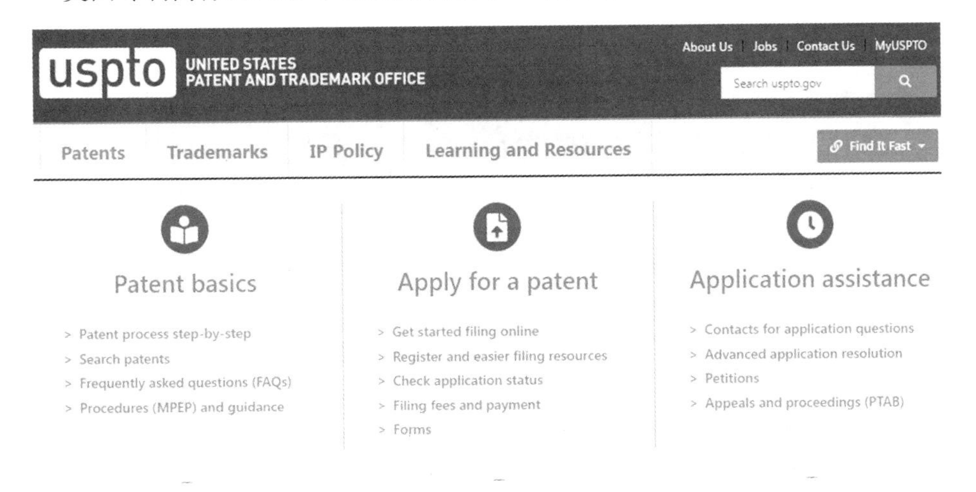

图 2-5　美国专利商标局网站专利数据库

美国专利商标局网站可以查看从 1970 年到最近一周公开日（通常指每周四）美国公布的全部授权专利文献。

c　欧洲专利局网站专利数据库

欧洲专利局网站专利数据库如图 2-6 所示。

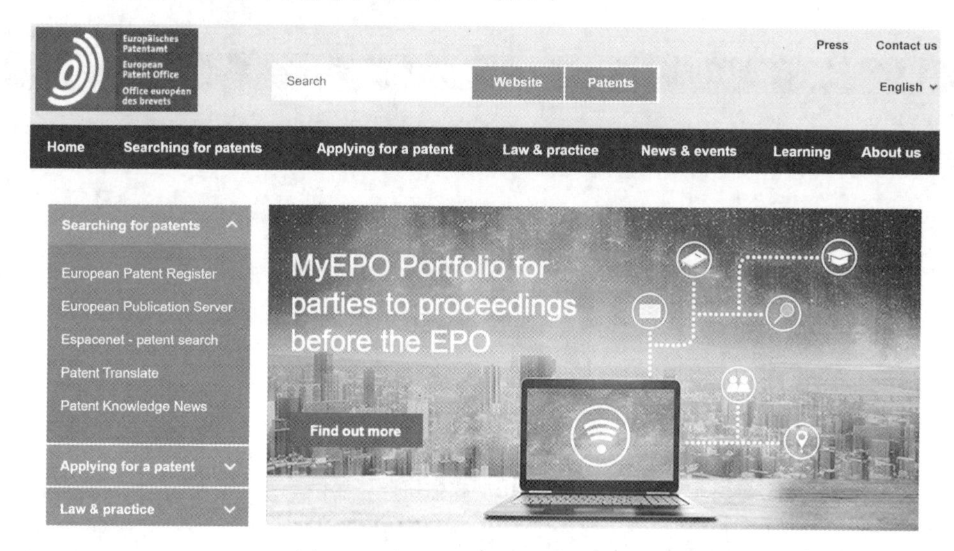

图 2-6　欧洲专利局网站专利数据库

欧洲专利局网站提供英语、德语、法语三种语言支持，可以检索欧洲、世界知识产权组织、日本英文文摘及世界范围的专利文献，提供自 1920 年以来世界 50 多个国家公开的专利题录数据，以及 20 多个国家的专利说明书；可以通过优先权号检索同族专利。

d　日本特许厅网站专利数据库

日本特许厅网站专利数据库如图 2-7 所示。

日本特许厅网站英文页面数据库仅包括 1993 年以来的日本公开特许（发明申请公开）英文文摘数据库，1993 年以前的日本英文专利需要通过欧洲专利局网站检索。

e　韩国 KIPRIS 数据库

韩国 KIPRIS 数据库如图 2-8 所示。

韩国知识产权局通过韩国工业产权信息服务系统（Korea Intellectual Property Rights Information Service，KIPRIS）提供韩国外观设计信息查询服务，具有英文、韩文两种检索界面。韩文界面的检索方式、结果显示与其英文界面基本相同，韩语检索字段的英文缩写与英语检索字段的英文缩写一致。

f　国际商业性联机检索系统

目前世界上规模最大的商业性联机检索系统主要有三个。

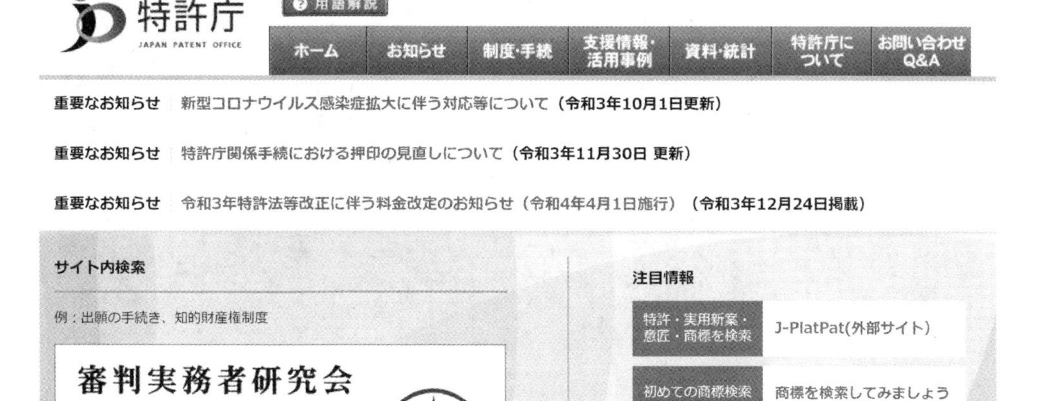

图 2-7　日本特许厅网站专利数据库

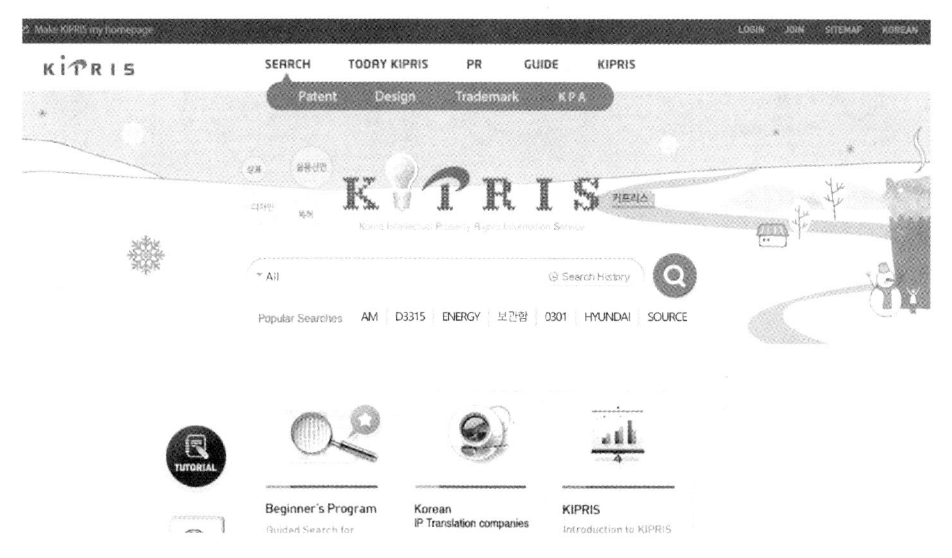

图 2-8　韩国 KIPRIS 数据库

（1）欧洲 Questel. Orbit 国际联机检索系统，如图 2-9 所示。

（2）美国 STN 国际联机检索系统，如图 2-10 所示。

（3）DIALOG 国际联机检索系统，如图 2-11 所示。

目前，由 Dialog 公司提供的基于 Internet 的主要信息检索系统有 Dialog、Datastar 和 Profound。

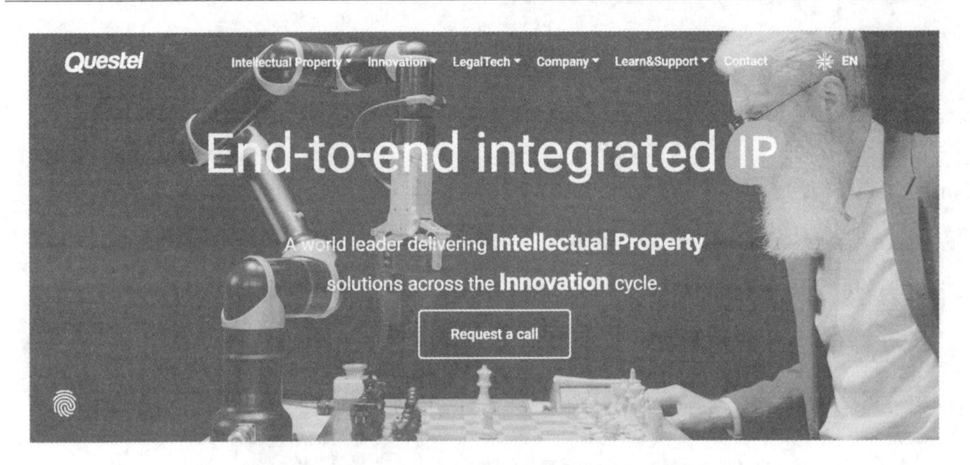

图 2-9　欧洲 Questel. Orbit 国际联机检索系统

Login ID

Password

Transcript: OFF

ON: [default name]

Login

The latest version of STN is available!
Log in to STNext now at **stn.org** to access the content, capabilities and commands you rely on today in a new browser-based interface that will elevate your STN search experience.

Operating System and Browser Support

图 2-10　美国 STN 国际联机检索系统

用户名:

密码:

☐ 记住我的登录信息

忘记密码?　登录

图 2-11　DIALOG 国际联机检索系统

2.2.3 专利信息

2.2.3.1 含义

专利信息是指以专利文献作为主要内容或以专利文献为依据，经分解、加工、标引、统计、分析、整合和转化等信息化手段处理，并通过各种信息化方式传播而形成的与专利有关的各种信息的总称。

专利信息属于科学技术信息，主要包括专利文献、专利法律状态、专利审批过程中的文件、专利实施、专利许可、专利转让等信息。

专利信息分为专利基本信息和专利增值信息两大类。其中，专利基本信息记载了专利申请、审查、授权、驳回、撤回、转让、许可等阶段的信息，包括专利申请人、发明人、申请日期、授权日期、同族专利、引用和被引用、权利要求书、说明书等信息。专利增值信息以专利基础信息为主要依据，经过加工、标引、统计、分析、整合、转化等手段，基于特定的目的而得到的相关专利信息，主要包括专利主要技术信息的提炼，专利申请趋势、主要申请人、主要发明人、同族专利等信息。

2.2.3.2 特征

专利信息包含一般特征和独特特征，表现为可共享性、记载性等的一般特征，以及法律性、地域性、时效性等的独特特征。

（1）一般特征。

1）共享性。与物质和能源不同，专利信息不会被磨损和消耗，人们可以共同使用和享有它。例如，互联网上的专利信息资源被成千上万的人们检索和使用。

2）记载性。专利信息很大一部分以文献信息形式存在，文献信息包括文献所载内容和文献载体形式。一系列因法律规定而产生的文献是专利信息的主要载体。例如，根据《专利法》规定，由申请人递交的专利申请书、专利局定期公布的专利说明书和专利证书等构成了承载专利信息的主要组成部分。同时，专利许可证以书面形式也提供着各种专利信息。此外，专利信息也是一种非文献信息，能够借助文献载体之外的其他载体来表达、传播与利用。例如，专利产品所表达的专利信息是一种实物信息；专利贸易过程与诉讼过程中借助人的语言、行为所传递的专利信息等是一种重要的人际信息。

（2）独特特征。

1）法律性。专利信息依据《专利法》存在，《专利法》规定着专利信息的种类、范围、时效等。专利信息在很大程度上可以说是一种法律信息，有助于人们据此从事专利法律活动。例如，在专利申请/审查/授权过程中、专利合同买卖中、专利纠纷解决中，人们往往都需要开发与利用专利信息以维护自己的权力和利益。

2）地域性。专利的法律效力有地域限制，各国的法律只能在其主权管辖范围内有效。

3）时效性。专利的法律效力有时间限制，大多数国家的专利法规定专利自申请日算起保护 20 年。专利信息具有特殊的时效性，当专利失去法律效力后专利权利随之消亡、专利权利信息随之改变。

（3）内容特征。专利信息既是关于专利保护客体内含的信息又是有关专利权利的信息，它是集技术、法律、经济信息于一体的复合型信息源。

1）技术性。专利保护客体涉及人类科学技术的研发成果，是有关人们在这些领域从事智力活动所创造的认识成果，因而专利信息首先是人类有关科技的认识。它包括反映最新科技信息的新发明、新创造、新设计，而且经审查的专利技术信息内容可靠。这些有关技术开发、智力成果的信息，有助于人类更新对现有技术水平和未来发展前景的认识，对分析与发展活动有着十分重要的作用。技术信息一般在专利说明书、权利要求书、附图和摘要等内容中披露，专利文献所附的检索报告或相关文献间接提供相关的技术信息。

2）法律性。专利信息基于法律活动而存在，因而它必然表现法律活动的存在状态。它包含了发明创造的权利保护范围、专利权生效日期和保护期限、优先权及其保护的地域范围、专利权是否有效、获得许可证情况等信息。在权利要求书、专利说明书扉页、专利公报及专利登记簿等专利文献中记载的与权利保护范围和权利有效性有关的信息。

3）经济性。在专利文献中记载着一些与国家、行业或企业经济活动密切相关的信息，如专利申请人或专利权人名称、专利国家标识、专利申请年代等，这些信息反映出专利申请人或专利权人经济利益趋向和市场占有欲。通过对经济信息的分析可以获取许多商业情报。例如，一个国家的专利申请量反映该国的技术水平及动态；各个行业中专利申请量的改变可以指示工业生产中的变化，使人们对未来活动做出预测；通过专利申请人或专利权人申请专利的信息分析可以发现他们正从事各种经营、专利申请的趋势，加上其他来源的情报可以揭示其正在开拓的新市场。

2.2.3.3　作用

A　研发前——技术梳理、查新及开题检索

企业开发某一技术领域产品，研发前需要对这一技术领域内的产品进行专利信息检索并分析，从专利角度了解产品基本技术现状、技术发展路线、技术发展态势、目前存在的技术问题以及可以改进的技术方向等。通过对产品专利信息的宏观、微观和技术路线的分析帮助企业获得更深入的信息。

（1）产品是否涉及重复研发。若通过专利信息分析得知已有产品相关专利，

如果企业贸然进行研发则会造成重复研发，如果产品上市则会带来侵权纠纷并给企业造成巨大损失。

（2）寻找创新点。通过专利信息分析判断产品现有技术中的技术缺陷，寻找可以研发的技术新方向。

（3）利用公知技术。通过专利信息分析，从国内外失效专利信息中获取技术并加以利用。对于国外失效专利，应看这项技术是否有中国专利、中国专利权是否有效等。

通过专利引证分析，追踪技术发展趋势、技术新应用、技术新创新点等。

B　研发中——技术跟踪检索

根据研发前的专利信息分析初步锁定研发方向，并根据技术人员锁定的技术创新点进行定期跟踪检索分析。其中，一方面可以避免重复研发，寻找进一步的技术创新点，跟踪应用技术状态，另一方面可以获知行业新从业者等信息。

C　研发后——专利申请布局策略

研发出相应成果之后需要对技术进行申请布局，有两种方式。

（1）全球专利申请布局（专利族布局）。对于具有研发成果的技术，企业根据发展规划在全球进行专利申请布局以抢占市场先机，并在申请专利的过程中布局该技术的专利族。

（2）专利申请技术布局。主要针对已有研发成果技术，围绕此成果进行的专利申请布局，常用方式有扩散布局法、包围式布局法、产业链布局法、特征替换布局法等。

D　技术产业化侵权风险评估

企业在技术产业化之前应对技术转化成的产品进行侵权风险评估，步骤如下：

（1）确定自己的技术。准确确定自己技术是进行准确预警的基础，专利文件的检索以及具体的侵权判定分析都基于上述技术分解的结论。

（2）确定目标市场。专利预警具有地域性，各个国家的侵权判定标准不同，企业可以根据自身的商业发展战略来确定目标国家。

（3）确定对比文件。根据技术转化产品上市地区，检索此产品在当地的专利申请情况并对专利进行技术点提取，找出和企业自身技术最接近的对比文件。

（4）技术对比。根据上一步检索出来的专利，对每一件专利文件进行研究确定法律状态和保护范围，并将检索到的目标专利所描述的内容和自己的技术相对比。

（5）侵权预警判定。根据目标国法律确定侵权判定原则，然后将企业自身产品与检索出来的专利进行对比做出侵权与否的结论。

3 钛铝金属间化合物材料中文论文量化举要

3.1 分析介绍

CNKI 数据库是目前世界最大的连续动态更新的中文期刊全文数据库，本书选取 CNKI 数据库作为数据检索来源进行详细介绍。

（1）知网节。知网节是知识网络节点的简称，也就是下载文献页面中所包含的全部信息。一般以一篇文献为节点，知网节包含节点文献的基本特征信息（如关键词、摘要、作者、机构等）以及从文献内容角度出发的研究背景和以该文献为中心的关联内容（如引证文献等），并提供这些文献的篇名、出处与链接，如图 3-1 所示。

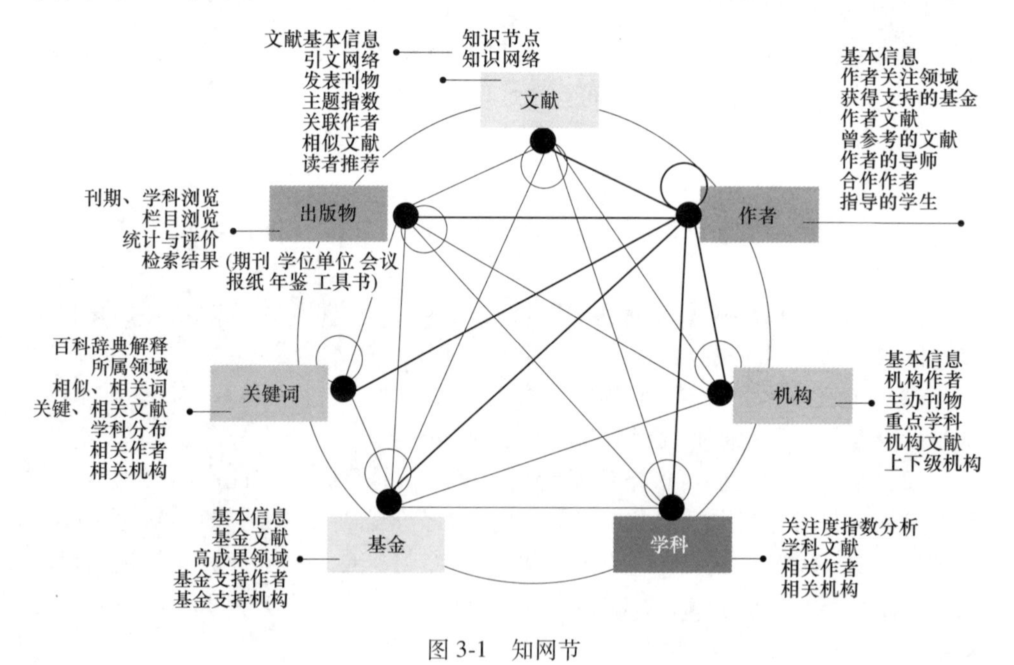

图 3-1 知网节

（2）计量可视化分析。通过可视化分析功能读者可以针对检索结果从多维度分析已选文献或者全部文献，帮助读者深入了解检索结果文献之间的互引关系、参考文献、引证文献、文献共被引分析、检索词文献分析、读者推荐分析、日指数分析、文献分布分析等，如图 3-2 所示。

图 3-2　计量可视化分析

（3）指数分析。指数是根据某些指标所设计并计算出来的统计数据，用以衡量指标波动情形，如图 3-3 所示。从广义上看，任何两个数值对比形成的相对数都可以称为指数。指数分析方法利用指数体系，对指标的综合变动从数量上分析其受各种因素影响的方向、程度及绝对数量。

图 3-3　指数分析

CNKI 指数提供以中国知网海量文献为基础的免费数据分析服务，能反映不同检索词在过去一段时间里的变化趋势。CNKI 指数以最权威的文献检索数据为基础，通过科学、标准的运算以直观图形界面展现，帮助用户最大化获取有价值信息。因此，通过 CNKI 指数可以检索、发现和追踪学术热点话题。

3.2　知　网　节

知网节是从单篇文献出发，由点及面挖掘相关文献的利器。对检索出的某一篇文献细读前可以先通过知网节页面了解文献的基本信息（作者、机构、摘要和关键词），通过引证网络示意图了解与本篇文献相关的（参考文献、相似文献、相关作者文献、相关机构文献）更多信息。

在 CNKI 主页，展开相关主题检索，选择《钛铝系合金与镍基高温合金异种连接技术研究进展》一文并点击进入页面，可以看到知识节点和知识网络两方面的揭示，如图 3-4 所示。

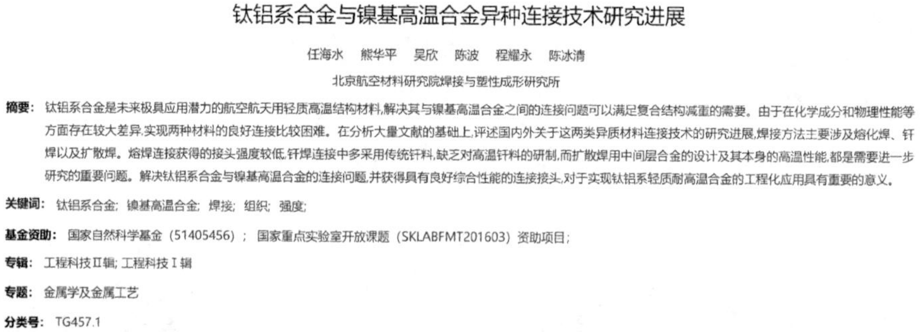

钛铝系合金与镍基高温合金异种连接技术研究进展

任海水　熊华平　吴欣　陈波　程耀永　陈冰清

北京航空材料研究院焊接与塑性成形研究所

摘要： 钛铝系合金是未来极具应用潜力的航空航天用轻质高温结构材料,解决其与镍基高温合金之间的连接问题可以满足复合结构减重的需要。由于在化学成分和物理性能等方面存在较大差异,实现两种材料的良好连接比较困难。在分析大量文献的基础上,评述国内外关于这两类异质材料连接技术的研究进展,焊接方法主要涉及熔化焊、钎焊以及扩散焊。熔焊连接获得的接头强度较低,钎焊连接中多采用传统钎料,缺乏对高温钎料的研制,而扩散焊用中间层合金的设计及其本身的高温性能,都是需要进一步研究的重要问题。解决钛铝系合金与镍基高温合金的连接问题,并获得具有良好综合性能的连接接头,对于实现钛铝系轻质耐高温合金的工程化应用具有重要的意义。

关键词： 钛铝系合金; 镍基高温合金; 焊接; 组织; 强度;

基金资助： 国家自然科学基金（51405456）； 国家重点实验室开放课题（SKLABFMT201603）资助项目;

专辑： 工程科技Ⅱ辑; 工程科技Ⅰ辑

专题： 金属学及金属工艺

分类号： TG457.1

图 3-4　知网节示例

3.2.1　知识节点

知识节点包含基本信息、摘要、基金、关键词、分类号和文内图片，点击其中任意字段可以连接到该字段在中国学术期刊网络出版总库、中国博士学位论文全文数据库等数据库中的信息。以关键词为节点，点击关键词中的“钛铝系合金”，可以进入以下页面，如图 3-5 所示。

点击左侧“关键文献”和“相关文献”，如图 3-6 所示。

点击“学科分布”“相关作者”“相关机构”“相关视频”，如图 3-7 所示。

以作者为节点，查看“作者关注领域”“作者文献”“作者导师”“合作作者”“获得支持基金”“指导的学生”“主讲视频”，如图 3-8 所示。

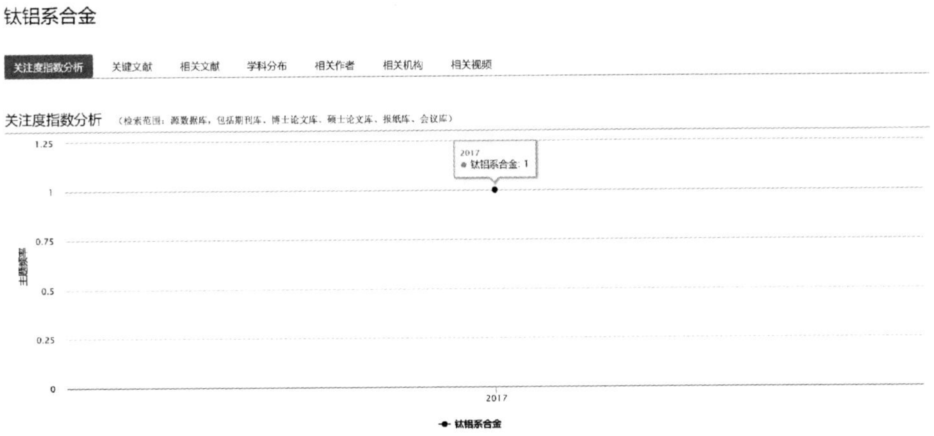

钛铝系合金

关注度指数分析 关键文献 相关文献 学科分布 相关作者 相关机构 相关视频

关注度指数分析 （检索范围：源数据库，包括期刊库、博士论文库、硕士论文库、报纸库、会议库）

2017
● 钛铝系合金：1

主题频率

1.25
1
0.75
0.5
0.25
0

2017

-●- 钛铝系合金

图 3-5 知网节关键词示例

图 3-6 知网节关键文献、相关文献示例

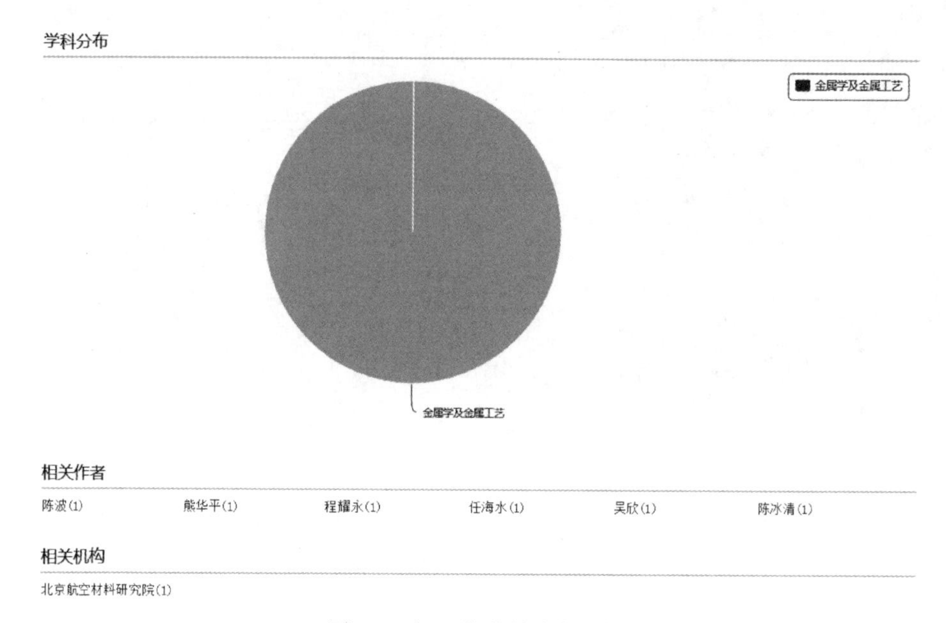

图 3-7　知网节学科分布示例

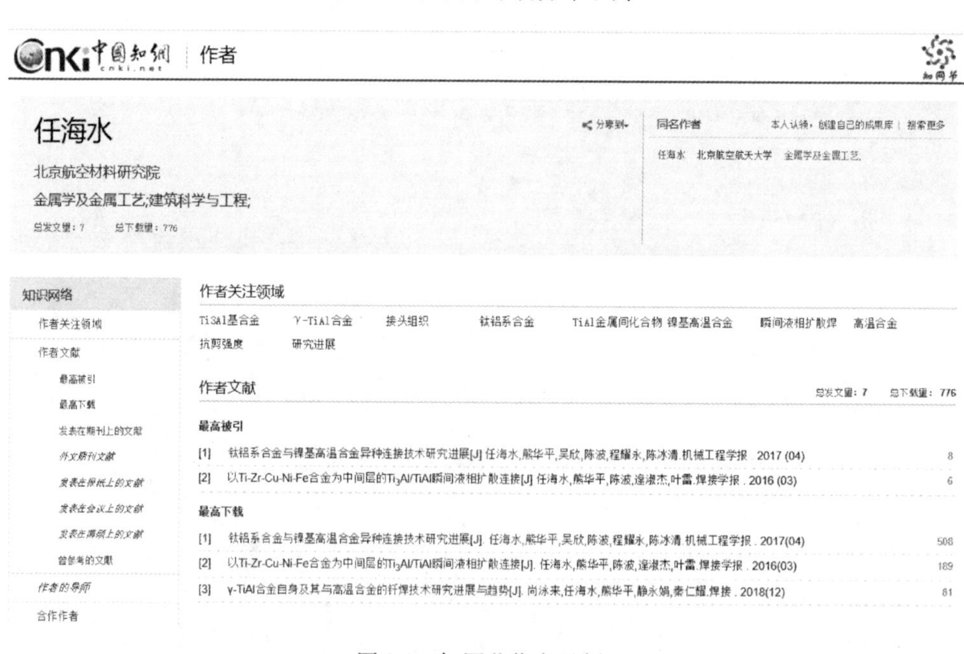

图 3-8　知网节作者示例

以机构为节点，可以洞悉机构的学术水平，包括机构主要作者、主办刊物、重点学科、机构文献和下属及相关机构，如图 3-9 所示。

了解某基金支持发文情况，点击“基金”即可，如图 3-10 所示。

图 3-9　知网节机构示例

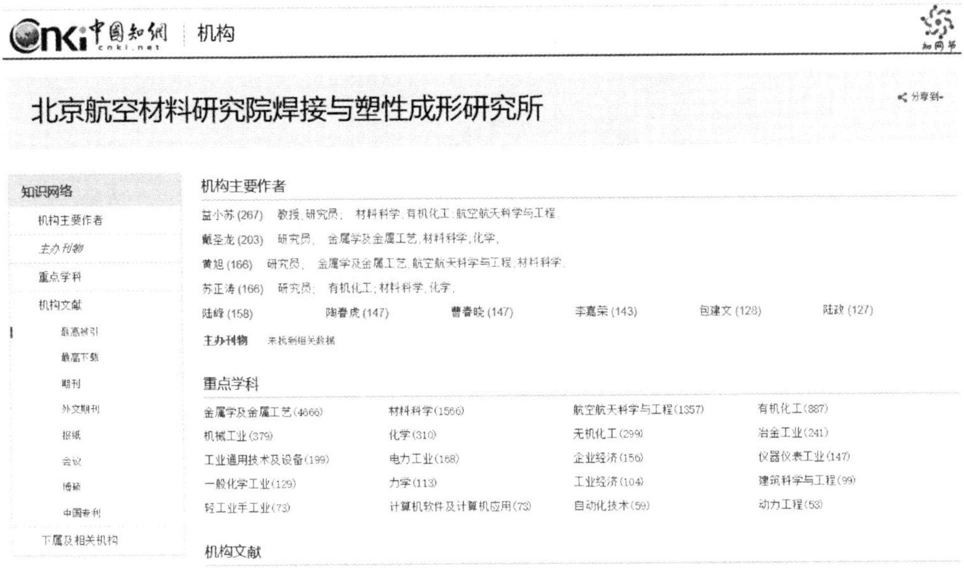

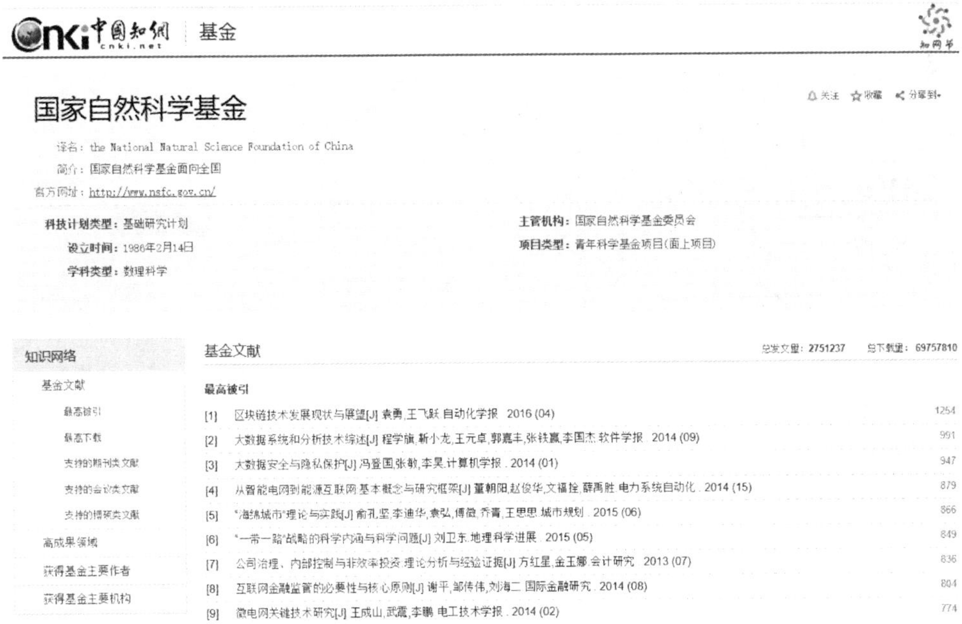

图 3-10　知网节基金示例

CNKI 对所有学术文献中的图片进行抓取和高清处理后整合成学术图片库，既方便查看图片又可以关联图片相关信息。选择文内图片“Ti-Nb-Ni 合金焊丝得到的 Ti3Al/GH4169 接头微观组织”，进入以下页面，如图 3-11 所示。

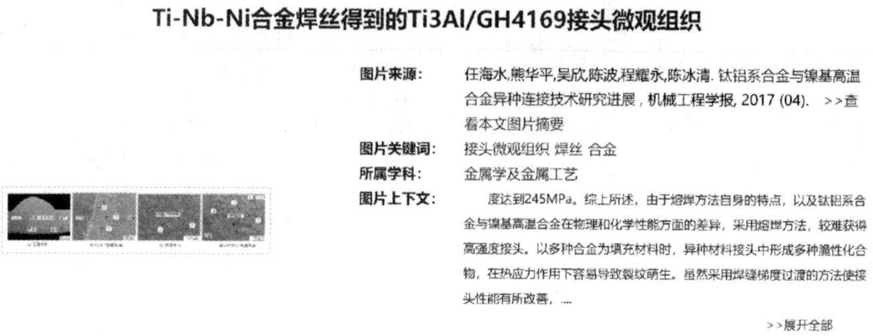

Ti-Nb-Ni合金焊丝得到的Ti3Al/GH4169接头微观组织
图片来源：
任海水,熊华平,吴欣,陈波,程耀永,陈冰清. 钛铝系合金与镍基高温合金异种连接技术研究进展，机械工程学报, 2017 (04). >>查看本文图片摘要
图片关键词：
接头微观组织 焊丝 合金
所属学科：
金属学及金属工艺
图片上下文：
度达到245MPa。综上所述，由于熔焊方法自身的特点，以及钛铝系合金与镍基高温合金在物理和化学性能方面的差异，采用熔焊方法，较难获得高强度接头。以多种合金为填充材料时，异种材料接头中形成多种脆性化合物，在热应力作用下容易导致裂纹萌生。虽然采用焊缝梯度过渡的方法使接头性能有所改善，....
>>展开全部

图 3-11　知网节学术图片库示例

还可以一键进入该文献所属刊物并进行整刊浏览，通过点击“刊名”或者“刊物封面”即可进入页面。点击知网节示例页面右侧《机械工程学报》图片，进入以下页面，如图 3-12 所示。

www.cnki.net
中国知识基础设施工程
期刊导航
刊名(曾用刊名)
请输入检索词
出版来源检索
文献检索
期刊导航
关注
RSS订阅
投稿
分享到
机械工程学报
Journal of Mechanical Engineering
个刊发行
网络首发
增强出版
核心期刊
CA
INSPEC
JST
Р Ж(AJ)
EI
CSCD
WJCI
卓越期刊
基本信息
主办单位：中国机械工程学会
出版周期：半月
ISSN：0577-6686
更多介绍
出版信息
专辑名称：工程科技II
专题名称：机械工业
出版文献量：13953篇
评价信息
(2021)复合影响因子：2.221
(2021)综合影响因子：1.579
该刊被以下数据库收录：

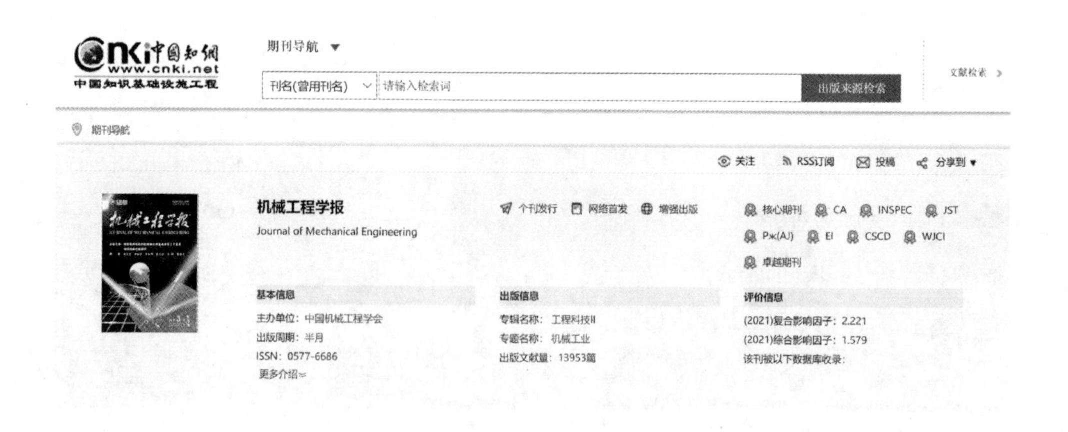

图 3-12　知网节期刊导航示例

3.2.2 知识网络

知识网络包括引文网络、关联作者、相似文献、读者推荐和相关基金文献。

通过引文网络，可以查看与节点文献有关的参考文献、二级参考文献、引证文献、二级引证文献、共引文献和同被引文献，如图 3-13 所示。

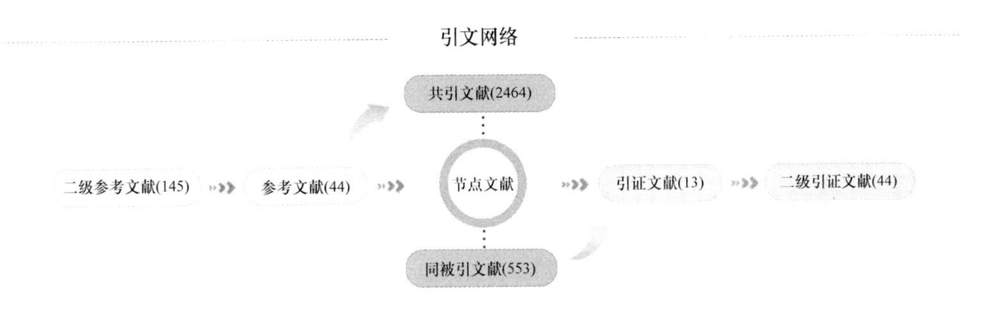

图 3-13 引文网络示例

引文网络中的名称释义如下：

（1）节点文献，即选中需查看的文献（本文）；

（2）参考文献，即作者写作过程中所引用或者参考并在本文后面列出的文献题录，可以反映研究工作的背景及依据；

（3）二级参考文献，即本文参考文献的参考文献，可以进一步反映研究工作的背景和依据；

（4）引证文献，即引用或者参考本文的文献，为本文研究的继续、应用、发展或者评价；

（5）二级引证文献，引用本文引证文献的引证文献，进一步反映本文研究工作的继续、发展或者评价；

（6）共引文献，与本文共同引用了某一篇或者某几篇文献的一组文献，与节点文献有着共同的研究背景及依据。共引文献数量越多，文献间的相关性越大；

（7）同被引文献，与本文同时被作为参考文献引用的文献，与本文共同作为进一步研究的基础。

《钛铝系合金与镍基高温合金异种连接技术研究进展》一文的参考文献，如图 3-14 所示。

通过参考引证图谱，可以看到引证文献具体信息，如图 3-15 所示。

参考文献　引证文献　共引文献　同被引文献　二级参考文献　二级引证文献

期刊　共 23 条

[1] Microstructures and mechanical properties of Ti3Al/Ni-based superalloy joints arc welded with Ti–Nb and Ti–Ni–Nb filler alloys[J]. Bingqing Chen,Huaping Xiong,Bingbing Sun,Siyi Tang,Borui Du,Neng Li. Progress in Natural Science:Materials International. 2014(04)

[2] Microstructure Evolution and Tensile Properties of Ti3Al/Ni-based Superalloy Welded Joint[J]. Bingqing Chen,Huaping Xiong,Bingbing Sun,Siyi Tang,Shaoqing Guo,Xuejun Zhang. Journal of Materials Science & Technology. 2014(07)

[3] NiCuNbCr焊料Ti3Al/GH4169合金氩弧焊接头的组织及性能[J]. 陈冰清,熊华平,郭绍庆,张学军,孙兵兵,唐思熠. 材料工程. 2014(04)

[4] TiAl基合金与Ni基合金钎焊连接接头界面组织及性能[J]. 何鹏,李海新,林铁松,冯吉才. 稀有金属材料与工程. 2013(11)

[5] 航空航天轻质高温结构材料的焊接技术研究进展[J]. 熊华平,毛建英,陈冰清,王群,吴世彪,李晓红. 材料工程. 2013(10)

[6] 用复合中间层扩散连接钛铝基合金与镍基合金[J]. 李海新,林铁松,何鹏,冯吉才. 焊接学报. 2012(11)

[7] Ti3Al/TC11合金焊接界面的高温性能[J]. 刘莹莹,姚泽坤,秦春,郭鸿镇. 稀有金属材料与工程. 2012(10)

[8] TiAl合金与高温合金的扩散焊接头组织及性能[J]. 周媛,熊华平,毛唯,陈波,叶雷. 材料工程. 2012(08)

[9] 以铜和Cu-Ti作为中间层的TiAl/GH3536扩散焊[J]. 周媛,熊华平,陈波,郭万林. 焊接学报. 2012(02)

[10] TiAl/Ni基合金反应钎焊接头的微观组织及剪切强度（英文）[J]. 李海新,何鹏,林铁松,潘峰,冯吉才,黄玉东. Transactions of Nonferrous Metals Society of China. 2012(02)

图 3-14　知网节参考文献示例

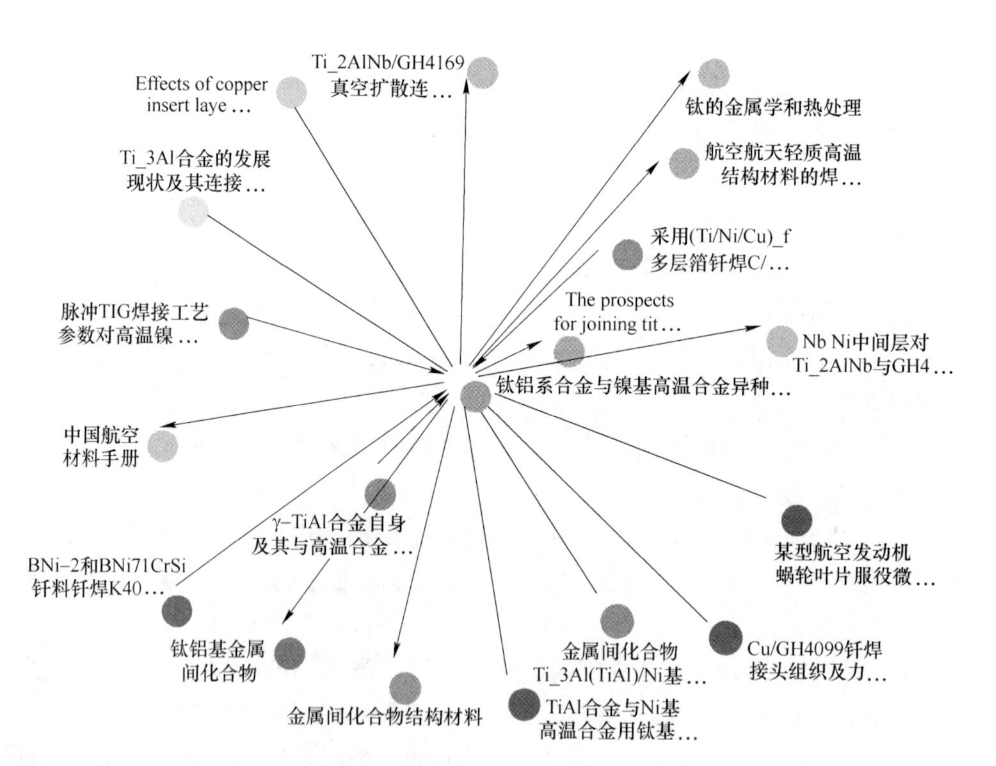

图 3-15　知网节参考引证图谱示例

在参考引证图谱弹出的同时，会列出引证文献信息，如图 3-16 所示。

引证文献 （引用本文的文献。本文研究工作的继续、应用、发展或评价）

中国学术期刊网络出版总库 共 6 条

[1] 某型航空发动机涡轮叶片服役微观损伤研究[J]. 范永升,黄渭清,杨晓光,石多奇. 机械工程学报. 2019(13)

[2] BNi-2和BNi71CrSi钎料钎焊K405合金接头组织与性能比较[J]. 郑医,张宇慧,陈玉宝. 电焊机. 2019(06)

[3] Cu/GH4099钎焊接头组织及力学性能[J]. 王刚,杨双全. 焊接. 2019(02)

[4] γ-TiAl合金自身及其与高温合金的钎焊技术研究进展与趋势[J]. 尚泳来,任海水,熊华平,静永娟,秦仁耀. 焊接. 2018(12)

[5] 脉冲TIG焊接工艺参数对高温镍基合金焊缝组织的调控研究[J]. 张晓鸿,马朋召,张康,陈静青,陈辉. 机械工程学报. 2018(02)

[6] 采用(Ti/Ni/Cu)_f多层箔钎焊C/C复合材料与TiAl合金[J]. 曹健,贺宗晶,亓钧雷,王厚勤,冯吉才. 机械工程学报. 2018(09)

中国博士学位论文全文数据库 共 1 条

[1] 金属间化合物Ti_3Al（TiAl）/Ni基高温合金异质材料激光焊研究[D]. 蔡晓龙.吉林大学 2018

中国优秀硕士学位论文全文数据库 共 1 条

[1] TiAl合金与Ni基高温合金用钛基钎料及其钎焊技术研究[D]. 娄立.华南理工大学 2019

图 3-16 知网节引证文献示例

通过关联作者、相似文献、读者推荐、相关基金文献进入图 3-17。以列表和可视化形式展示与该节点文献的关联作者，即本文引用了谁的文献、谁引用了本文，点击可以查看作者的详细信息。以列表形式展示与本文内容与结构较为接近的相关文献；以列表形式呈现出喜欢本文读者的读者推荐；展示与该节点文献受相同基金支持的相关基金文献。

关联作者

本文引用了谁的文献?

冯吉才 何鹏 陈剑虹 姚泽坤 郭鸿镇 李京龙 吴爱萍 林铁松

黄玉东 曹睿

谁引用了本文?

陈辉 王刚 曹健 杨晓光 熊华平 冯吉才 亓钧雷 石多奇

秦仁耀 陈玉宝

相似文献 （与本文内容上较为接近的文献）

[1] 含稀土镁铝系合金耐腐蚀性能的研究现状[J]. 李仕慧,陈芙蓉. 腐蚀与防护. 2007(07)

[2] 低合金钛卷应用与展望[J]. 庞洪,杨娟丽,陈猛. 科技创新与应用. 2019(36)

[3] 高熵合金材料研究进展（英文）[J]. 张蔚冉,Peter K.Liaw,张勇. Science China Materials. 2018(01)

[4] 合金中相的形态分类[J]. 刘荣迁. 理化检验通讯. 1966(02)

[5] 鋁合金中鎂的絡合滴定[J]. 吳继祖. 理化检验通讯. 1964(06)

[6] 合金中微量元素光度测定新进展[J]. 沈乃葵,魏复盛. 理化检验通讯(化学分册). 1979(05)

[7] 含锶复合合金中钙锶钡的测定[J]. 刘道平,杨昇兰,彭碧玉. 理化检验.化学分册. 1988(05)

[8] 硒合金中氯的快速测定[J]. 梁培德. 理化检验.化学分册. 1989(06)

[9] 高熵合金的研究进展[J]. 王康康,王荣峰,吴瑞瑞,杨庚. 中国重型装备. 2017(03)

[10] Al-5.0Zn-3.0Mg-1.0Cu-0.1Zr合金的淬火敏感性[J]. 雷越,刘胜胆,李东锋,韩素琦,张新明. 中南大学学报(自然科学版). 2017(09)

读者推荐 未找到相关数据

相关基金文献 未找到相关数据

图 3-17 知网节关联作者、相似文献示例

3.3　计量可视化

计量可视化能够直观地展示研究趋势，帮助研究者将文献整体情况化繁为简、掌握研究主题的整体趋势。

在 CNKI 中，以“钛铝金属间化合物”为主题展开精确检索，检索日期为 2022 年 3 月 31 日，共检索出 199 条结果。选取被引前 20 的文献作为已选文献展开计量可视化分析，如图 3-18 所示。

全选　已选：20　清除　批量下载　导出与分析　排序：相关度　发表时间　被引　下载　综合　显示 20

	题名	作者	来源	发表时间	数据库	被引	下载	操作
1	钛铝金属间化合物电解线切割精整加工试验研究	韩钊; 房晓龙; 朱荻	中国机械工程	2021-12-10	期刊		133	
2	钛铝金属间化合物电子束修复层显微组织演变	洪敏;王善林;孙文君;吴鸣;徐勇	特种铸造及有色合金	2020-12-20	期刊		129	
3	Ti/Al层状复合材料钛铝金属间化合物中间过渡层第一性原理研究	彭斌	昆明理工大学	2020-05-01	硕士		176	
4	钛铝金属间化合物的近净形铸造	杨锐	2019中国铸造活动周论文集	2019-10-28	中国会议	1	160	
5	不同熔炼工艺对钛铝金属间化合物组织及性能的影响	王鑫	哈尔滨工业大学	2019-06-01	硕士	5	414	
6	汽车发动机部件用钛铝金属间化合物的制备分析与应用研究	孙杰	世界有色金属	2018-05-09 14:29	期刊	1	212	
7	钛铝金属间化合物多孔膜材料 现行	高麟;汪涛;蒋敏;任德忠;张伟	中华人民共和国工业和信息化部	2018-04-30	行业标准			
8	钛铝金属间化合物烧结多孔材料管状过滤元件 现行	高麟;汪涛;蒋敏;任德忠;张伟	中华人民共和国工业和信息化部	2016-07-11	行业标准		2	

图 3-18　钛铝金属间化合物计量分析已选文献示例

点击全选右边的“导出与分析”右下三角，弹出已选文献分析（20）和全部检索结果分析。点击“已选文献分析（20）”进入计量可视化分析——已选文献页面，如图 3-19 所示。

计量可视化分析呈现出研究的指标、总体趋势、关系网络和分布。其中，关系网络包括文献互引网络、关键词共现网络和作者合作网络，分布包括资源类型、学科、来源、基金、作者和机构。

3.3.1　指标

针对已选文献，统计其总参考数、总被引数、总下载数、篇均参考数、篇均被引数、篇均下载数和下载被引比，如图 3-20 所示。

指标分析

文献数	总参考数	总被引数	总下载数	篇均参考数	篇均被引数	篇均下载数	下载被引比
20	706	81	5669	35.3	4.05	283.45	0.01

总体趋势分析

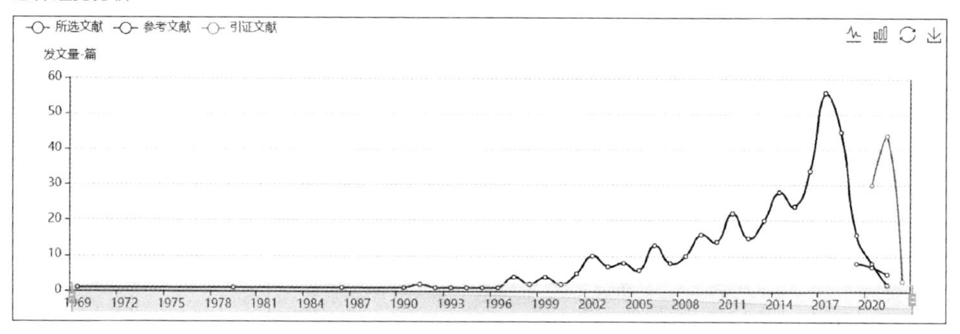

图 3-19 钛铝金属间化合物计量可视化分析

指标分析

文献数	总参考数	总被引数	总下载数	篇均参考数	篇均被引数	篇均下载数	下载被引比
20	736	30	4064	36.8	1.5	203.2	0.01

图 3-20 钛铝金属间化合物计量可视化分析——指标分析

3.3.2 总体趋势

总体趋势即发文量趋势。通过总体趋势曲线可以了解每年发文量走势，如果逐年上升，说明研究领域的课题较新、学术关注度较高，如图 3-21 所示。

总体趋势分析

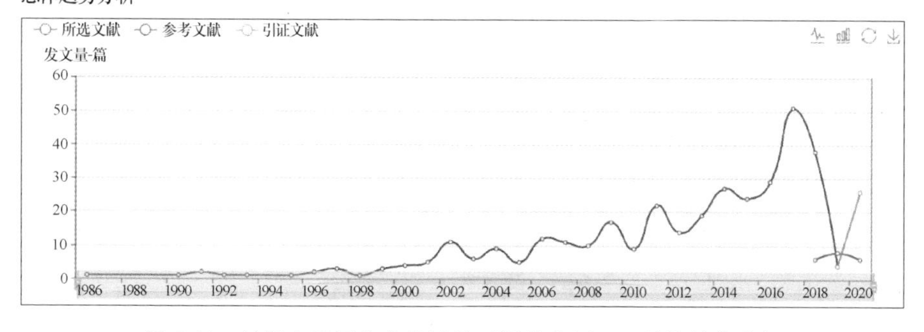

图 3-21 钛铝金属间化合物计量可视化分析——总体趋势分析

3.3.3 关系网络

通过可视化方式分析文献之间的关联关系，可以快速发现高价值文献。

文献互引网络分析包含原始文献、参考文献和引证文献，如图 3-22 所示。

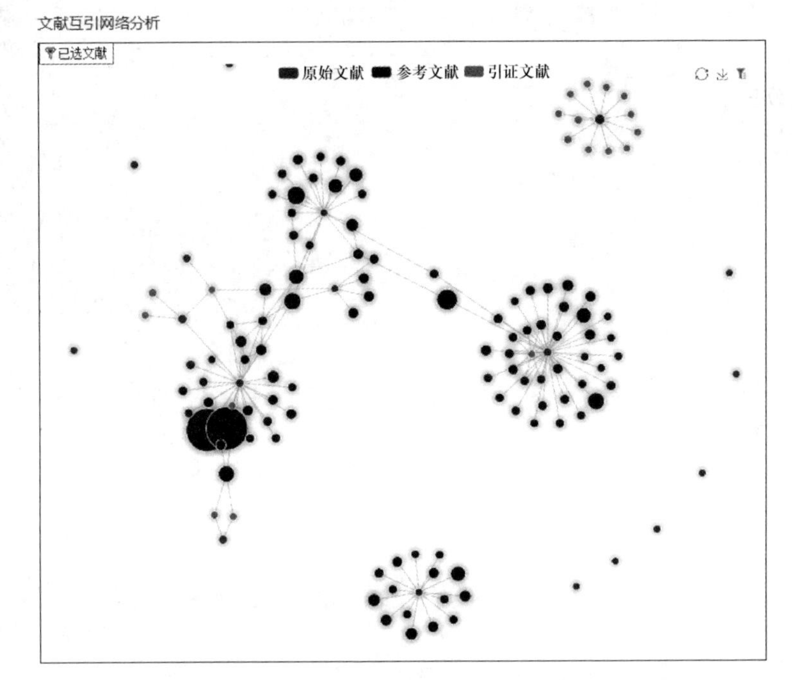

图 3-22　钛铝金属间化合物计量可视化分析——文献互引网络分析

文献互引网络分析还包含文献共引分析和文献共被引分析，如图 3-23 和图 3-24 所示。

文献共引分析

本组文献	共引文献
段珍珍;陈纪宇;谷晓燕. 钛/铝脉冲激光焊接熔池流动行为与断裂模式. 应用激光. 2020 张忠科;武靖伟;赵华夏. 焊后热处理对钛/铝FSB接头组织及性能的影响. 中国有色金属学报. 2020 韩建超;刘畅;贾燚;任忠凯;王涛;郭维保;陈玉勇. 钛/铝复合板研究进展. 中国有色金属学报. 2020	U. R. Kattner;;J. -C. Lin;;Y. A. Chang. Thermodynamic Assessment and Calculation of the Ti-Al System. Metallurgical Transactions A. 1992
鲁中良;徐文梁;曹维伟;夏园林;邓清华;李涤尘. 冷冻浇注制备多孔钛铝基金属间化合物的显微组织及性能（英文）. Transactions of Nonferrous Metals Society of China. 2020 韩建超;刘畅;贾燚;任忠凯;王涛;郭维保;陈玉勇. 钛/铝复合板研究进展. 中国有色金属学报. 2020	Huanming Chen;;Xiaowei Li;;Zhipeng Chen;;Rui Zhang;;Xiaobo Ma;;Fu Zheng;;Zhi Ma;;Fengchun Pan;;Xueling Lin. Investigation on electronic structures and mechanical properties of Nb-doped TiAl 2 intermetallic compound. Journal of Alloys and Compounds. 2019
张忠科;武靖伟;赵华夏. 焊后热处理对钛/铝FSB接头组织及性能的影响. 中国有色金属学报. 2020 韩建超;刘畅;贾燚;任忠凯;王涛;郭维保;陈玉勇. 钛/铝复合板研究进展. 中国有色金属学报. 2020	L. Xu;;Y. Y. Cui;;Y. L. Hao;;R. Yang. Growth of intermetallic layer in multi-laminated Ti/Al diffusion couples. Materials Science & Engineering A. 2006

图 3-23　钛铝金属间化合物计量可视化分析——文献共引分析

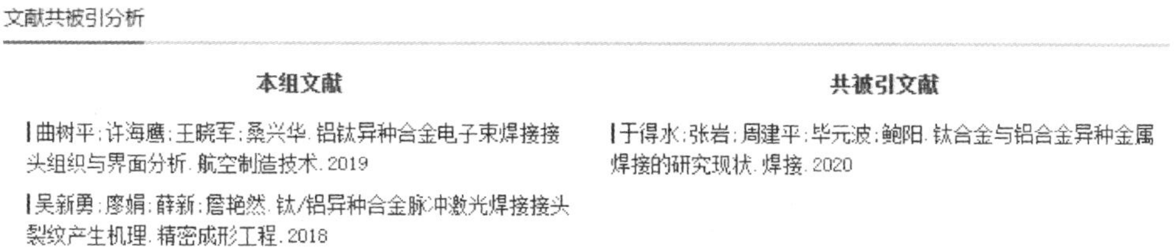

文献共被引分析

本组文献	共被引文献
曲树平；许海鹰；王晓军；桑兴华. 铝钛异种合金电子束焊接接头组织与界面分析. 航空制造技术. 2019	于得水；张岩；周建平；毕元波；鲍阳. 钛合金与铝合金异种金属焊接的研究现状. 焊接. 2020
吴新勇；廖娟；薛新；詹艳然. 钛/铝异种合金脉冲激光焊接接头裂纹产生机理. 精密成形工程. 2018	

图 3-24　钛铝金属间化合物计量可视化分析——文献共被引分析

关键词共现网络分析以可视化方式帮助分析所选文章主题以及各个主题之间的关系，如图 3-25 所示。

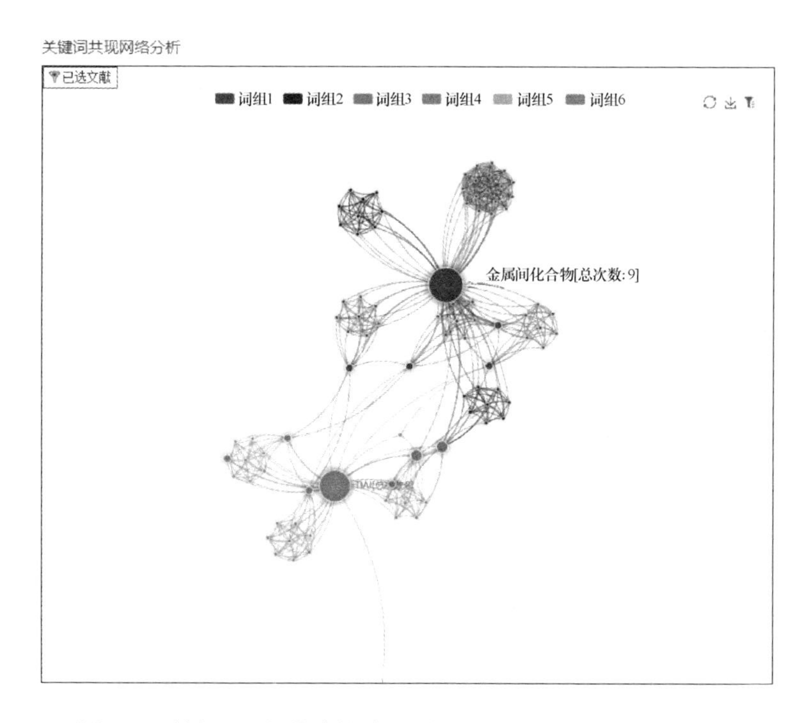

图 3-25　钛铝金属间化合物计量可视化分析——关键词共现网络

作者合作网络分析以可视化方式呈现出一组文献的核心作者，如图 3-26 所示。

3.3.4　分布

从资源类型、学科、来源、基金、作者和机构多个方面帮助了解所选文献分布关系，如图 3-27～图 3-32 所示。

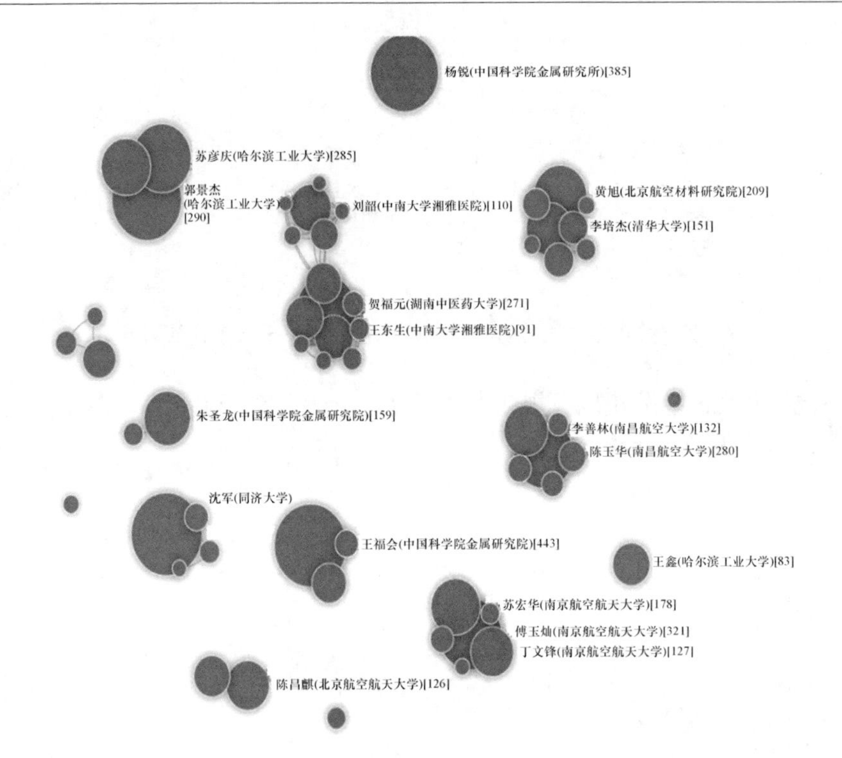

图 3-26　钛铝金属间化合物计量可视化分析——作者合作网络分析

资源类型分布

期刊　其他　外文期刊　硕士　中国会议　博士

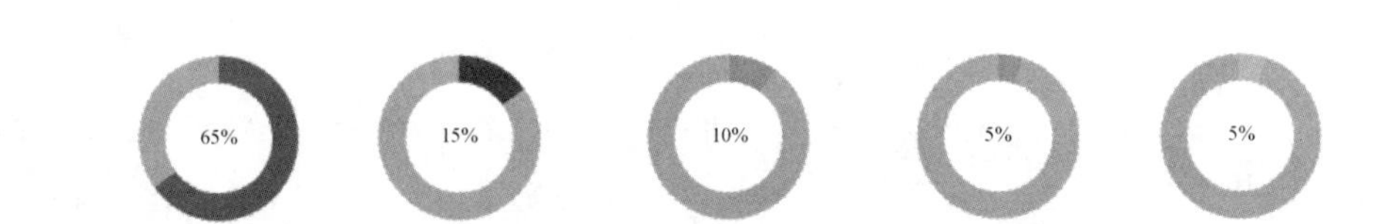

图 3-27　钛铝金属间化合物计量可视化分析——资源类型分布

学科分布

工程科技Ⅰ辑　其他　工程科技Ⅱ辑　信息科技

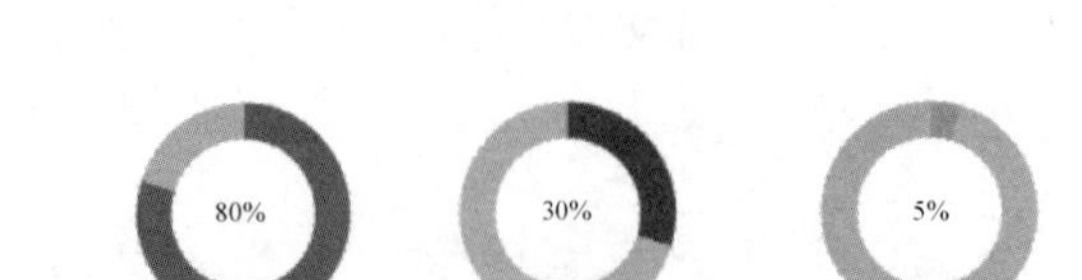

图 3-28　钛铝金属间化合物计量可视化分析——学科分布

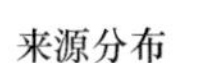

来源分布

中国有色金属学报 其他 航空制造技术 哈尔滨工业大学 特种铸造及有色合金 Journal of Physics: Conference Series

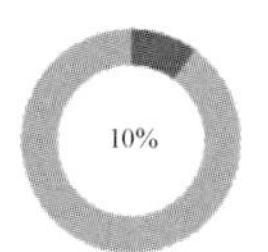

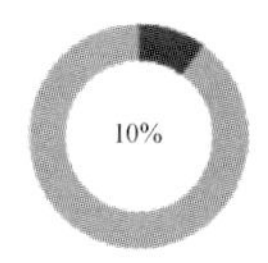

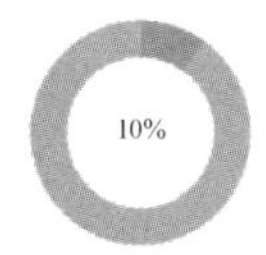

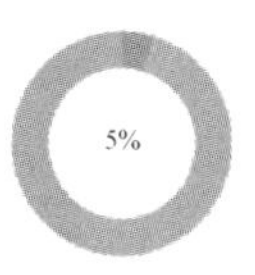

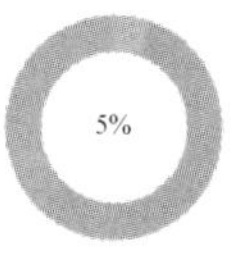

图 3-29 钛铝金属间化合物计量可视化分析——来源分布

基金分布

国家自然科学基金 其他 航空科学基金 甘肃省科技重大专项计划

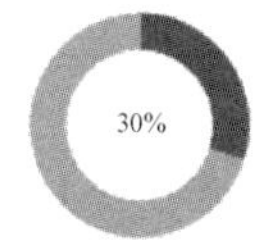

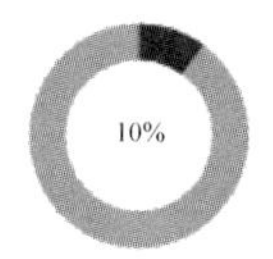

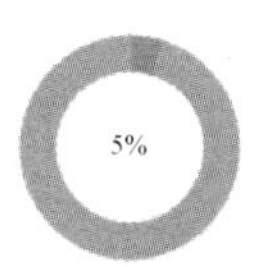

图 3-30 钛铝金属间化合物计量可视化分析——基金分布

作者分布

洪敏 其他 王善林 孙文君 吴鸣 徐勇

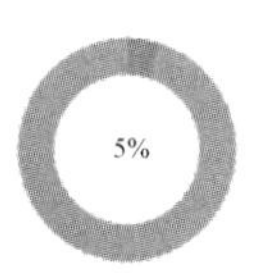

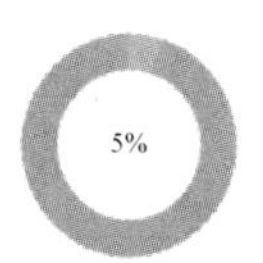

图 3-31 钛铝金属间化合物计量可视化分析——作者分布

机构分布

哈尔滨工业大学 其他 兰州理工大学 中国航空制造技术研究院 南京航空航天大学 南昌航空大学

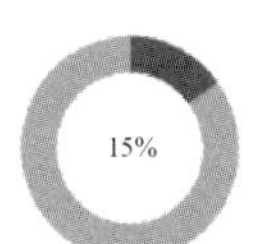

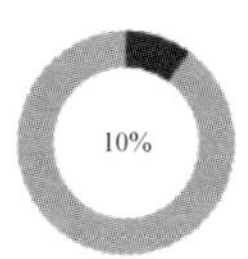

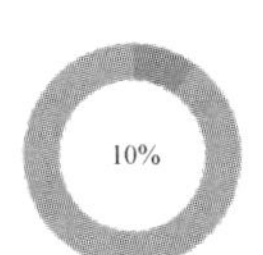

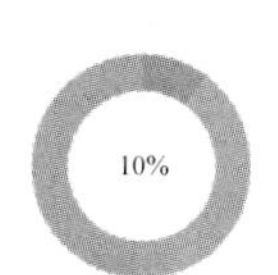

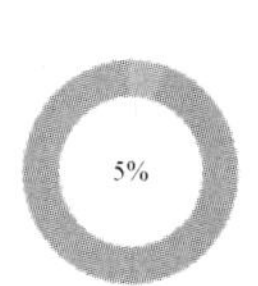

图 3-32 钛铝金属间化合物计量可视化分析——机构分布

3.4　指数分析

指数分析从关注度、关注文献、学科分布、研究进展和机构分布的角度，以模拟结果分析形式揭示。

在 CNKI 主页选择知识元检索（见图 3-3），依次点击“指数”和“高级检索”进入页面，如图 3-33 所示。

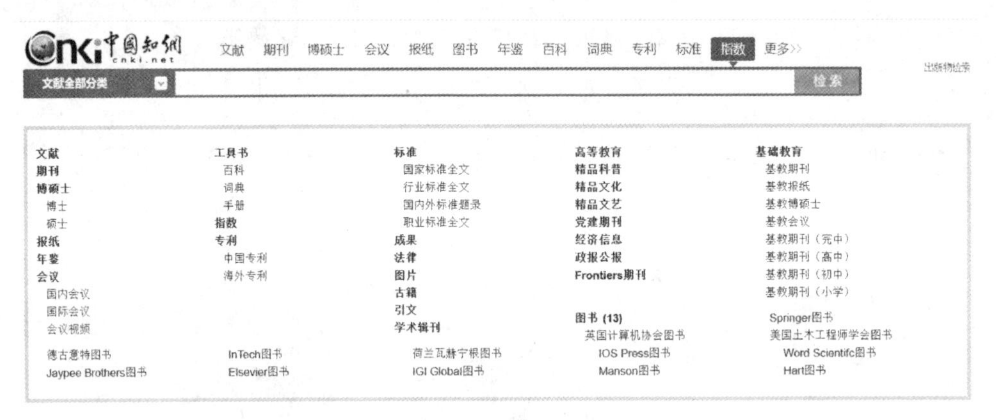

图 3-33　指数分析高级检索

在文献全部分类条件下右侧检索框内输入“钛铝金属间化合物”，点击“检索”进入指数分析页面。

3.4.1　关注度

关注度是指数分析最重要内容，以图形形式揭示，能够从学术关注度、媒体关注度、学术传播度和用户关注度 4 个维度查看了解该主题年度（全部/5 年/10 年）发文趋势。另外，还可以通过添加对比关键词进行关键词之间的比较。

（1）学术关注度。学术关注度为篇名包含此关键词的文献发文量趋势，包括中文相关文献量、中文环比增长率、外文相关文献量和外文环比增长率，如图 3-34 所示。选取想要了解的年份并将鼠标放在该年份节点上，即会显示该年份主题的中文相关文献量、中文环比增长量、外文相关文献量和外文环比增长率。

（2）媒体关注度。媒体关注度为篇名包含此关键词的报纸文献发文量趋势。截至检索日，钛铝金属间化合物的媒体关注度数据暂无。

（3）学术传播度。学术传播度为篇名包含此关键词的文献被引量趋势统计。选取全部时段，可以查看钛铝金属间化合物学术传播度，如图 3-35 所示。

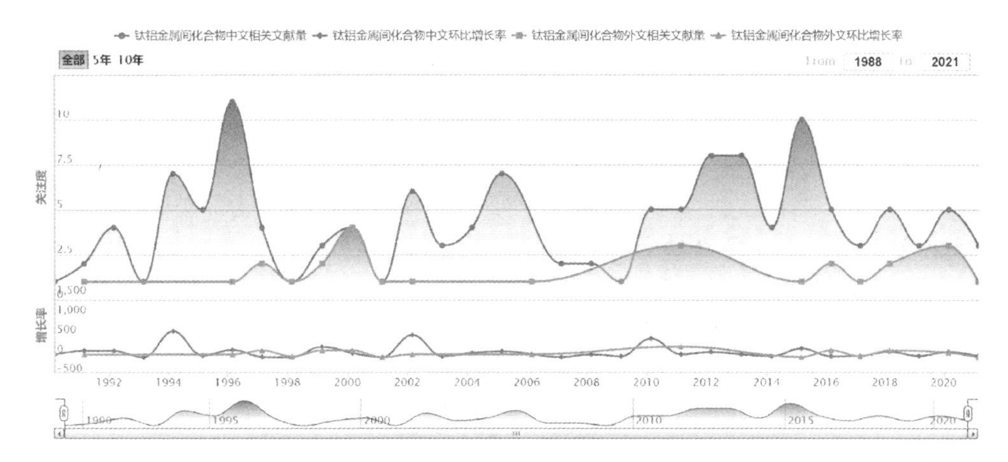

图 3-34　钛铝金属间化合物指数分析——学术关注度

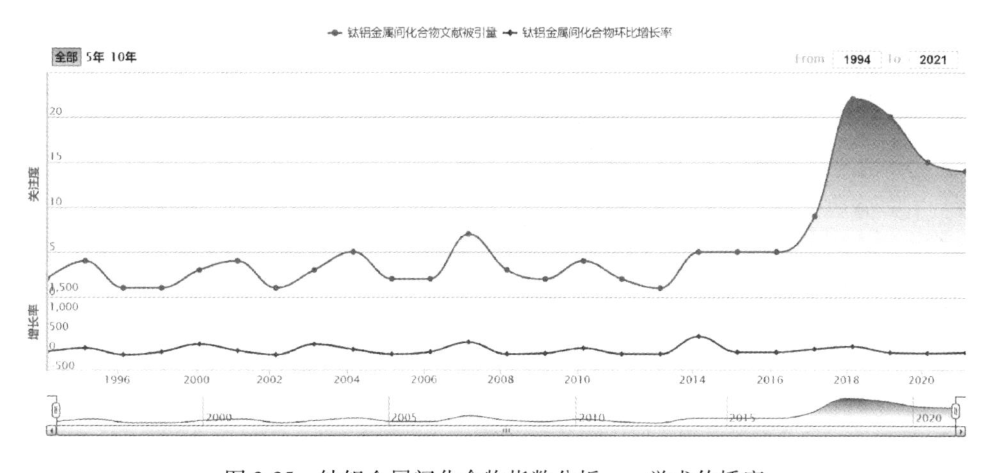

图 3-35　钛铝金属间化合物指数分析——学术传播度

（4）用户关注度。用户关注度为篇名包含此关键词的文献下载量趋势统计，如图 3-36 所示。

（5）对比关键词。在对比关键词处，输入其他关键词，点击比较，可以从不同维度查看两个关键词的年度发文趋势变化，如图 3-37 所示。

3.4.2 关注文献

关注文献是指点击关注图中的点可以查看检索词的相关热点文献，如图 3-38 所示。若要了解详细年份情况，将鼠标放在该年份的节点上即会显示该年份主题的中文发文量、中文发文环比增长量、外文发文量和外文发文环比增长量。

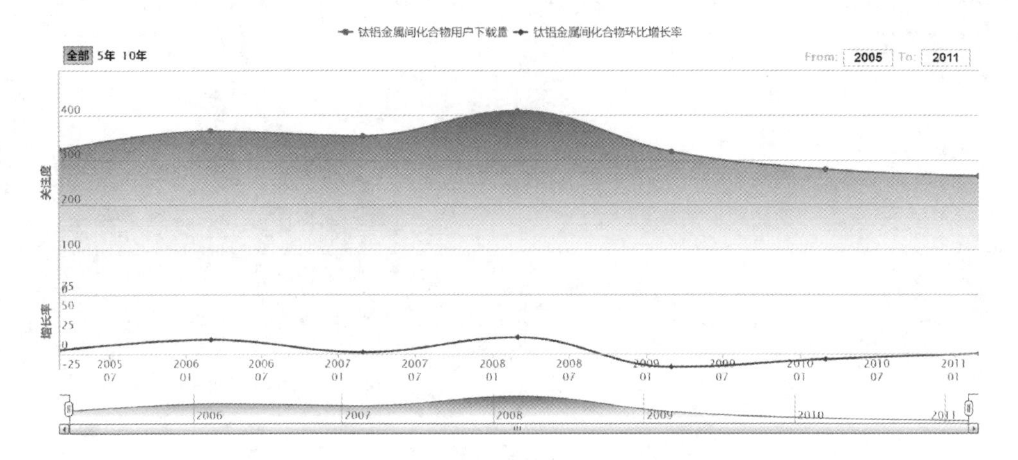

图 3-36　钛铝金属间化合物指数分析——用户关注度

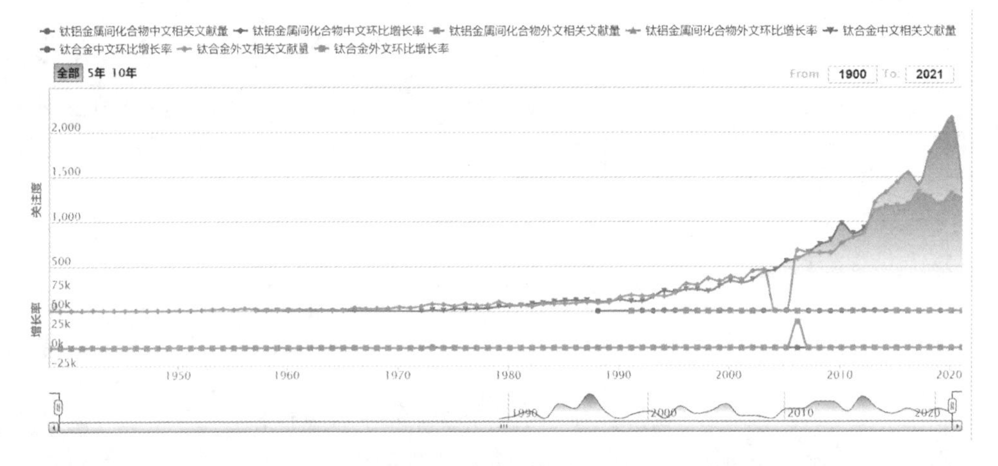

图 3-37　钛铝金属间化合物指数分析——对比关键词

关注文献

题名	作者	来源	年/期	下载	被引
搪瓷涂层700℃长期抗高温氧化和热腐蚀行为研究	米丰毅;朱圣龙;	腐蚀科学与防护技术	2015/03	333	8
航天用高性能金属材料的新进展	邱惠中，吴志红	宇航材料工艺	1996/02	617	60
未来的钛铝金属间化合物复合材料	陈超英	宇航材料工艺	1995/02	208	6
连续纤维增强钛铝金属间化合物基复合材料的研究进展	姜国庆;武高辉;刘艳梅;	材料导报	2008/S1	495	21
浸渗-反应合成C_f/Ti-Al复合材料的反应机理	刘艳梅;武高辉;修子扬;姜龙涛;姜国庆;	稀有金属材料与工程	2009/05	222	2
纤维增强钛铝金属间化合物基复合材料	何贵玉，储双杰	纤维复合材料	1994/01	205	11
钛铝金属间化合物的进展与挑战	杨锐;	金属学报	2015/02	2050	101
冷轧及退火工艺对钛-铝复合板界面结合性能的影响	刘鹏庚;韩静涛;刘靖;刘丽;	热加工工艺	2018/12	139	1
Ti-Al金属间化合物中原位生成Al_2O_3晶须机理分析	王芬;李萌;	硅酸盐通报	2007/01	240	1
钛铝金属间化合物的氢致开裂	褚武扬,Thompson A W	北京科技大学学报	1992/04	107	1

图 3-38　钛铝金属间化合物指数分析——关注文献

3.4.3 学科分布

学科分布是指检索词在不同学科中的分布，点击“学科分布”可以查看相关词语及文献，如图 3-39 所示。

图 3-39 钛铝金属间化合物指数分析——学科分布

3.4.4 研究进展

研究进展可以从最早研究、最新研究和经典文献三个角度展示，如图 3-40~图 3-42 所示。

研究进展

最早研究 最新研究 经典文献

题名	作者	来源	年/期	下载	被引
钛铝金属间化合物的氢致开裂	褚武扬,Thompson A W	北京科技大学学报	1992/04	107	1
纤维增强钛铝金属间化合物基复合材料	何贵玉，储双杰	纤维复合材料	1994/01	205	11
未来的钛铝金属间化合物复合材料	陈超英	宇航材料工艺	1995/02	208	6
制造钛铝金属间化合物薄板的技术		新疆有色金属	1996/01	60	
航天用高性能金属材料的新进展	邱惠中，吴志红	宇航材料工艺	1996/02	617	60
制造钛铝金属间化合物薄板的技术	李有观	世界有色金属	2002/12	151	
Ti-Al金属间化合物中原位生成Al_2O_3晶须机理分析	王芬;李萌;	硅酸盐通报	2007/01	240	1
连续纤维增强钛铝金属间化合物基复合材料的研究进展	姜国庆;武高辉;刘艳梅;	材料导报	2008/S1	495	21
浸渗-反应合成C_f/Ti-Al复合材料的反应机理	刘艳梅;武高辉;修子扬;姜龙涛;姜国庆;	稀有金属材料与工程	2009/05	222	2
钛铝金属间化合物的进展与挑战	杨锐;	金属学报	2015/02	2050	101

图 3-40 钛铝金属间化合物指数分析——最早研究

研究进展

最早研究 最新研究 经典文献

题名	作者	来源	年/期	下载	被引
航空发动机高温钛合金非等温氧化行为研究进展	弭光宝;欧阳佩旋;陈航;李培杰;黄旭;曹春晓;	航空制造技术	2019/15	103	
航空发动机钛材料磨削技术研究现状及展望	丁文锋;奚欣欣;占京华;徐九华;傅玉灿;苏宏华;	航空学报	2019/06	566	
冷轧及退火工艺对钛-铝复合板界面结合性能的影响	刘鑫庚;韩静涛;刘靖;刘丽;	热加工工艺	2018/12	139	1
汽车发动机部件用钛铝金属间化合物的制备分析与应用研究	孙杰;	世界有色金属	2018/04	128	
搪瓷涂层700℃长期抗高温氧化和热腐蚀行为研究	米丰毅;朱圣龙;	腐蚀科学与防护技术	2015/03	333	8
钛铝金属间化合物的进展与挑战	杨锐;	金属学报	2015/02	2050	101
浸渗-反应合成C_f/Ti-Al复合材料的反应机理	刘艳梅;武高辉;修子扬;姜龙涛;姜国庆;	稀有金属材料与工程	2009/05	222	2
连续纤维增强钛铝金属间化合物基复合材料的研究进展	姜国庆;武高辉;刘艳梅;	材料导报	2008/S1	495	21
Ti-Al金属间化合物中原位生成Al_2O_3晶须机理分析	王芬;李萌;	硅酸盐通报	2007/01	240	1
制造钛铝金属间化合物薄板的技术	李有观	世界有色金属	2002/12	151	

图 3-41 钛铝金属间化合物指数分析——最新研究

研究进展

最早研究　最新研究　经典文献

题名	作者	来源	年/期	下载	被引
钛铝金属间化合物的进展与挑战	杨锐;	金属学报	2015/02	2050	101
航天用高性能金属材料的新进展	邱惠中，吴志红	宇航材料工艺	1996/02	617	60
连续纤维增强钛铝金属间化合物基复合材料的研究进展	姜国庆;武高辉;刘艳梅;	材料导报	2008/S1	495	21
纤维增强钛铝金属间化合物基复合材料	何贵玉，储双杰	纤维复合材料	1994/01	205	11
搪瓷涂层700℃长期抗高温氧化和热腐蚀行为研究	米丰毅;朱圣龙;	腐蚀科学与防护技术	2015/03	333	8
未来的钛铝金属间化合物复合材料	陈超英	宇航材料工艺	1995/02	208	6
浸渗-反应合成C_f/Ti-Al复合材料的反应机理	刘艳梅;武高辉;修子扬;姜龙涛;姜国庆;	稀有金属材料与工程	2009/05	222	2
冷轧及退火工艺对钛-铝复合板界面结合性能的影响	刘燕庚;韩静涛;刘清;刘丽;	热加工工艺	2018/12	139	1
Ti-Al金属间化合物中原位生成Al_2O_3晶须机理分析	王芬;李萌;	硅酸盐通报	2007/01	240	1
钛铝金属间化合物的氢致开裂	褚武扬,Thompson A W	北京科技大学学报	1992/04	107	1

图 3-42　钛铝金属间化合物指数分析——经典文献

3.4.5　机构分布

机构分布可以查看检索词在机构中的分布情况，如图 3-43 所示。

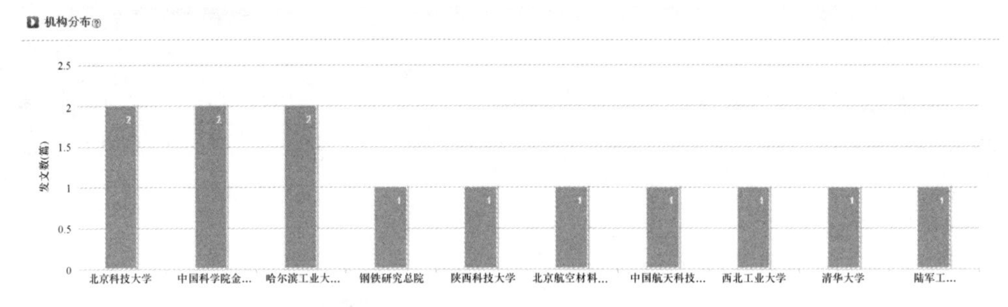

图 3-43　钛铝金属间化合物指数分析——机构分布

4 钛铝金属间化合物材料外文论文量化举要

4.1 分析介绍

Web of Science 数据库是世界公认的自然科学领域最为重要的评价工具，本书选取 Web of Science 数据库作为数据检索来源进行详细介绍。

4.1.1 分析检索结果

分析检索结果功能，在检索结果界面的右边栏可以找到。例如：在 Web of Science 核心合集的基本检索框中输入“Titanium aluminum”，输入框左侧选择“Title”，如图 4-1 所示。点击检索进入图 4-2，检索时间为 2022 年 3 月 31 日。

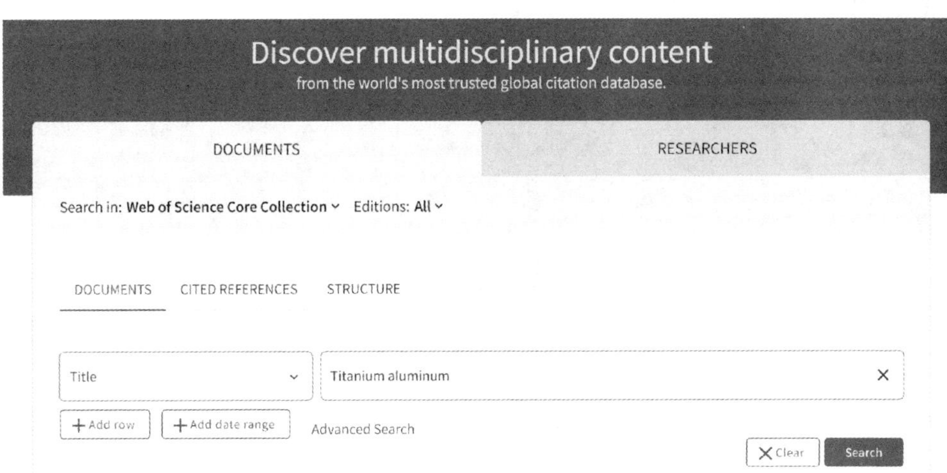

图 4-1　Web of Science 检索案例

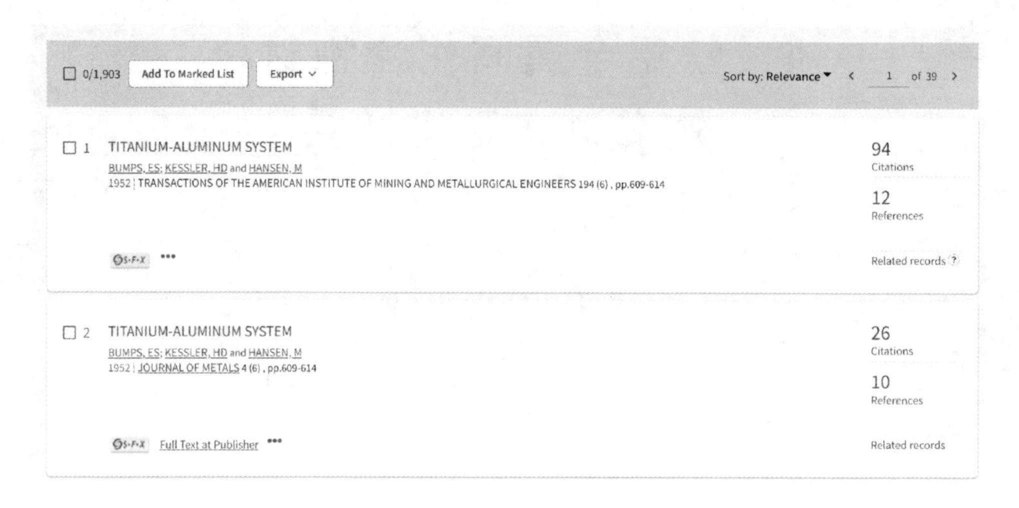

图 4-2　Web of Science 分析案例

点击右侧“Analyze Results”进入分析页面，如图 4-3 所示。

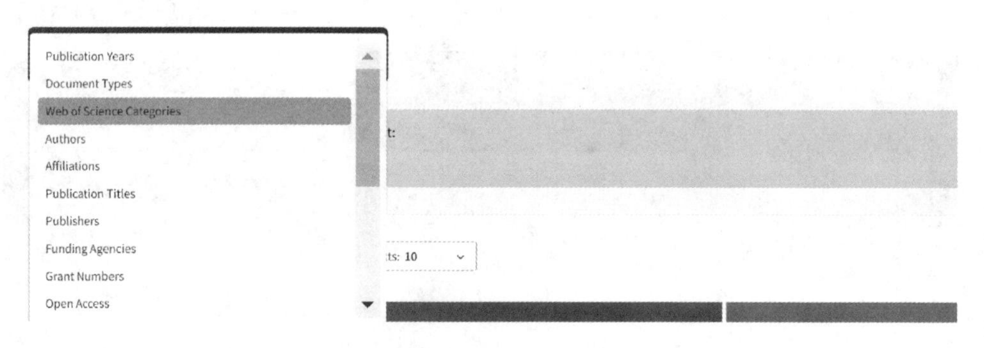

图 4-3　Web of Science 类别

分析页面的左侧提供了 Publication Years、Document Types、Web of Science Categories、Authors、Affiliations、Publication Titles、Publishers、Funding Agencies、Grant Numbers、Open Access 等多种分类查看方式。

例如，点击“Publication Years”可以查看不同出版年的记录数，如图 4-4 所示。

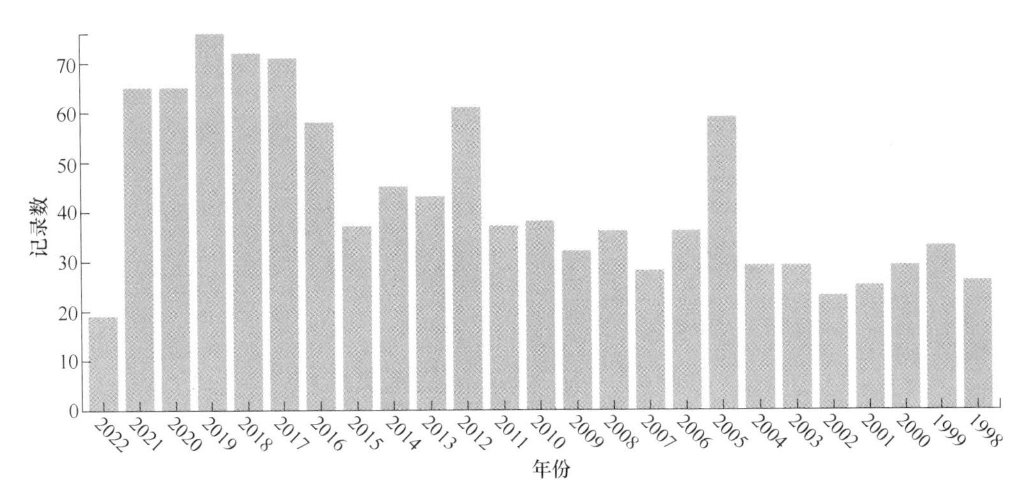

图 4-4 Web of Science 出版年

以 2021 年为例，将光标移动至 2021 上端，点击弹出的“View Records”查看 2021 年文献记录，如图 4-5 所示。

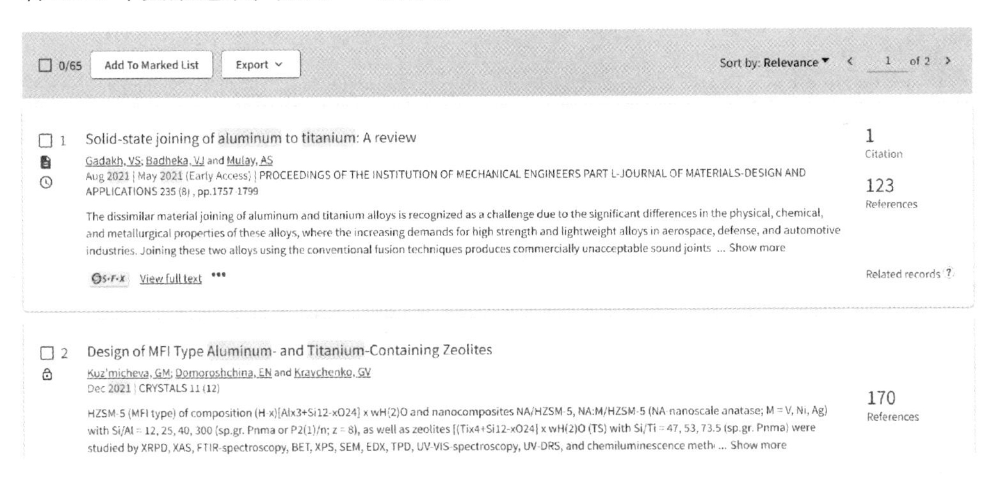

图 4-5 Web of Science 查看所有记录

4.1.2 创建引文报告

创建引文报告，在检索界面的右边栏可以找到。使用创建引文报告功能，可以看到出版物总数、每项平均引用次数、被引频次总计和施引文献总计的数据，不同年份的被引频次和出版物分布图，以及根据被引频次和日期等对检查结果的排序。

标题含“Titanium aluminum”的文献出版物总数为 1903、每项平均引用次数为 16. 1、被引频次总计为 30640 和施引文献总计为 26146，如图 4-6 所示。

图 4-6　Web of Science 检索结果

右侧光标下拉，可以看到不同年份的被引频次和出版物分布，如图 4-7 所示。

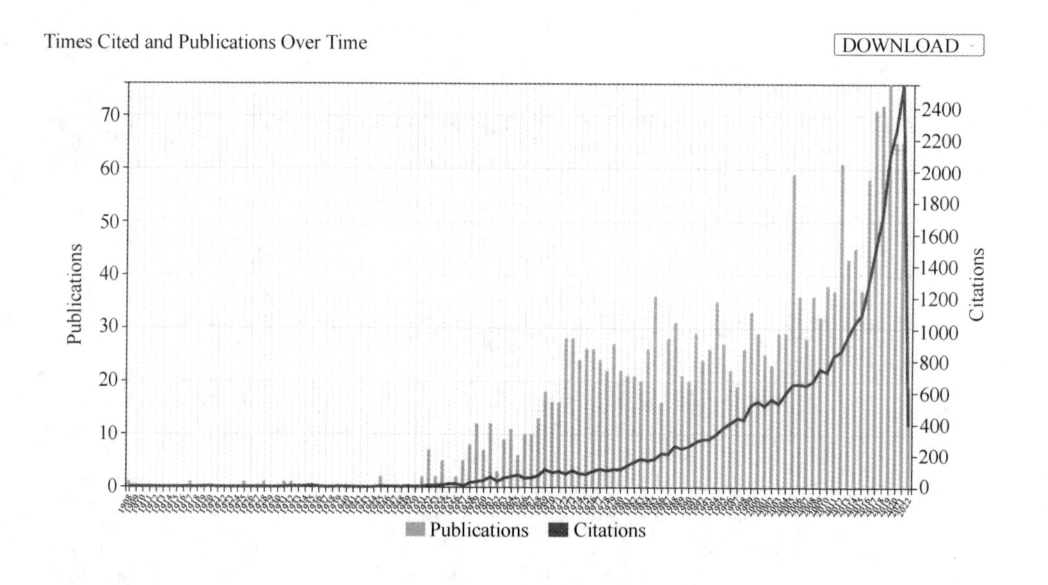

图 4-7　Web of Science 创建引文报告（上）

右侧光标继续下拉，可以看到根据被引频次和日期等对检索结果的排序，可以看到文献的 2018 年、2019 年、2020 年、2021 年、2022 年、年平均被引频次和合计等，也可以选择查看每篇文献被引详细信息，如图 4-8 所示。

1,903 Publications Sort by: Citations: highest first ‹ 1 of 39 ›	Citations						
	‹ Back				Forward ›	Average per year	Total
	2018	2019	2020	2021	2022		
Total	1,703	2,082	2,265	2,550	392	268.77	30,640
1 ELECTROMIGRATION IN THIN ALUMINUM FILMS ON TITANIUM NITRIDE BLECH, IA 1976 | JOURNAL OF APPLIED PHYSICS 47 (4), pp.1203-1208	33	28	32	32	2	19.51	917
2 TITANIUM ALUMINUM NITRIDE FILMS - A NEW ALTERNATIVE TO TIN COATINGS MUNZ, WD Nov-dec 1986 | JOURNAL OF VACUUM SCIENCE & TECHNOLOGY A-VACUUM SURFACES AND FILMS 4 (6), pp.2717-2725	22	37	18	27	2	21.22	785
3 Mid-infrared optical properties of thin films of aluminum oxide, titanium dioxide, silicon dioxide, aluminum nitride, and silicon nitride Kischkat, J; Peters, S; (...); Masselink, WT Oct 1 2012 | APPLIED OPTICS 51 (28), pp.6789-6798	73	72	82	98	18	43.27	476
4 DIFFUSION IN TITANIUM-ALUMINUM SYSTEM .1. INTERDIFFUSION BETWEEN SOLID AL AND TI OR TI-AL ALLOYS VANLOO, FJJ and RIECK, GD 1973 | ACTA METALLURGICA 21 (1), pp.61-71	14	17	17	13	2	7.32	366
5 ELECTRON-MICROSCOPY OF SUPPORTED METAL PARTICLES .1. BEHAVIOR OF PT ON TITANIUM-OXIDE, ALUMINUM-OXIDE, SILICON-OXIDE, AND CARBON BAKER, RTK; PRESTRIDGE, EB and GARTEN, RL 1979 | JOURNAL OF CATALYSIS 56 (3), pp.390-406	4	1	3	2	0	7.41	326
6 Mechanical surface treatments on titanium, aluminum and magnesium alloys Wagner, L Xian International Titanium Conference on Metallurgy Technology and Applications of Titanium Alloys May 15 1999 | MATERIALS SCIENCE AND ENGINEERING A-STRUCTURAL MATERIALS PROPERTIES MICROSTRUCTURE AND PROCESSING 263 (2), pp.210-216	11	23	19	17	4	12.88	309
7 Reassessment of the binary aluminum-titanium phase diagram Schuster, JC and Palm, M Jun 2006 | JOURNAL OF PHASE EQUILIBRIA AND DIFFUSION 27 (3), pp.255-277	13	29	42	42	3	15.76	268
8 FACTORS AFFECTING GRAIN REFINEMENT OF ALUMINUM USING TITANIUM AND BORON ADDITIVES JONES, GP and PEARSON, J 1976 | METALLURGICAL TRANSACTIONS B-PROCESS METALLURGY 7 (2), pp.223-234	10	10	9	11	3	5.45	256

图 4-8 Web of Science 引文报告（下）

4.2　结果分析

（1）年度数量。在标题含“Titanium aluminum”的1903篇文献中，选取2013~2022年的文献展开分析。其中，2019年文献74篇，排名第1；2017年和2018年文献71篇，排名第2；2020年和2021年文献65篇，排名第3；其后依次为：2016年，文献58篇；2014年，文献45篇；2013年，文献41篇；2015年，文献37篇；2022年，文献19篇。详见图4-9和表4-1。

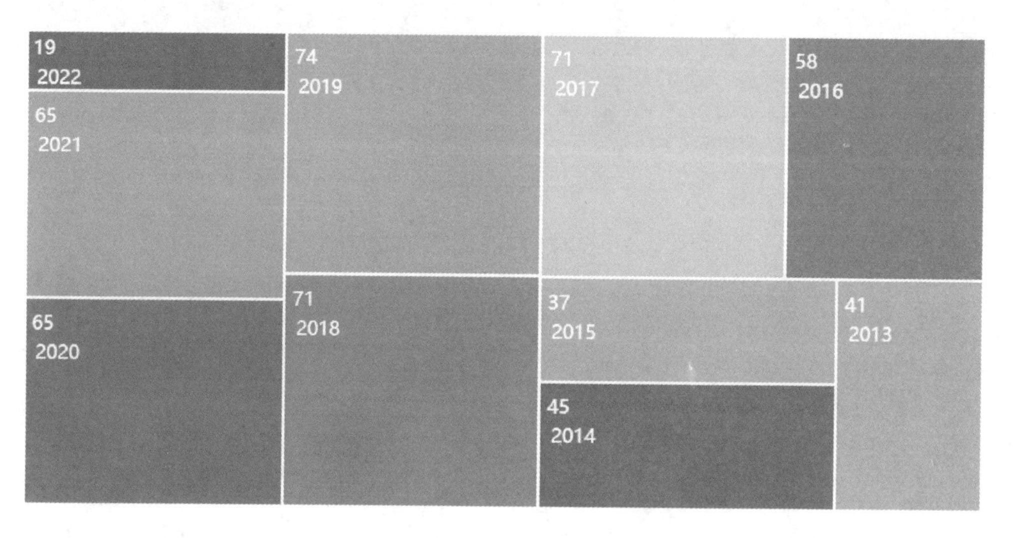

图4-9　钛铝金属间化合物研究年度数量变化

表4-1　钛铝金属间化合物研究的年度数量变化

序号	年份	数量/篇	序号	年份	数量/篇
1	2013	41	6	2018	71
2	2014	45	7	2019	74
3	2015	37	8	2020	65
4	2016	58	9	2021	65
5	2017	71	10	2022	19

（2）国家/地区。2013~2022年Web of Science核心集数据库中，标题含“Titanium aluminum”的文献研究国家/地区及其发文数量为：美国居首位，334篇；中国居第2位，222篇；俄罗斯居第3位，181篇。其后依次为：日本，159

篇；印度，86篇；德国，78篇；法国，52篇；英国，43篇；加拿大，34篇；韩国，34篇。详见图4-10和表4-2。

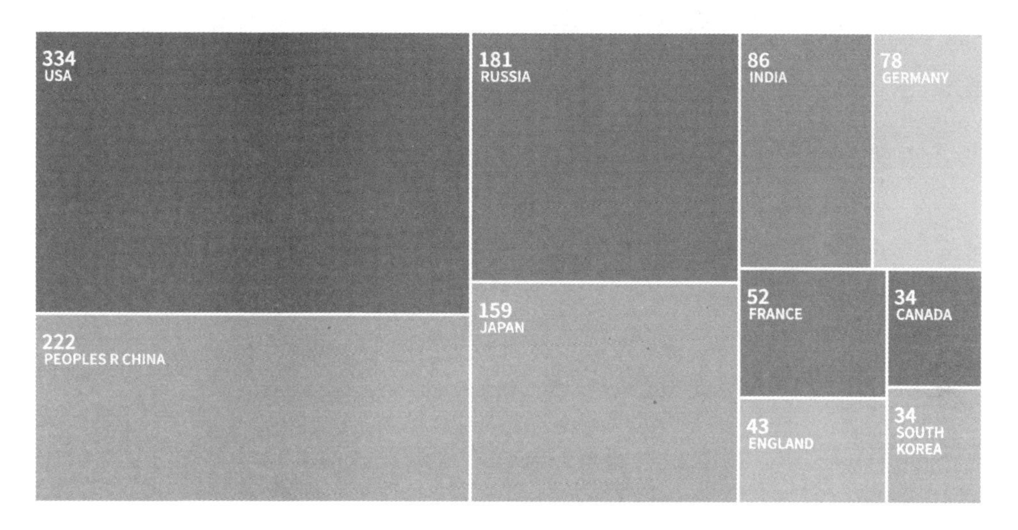

图4-10 钛铝金属间化合物研究国家/地区分布

表4-2 钛铝金属间化合物研究国家/地区分布

序号	国家	数量/篇	序号	国家	数量/篇
1	美国	334	6	德国	78
2	中国	222	7	法国	52
3	俄罗斯	181	8	英国	43
4	日本	159	9	加拿大	34
5	印度	86	10	韩国	34

（3）来源期刊。排名第1的《Thin Solid Films》期刊，刊登标题含“Titanium aluminum”的文献21篇；排名第2的《Materials Science and Engineering A Structural Materials Properties Microstructure and Processing》期刊，刊登标题含“Titanium aluminum”的文献20篇；排名第3的《Surface Coatings Technology》期刊，刊登标题含“Titanium aluminum”的文献18篇；排名第4的《Journal of Metals》期刊，刊登标题含“Titanium aluminum”的文献16篇；排名第5的《AIP Conference Proceedings》期刊，刊登标题含“Titanium aluminum”的文献15篇。详见图4-11和表4-3。

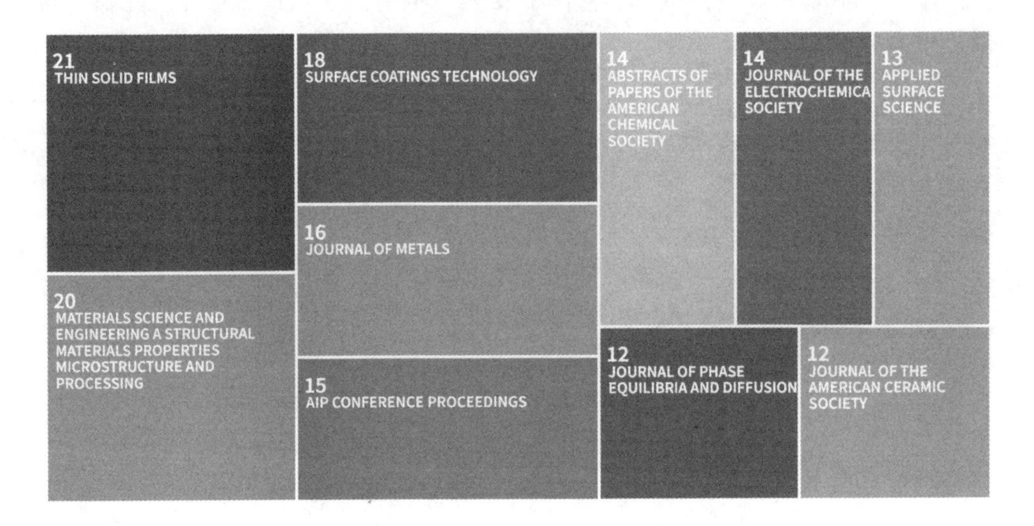

图 4-11　钛铝金属间化合物研究来源期刊

表 4-3　钛铝金属间化合物研究来源期刊

序号	出版物名称	数量/篇
1	Thin Solid Films	21
2	Materials Science and Engineering A Structural Materials Properties Microstructure and Processing	20
3	Surface Coatings Technology	18
4	Journal of Metals	16
5	AIP Conference Proceedings	15
6	Abstracts of Papers of the American Chemical Society	14
7	Journal of the Electrochemical Society	14
8	Applied Surface Science	13
9	Journal of Phase Equilibria and Diffusion	12
10	Journal of the American Ceramic Society	12

（4）机构分布。机构论文数量分布用以揭示科研产出的空间分布特征，该指标能够反映国际研究机构、组织结构和科研活跃程度。排名第 1 位的是俄罗斯科学院（Russian Academy of Sciences），发文 103 篇；排名第 2 位的是美国能源部（United States Department of Energy），发文 30 篇；排名第 3 位的是法国国家科

学研究中心（Centre National de la Recherche Scientifique），发文 27 篇；排名第 4 位的是美国国防部（United States Department of Defense），发文 25 篇；排名第 5 位的是中国科学院（Chinese Academy of Sciences），发文 23 篇。详见图 4-12 和表 4-4。

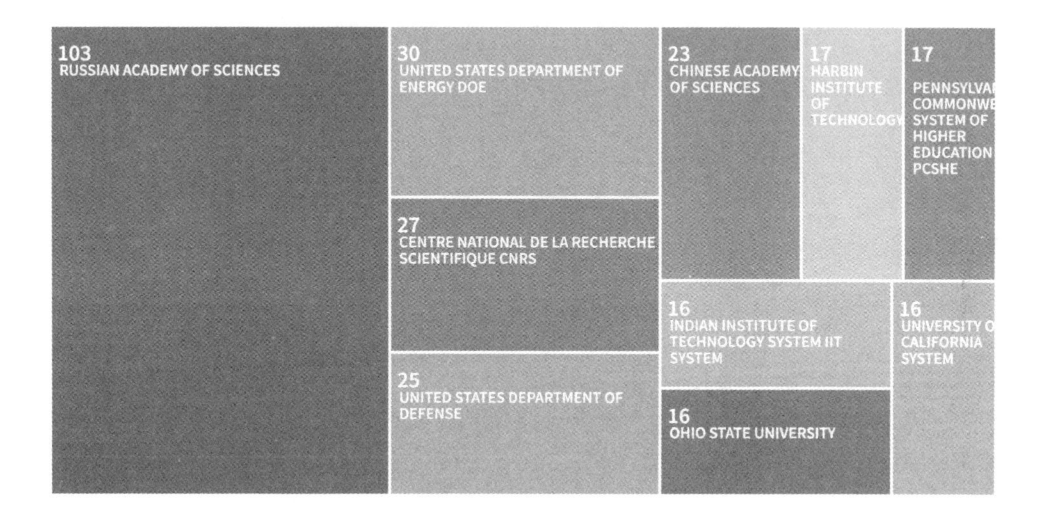

图 4-12 钛铝金属间化合物研究机构分布

表 4-4 钛铝金属间化合物研究发文机构

序号	出版物名称	数量/篇
1	Russian Academy of Sciences	103
2	United States Department of Energy	30
3	Centre National de la Recherche Scientifique	27
4	United States Department of Defense	25
5	Chinese Academy of Sciences	23
6	Harbin Institute of Technology	17
7	Pennsylvania Commonwealth System of Higher Education	17
8	Indian Institute of Technology	16
9	Ohio State University	16
10	University of California	16

（5）发表作者。论文作者分布为衡量科技工作者个人科技产出的一项重要指标。发文数量多的作者见图 4-13 和表 4-5。其中，排名前 5 的作者及发文数量分别为：Rudnev V S，28 篇；Lukiyanchuk I V，14 篇；Fraser H L，13 篇；Nedozorov P M，11 篇；Kar A，10 篇。

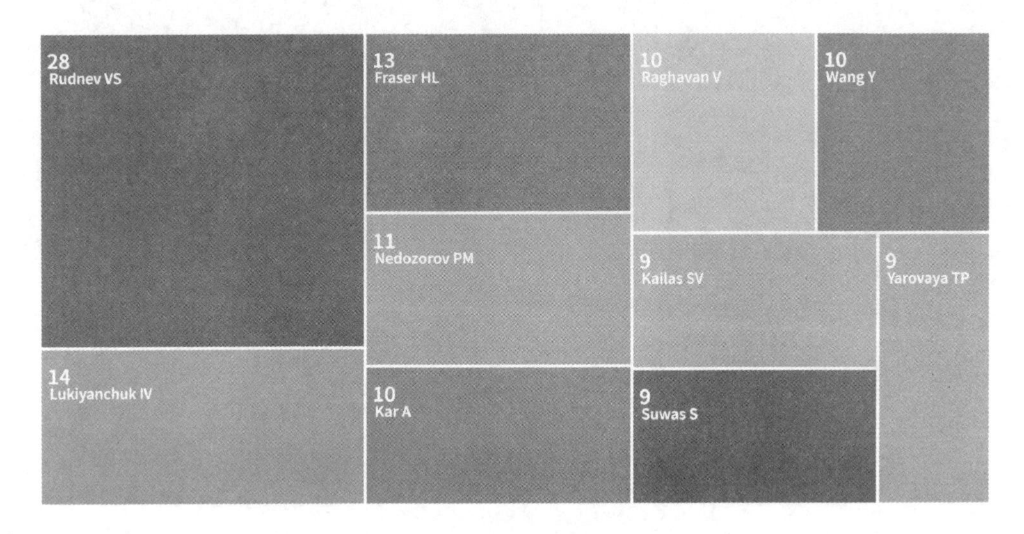

图 4-13　钛铝金属间化合物研究发表作者

表 4-5　钛铝金属间化合物研究发表作者

序号	作者	数量/篇	序号	作者	数量/篇
1	Rudnev V S	28	6	Raghavan V	10
2	Lukiyanchuk I V	14	7	Wang Y	10
3	Fraser H L	13	8	Kailas S V	9
4	Nedozorov P M	11	9	Suwas S	9
5	Kar A	10	10	Yarovaya T P	9

（6）资助机构。排名前 5 名的资金资助机构及资助发文数量分别为：中国国家自然科学基金委员会（National Natural Science Foundation of China），98 篇；俄罗斯基础研究基金会（Russian Foundation for Basic Research），34 篇；美国能源部（United States Department of Energy），18 篇；德国科学基金会（German Research Foundation），15 篇；美国国家科学基金会（National Science Foundation），15 篇。详见图 4-14 和表 4-6。

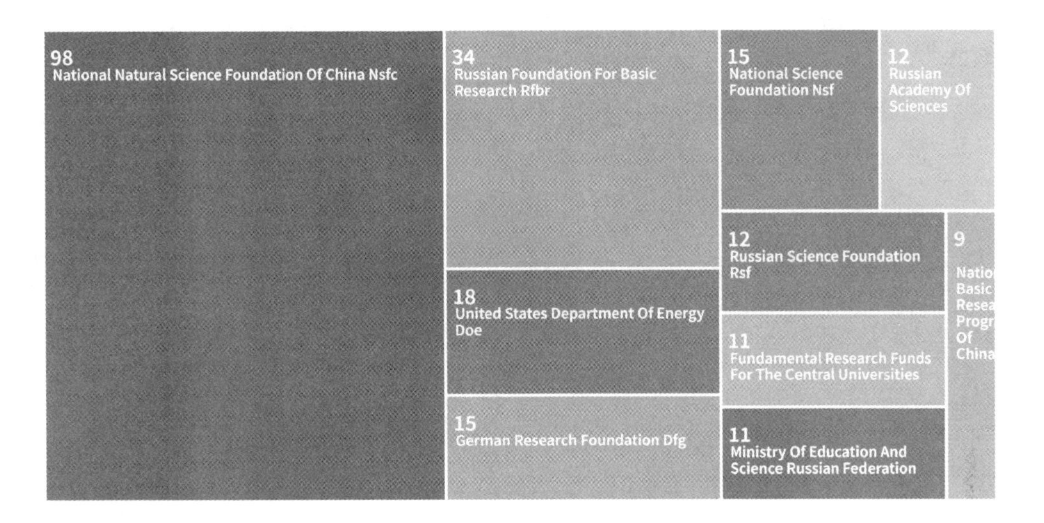

图 4-14 钛铝金属间化合物研究资助机构

表 4-6 钛铝金属间化合物研究资助机构

序号	资金资助机构名称	数量/篇
1	National Natural Science Foundation of China	98
2	Russian Foundation for Basic Research	34
3	United States Department of Energy	18
4	German Research Foundation	15
5	National Science Foundation	15
6	Russian Academy of Sciences	12
7	Russian Science Foundation	12
8	Fundamental Research Funds for the Central Universities	11
9	Ministry of Education and Science Russian Federation	11
10	National Basic Research Program of China	9

（7）研究方向。排名前 5 位的研究方向及发文数量为：材料科学（Materials science），561 篇；冶金工程（Metallurgy metallurgical engineering），302 篇；化学（Chemistry），273 篇；物理（Physics），220 篇；工程学（Engineering），161 篇。详见图 4-15 和表 4-7。

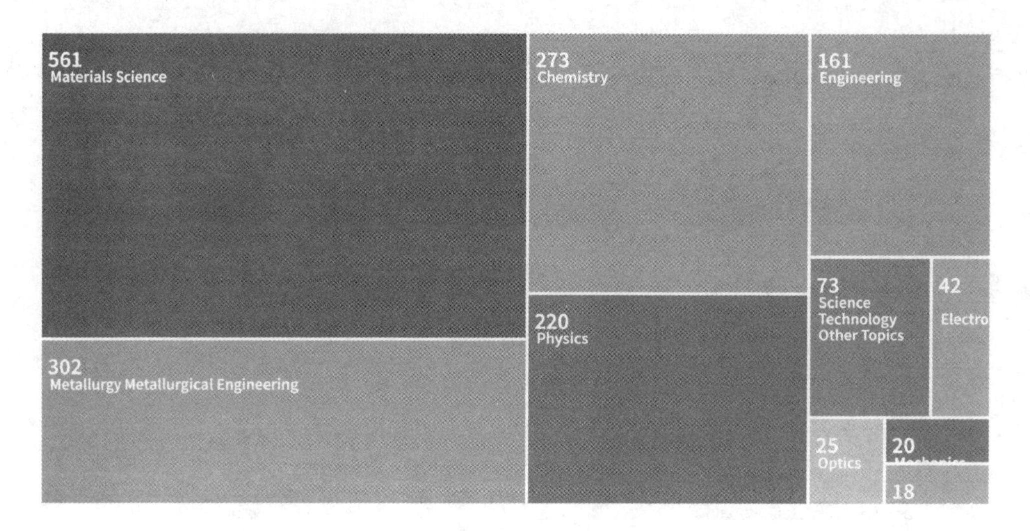

图 4-15　钛铝金属间化合物研究方向

表 4-7　钛铝金属间化合物研究方向

序号	研究方向	数量/篇
1	Materials science	561
2	Metallurgy metallurgical engineering	302
3	Chemistry	273
4	Physics	220
5	Engineering	161
6	Science technology other topics	73
7	Electrochemistry	42
8	Optics	25
9	Mechanics	20
10	Energy fuels	18

5 钛铝金属间化合物材料中外论文量化分析

本书基于 CiteSpace 软件，分别以 CNKI 数据库和 Web of Science 数据库为检索源进行详细介绍。

5.1 CiteSpace 简介

5.1.1 软件简介

CiteSpace 是 Citation Space 的简称，可以译为引文空间。CiteSpace 是一款着眼于分析科学文献中蕴含的潜在知识，并在科学计量学数据和信息可视化背景下逐渐发展起来的一款多元、分时、动态的引文可视化分析软件。该软件是美国雷德赛尔大学信息科学与技术学院的陈超美博士与大连理工大学的 WISE 实验室联合开发的科学文献分析工具，为 Java 编程语言环境下运行的一款可视化软件，通过共现分析等方法对前沿术语进行算法运算，动态识别共引聚类和研究热点。由于是通过可视化的手段来呈现科学知识的结构、规律和分布情况，因此也将通过此类方法分析得到的可视化图形称为科学知识图谱（mapping knowledge domains）。CiteSpace 引文网络分析软件工具包括数据采集、数据处理、导入软件、功能选择、可视化生成图谱和标签提取、图谱解读几个重要步骤。对 CiteSpace 知识图谱形态可以概括为：一图展春秋，一览无余；一图胜万言，一目了然。

5.1.2 软件下载

第一步，登录 CiteSpace 网站。

安装软件之前，需要先下载符合电脑位数（32/64）的 Java 程序（见图 5-1），为其提供运行环境。

第二步，Java 下载。点击上图底部链接“Download Java JRE 64-bit/Windows x64”，判断以下载适合电脑的 Java 程序，对于 Windows 系统用户来讲，需要区分电脑位数。在确定好下载的 Java 版本后，选中 Accept License Agreement，并点击要下载的 Java 程序链接，如图 5-2 所示。

第三步，CiteSpace 下载。下载后的 CiteSpace 安装文件为一个压缩包，解压

CiteSpace: Visualizing Patterns and Trends in Scientific Literature

Chaomei Chen

Download Now
SourceForge - Trusted for Open Source

downloads 381k

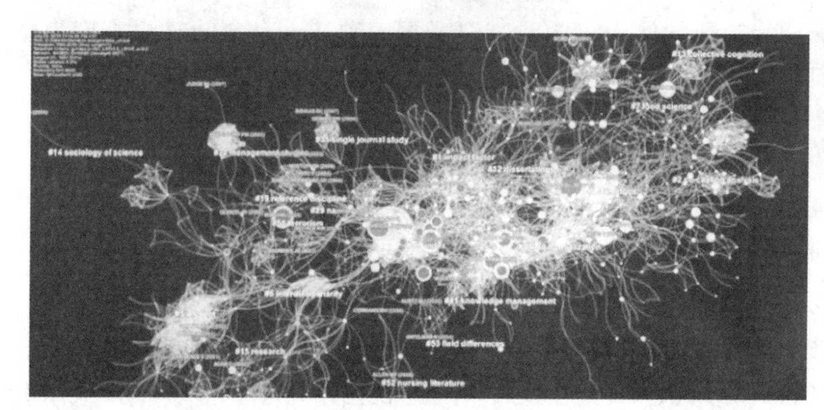

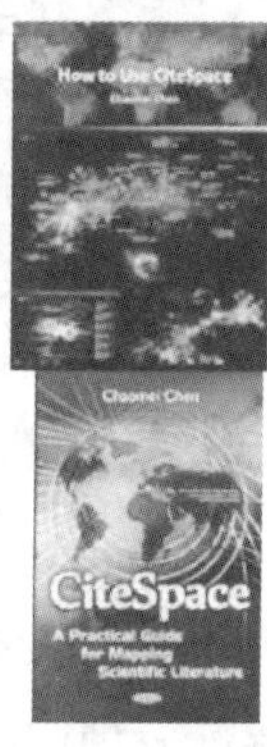

Requirements

Java Runtime (JRE)

Java Runtime (JRE) is required to run CiteSpace. Install the JRE that matches to your system. If you have a 32-bit system, you need to install the JRE for Windows x86. If you have a 64-bit system, install the JRE for Windows x64. CiteSpace is currently optimized for Windows 64-bit with Java 8. You can use 64-bit versions on your 32-bit computer. It may not be optimal, but perhaps good enough. Download Java JRE 64-bit / Windows x64

图 5-1　CiteSpace 下载页面

CiteSpace 压缩文件后，里面共包含 4 个小文件，分别为 CiteSpace. jar、data. properties、StartCiteSpace. bat 和 StartCiteSpaceLarge. bat。双击“CiteSpace. jar”即可运行 CiteSpace 软件，如图 5-3 所示。

在弹出的页面“[1，2，3，4]？_”中输入阿拉伯数字 2，如图 5-4 所示。

在弹出的对话框中选择“No，use the version i have”，如图 5-5 所示。

点击右下角的“Agree”后进入 CiteSpace 参数功能区，如图 5-6 所示。

5.1.3　数据采集

CiteSpace 可以分析的数据库主要有中文数据采集和英文数据采集，具体如下：

（1）中文数据采集包括 CNKI 中国知网、CSSCI 中国社会科学引文索引和 CSCD。

Linux　macOS　Solaris　Windows

Product/file description	File size	Download
ARM 64 RPM Package	59.27 MB	jdk-8u321-linux-aarch64.rpm
ARM 64 Compressed Archive	71.02 MB	jdk-8u321-linux-aarch64.tar.gz
ARM 32 Hard Float ABI	73.71 MB	jdk-8u321-linux-arm32-vfp-hflt.tar.gz
x86 RPM Package	110.21 MB	jdk-8u321-linux-i586.rpm
x86 Compressed Archive	139.62 MB	jdk-8u321-linux-i586.tar.gz
x64 RPM Package	109.97 MB	jdk-8u321-linux-x64.rpm
x64 Compressed Archive	140.01 MB	jdk-8u321-linux-x64.tar.gz

Documentation Download

图 5-2　安装 CiteSpace 前 Java 下载页面

C:\WINDOWS\system32\cmd.exe

```
Enter the number of your locale from the following options:
  1 - USA: US, en
  2 - Chinese: CN, zh
  3 - Any Other Locale, i.e. country/language
  4 - Exit

[1,2,3,4]?
```

图 5-3　运行 CiteSpace 前第一个窗口

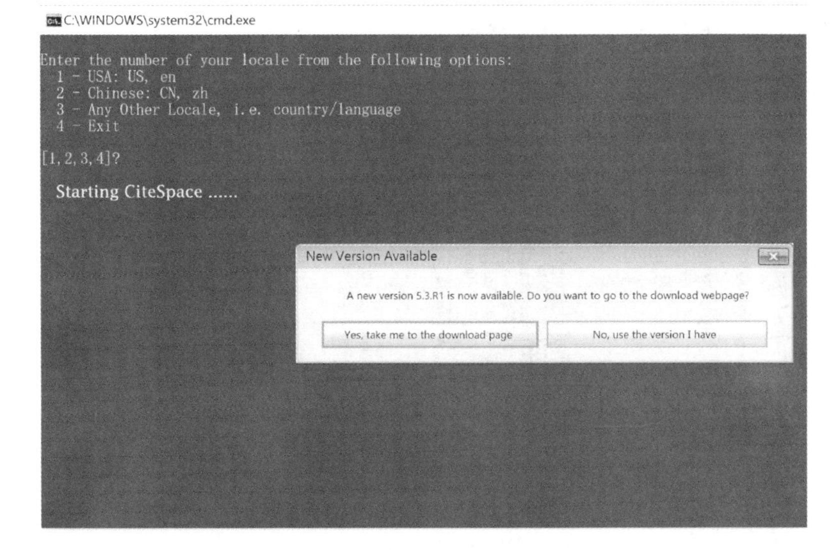

图 5-4　运行 CiteSpace 前第二个窗口

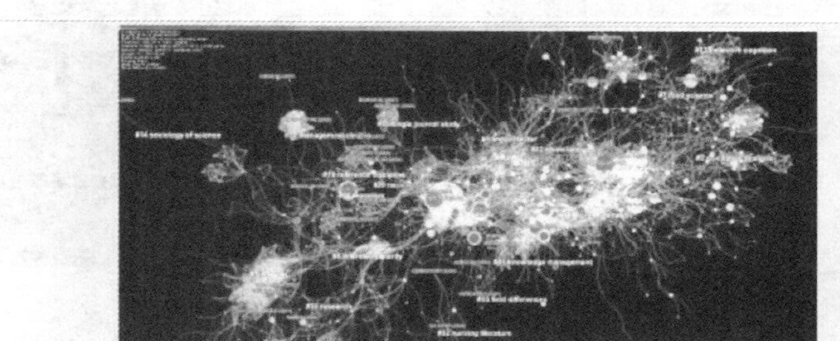

图 5-5　运行 CiteSpace 前第三个窗口

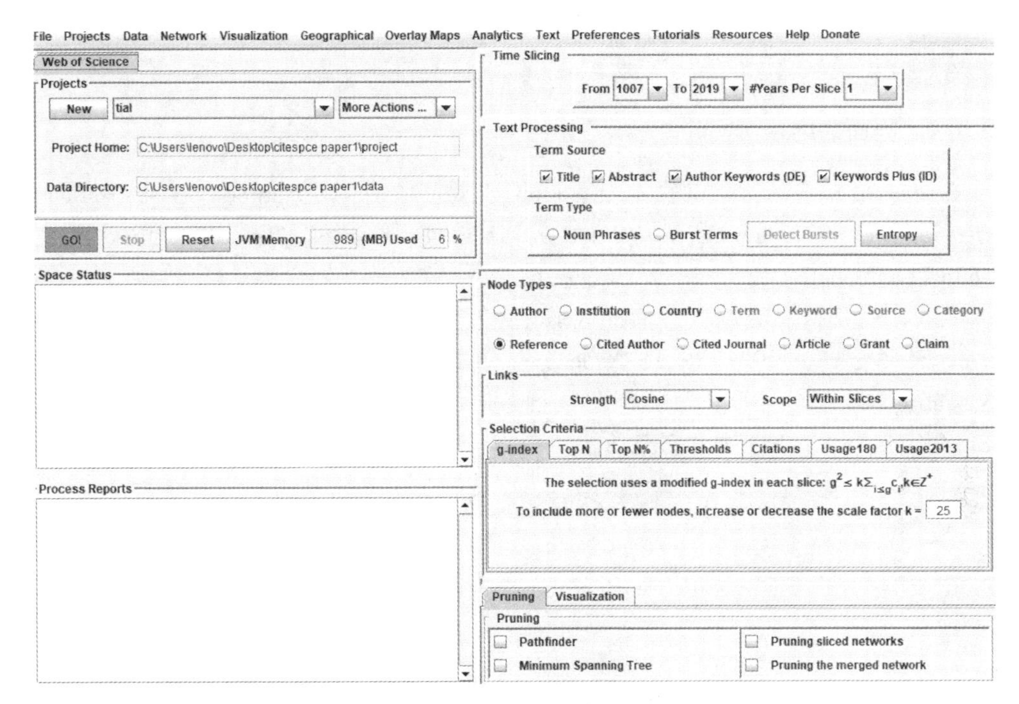

图 5-6　CiteSpace 参数功能区

（2）外文数据采集包括 Derwent、Web of Science 和 Scopus。

通常用户收集的文献题录数据都会包含 PT（文献类型）、AU（作者）、SO（期刊）、DE（关键词）、AB（摘要）、CI（机构）以及 CR（参考文献）。需要注意的是，CNKI 下载的数据没有参考文献信息。

下面以中文数据 CNKI 和外文数据 Web of Science 数据源下载做简要介绍。

（1）CNKI 数据采集。

第一步，登录中国知网首页。

第二步，数据检索策略构建。进入检索页面，选择所需要的文献类型，制定检索条件进行检索。

第三步，数据导出与保存。在需要的文献前打勾，点击导出/参考文献进入数据下载页面，在右侧文献导出格式中选择 Refworks 格式导出。

（2）Web of Science 数据采集。

第一步，登录 Web of Science 数据库首页。在默认情况下检索的数据库为 All Database，点击选择 Web of Science™ Core Collection，即 Web of Science 核心数据库。

第二步，数据检索策略。根据需要输入字段，选择字段类型，设置时间跨度，选择来源数据库，开始检索。

第三步，数据导出与保存。在需要的文献前打勾，导出其他格式文件，记录内容为全记录与引用的参考文献，文件以纯文本格式导出。

5.1.4　界面功能

（1）菜单栏。菜单栏中包含 File、Progect、Data、Network、Visualization、Geographical、Overlay Maps、Analytics、Text、Preferences、Tutorials、Resources、Help 以及 Donate。

（2）快捷区。菜单栏下面的区域是功能界面的快捷区域，包含了 Projects、Time Slicing、Text Processing、Node Types、Links、Selection Criteria、Pruning 和 Visualization 区域，还包含只有在数据运行后才有反馈结果的 Space Status 和 Process Reports 区域，如图 5-7 所示。

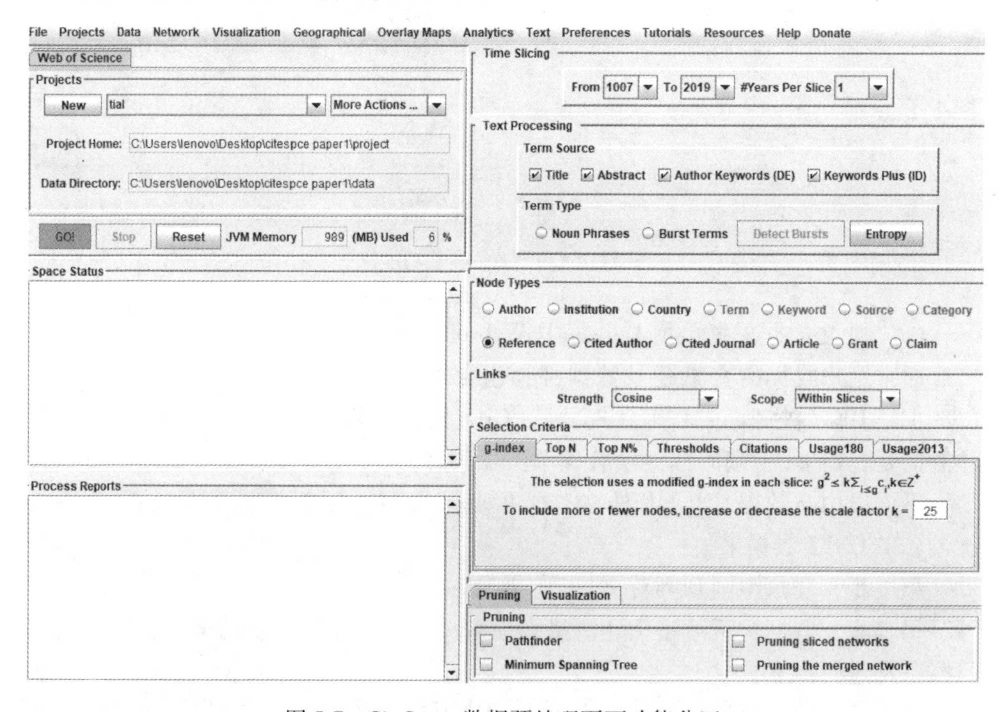

图 5-7　CiteSpace 数据预处理页面功能分区

5.1.5　主要功能

5.1.5.1　针对施引文献

（1）作者共现图谱。根据施引文献中作者合作情况绘制，两位作者出现在同一篇文章中即视为一次合作，主要依据是作者共现频次矩阵。

（2）机构共现图谱。根据施引文献中机构合作情况绘制，两位作者机构出现在同一篇文章中即视为一次合作，主要依据是机构共现频次矩阵。

（3）国家共现图谱。根据施引文献中国家合作情况绘制，两位作者国家出现在同一篇文章中即视为一次合作，主要依据是国家共现频次矩阵。

（4）特征词共现图谱。从标题、摘要、作者、关键词、附加关键词等来源提取特征词，根据施引文献中特征词共现情况绘制，两个特征词出现在同一篇文献中即视为一次合作，主要依据是特征词共现频次矩阵。

（5）关键词共现图谱。根据施引文献中关键词共现情况绘制，两个关键词出现在同一篇文献中即视为一次合作，主要依据是关键词共现频次矩阵。

5.1.5.2 针对被引文献

（1）文献共被引图谱。根据被引文献同时被施引文献引用情况绘制，两篇文献同时被一篇文献引用即视为一次共被引，主要依据是文献共被引频次矩阵。

（2）作者共被引图谱。根据被引文献作者同时被施引文献引用情况绘制，两位作者的两篇文献同时被一篇文献引用即视为一次共被引，主要依据是作者共被引频次矩阵。

（3）期刊共被引图谱。根据被引文献出版期刊同时被施引文献引用情况绘制，两本期刊的两篇文献同时被一篇文献引用即视为一次共被引，主要依据是期刊共被引频次矩阵。

5.2 基于CiteSpace的CNKI数据库钛铝金属间化合物材料论文量化分析

5.2.1 数据采集

选择CNKI数据库，以2000~2019年发表的钛铝金属间化合物论文为研究对象。考虑国内学者对钛铝金属间化合物的不同表述，在CNKI数据库中文献类型选择期刊，选取钛铝金属间化合物、钛铝合金、钛铝基合金、钛铝系合金、TiAl、Ti-Al等为检索词制定检索式，检索时间为2020年5月28日，共获得文献1575篇。

具体步骤如下。

第一步，数据检索。进入CNKI主页，点击首页右上角“高级检索”进入高级检索页面，选择导航栏的期刊，输入检索条件进行检索，在需要的文献前打勾并点击“导出/参考文献”进入数据下载页面，在文献导出格式中选择“Refworks格式”导出。导出文件名标识为CiteSpace能够识别的download_cnki格式。

第二步，数据保存。建立四个文件夹，分别是input、output、data、project，其中 input 中存放 CNKI 导出的 Refworks 格式文献资料，output 中存放经过转码后的文献资料，data 与 output 的文件夹信息一致，CiteSpace 运行结果会自动出现在 project 文件中。

第三步，数据处理。由于 CiteSpace 主要是针对 Web of Science 数据库的文献进行分析，因此，需要将其他数据库的文献信息转成 Web of Science 数据库的模式。对于 CNKI 下载的数据，选择 Citesapce 工具栏中的“data—import/export”，在弹出对话框中选择 CNKI，选择“CNKI”按钮、点击“browse”，将建立的 input、output 文件夹分别载入到 input directory 和 output directory 中，最后点击“format conversion”。至此，CNKI 数据预处理就完成了。再将 output 里的文件复制到 data 文件夹中，就可以开始可视化分析。

5.2.2 数据可视化

CNKI 引文分析只能分析作者机构、合作网络和关键词三项。进入 CiteSpace 点击“New”新建一个项目，将建立的“project”和“data”两个文件夹分别加载到“Project Home”和“Data Directory”中，输入题目名称“Ti-Al intermetallic compound”，然后点击“Save”。

在主界面节点选择区域选中作者，其他设置默认，点击“GO”开始数据分析。稍等会弹出一个小窗口，点击“Visualize”可以看到作者可视化网络。依此步骤，还可以做出机构网络和关键词网络。

5.2.2.1 文献来源

CNKI 收录期刊中，刊登钛铝金属间化合物材料文献的期刊主要有:《稀有金属材料与工程》《中国材料进展》《中国有色金属学报》《Transaction of Nonferrous Metals Society of China》《金属学报》《航空材料学报》《焊接学报》《材料工程》和《钛工业进展》。这些刊物主要归属于工程科技 I 辑和 II 辑，也在一定程度上揭示出这些刊物对钛铝金属间化合物材料的认可度与采纳度。

钛铝金属间化合物材料研究的基金来源主要有：国家自然科学基金、国家重点基础研究发展计划、国家高技术研究发展计划、航空科学基金、中国博士后科学基金、高等学校博士学科点专项科研基金、黑龙江省自然科学基金等。

5.2.2.2 机构合作

钛铝金属间化合物材料研究的主要源自 89 个机构，为直观显示研究机构及其合作情况，图 5-8 中频次 10 次以上的机构有：中南大学粉末冶金国家重点实验室、哈尔滨工业大学材料科学与工程学院、西北工业大学凝固技术国家重点实验室、哈尔滨工业大学先进焊接与连接国家重点实验室、中国科学院金属研究所、中南大学材料科学与工程学院、北京科技大学新金属材料国家重点实验室、南京航空航天大学材料科学与技术学院、钢铁研究总院高温材料研究所、西北有色金属研究院、哈尔滨工业大学和北京航空材料研究院等。由此可知，钛铝金属间化合物材料研究主要是高校和研究院（所），排名前30位的钛铝金属间化合物材料研究机构合作情况见表5-1。

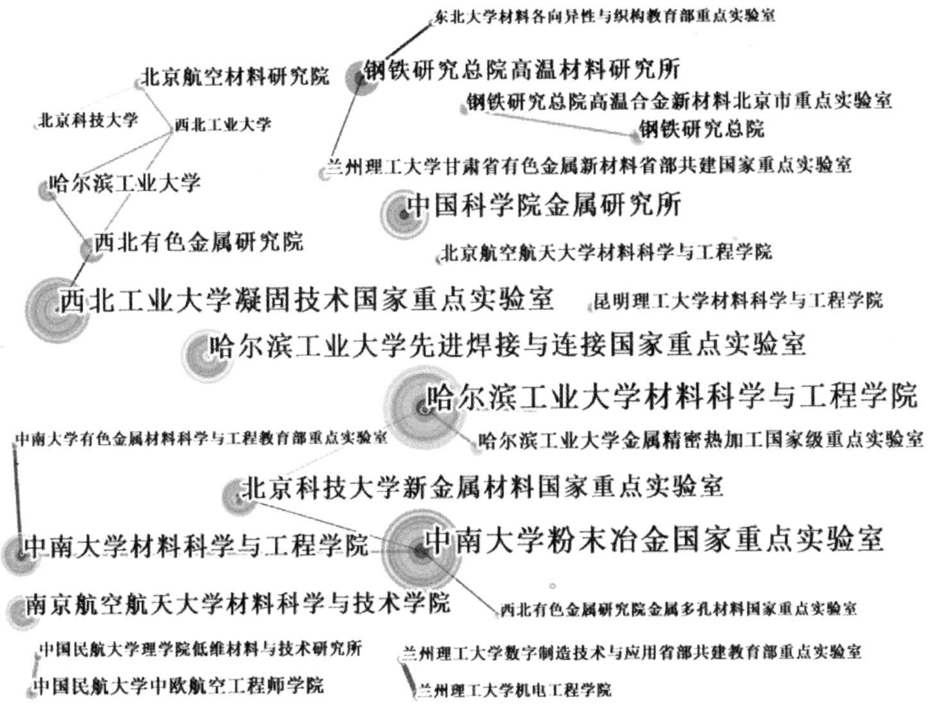

图5-8 CNKI数据库钛铝金属间化合物材料研究机构合作情况

表5-1 CNKI数据库钛铝金属间化合物材料研究排名前30的机构合作情况

序号	研究机构	中心性	频次	序号	研究机构	中心性	频次
1	中南大学粉末冶金国家重点实验室	0.04	61	6	中南大学材料科学与工程学院	0.02	33
2	哈尔滨工业大学材料科学与工程学院	0.05	60	7	北京科技大学新金属材料国家重点实验室	0.05	29
3	西北工业大学凝固技术国家重点实验室	0	50	8	南京航空航天大学材料科学与技术学院	0	27
4	哈尔滨工业大学先进焊接与连接国家重点实验室	0	41	9	钢铁研究总院高温材料研究所	0	24
				10	西北有色金属研究院	0.01	20
5	中国科学院金属研究所	0	38	11	哈尔滨工业大学	0	17
				12	北京航空材料研究院	0	15

续表 5-1

序号	研究机构	中心性	频次	序号	研究机构	中心性	频次
13	钢铁研究总院	0	15	22	兰州理工大学数字制造技术与应用省部共建教育部重点实验室	0	8
14	哈尔滨工业大学金属精密热加工国家级重点实验室	0	13	23	东北大学材料各向异性与织构教育部重点实验室	0	7
15	钢铁研究总院高温合金新材料北京市重点实验室	0	13	24	西北有色金属研究院金属多孔材料国家重点实验室	0	7
16	兰州理工大学甘肃省有色金属新材料省部共建国家重点实验室	0.01	12	25	中南大学有色金属材料科学与工程教育部重点实验室	0	7
17	中国民航大学中欧航空工程师学院	0	12	26	西北工业大学	0.01	7
18	北京航空航天大学材料科学与工程学院	0	11	27	兰州理工大学机电工程学院	0	7
19	昆明理工大学材料科学与工程学院	0	11	28	东北大学材料与冶金学院	0	6
20	北京科技大学	0	9	29	南京航空航天大学	0	6
21	中国民航大学理学院低维材料与技术研究所	0	8	30	北京工业大学材料科学与工程学院	0	6

5.2.2.3 作者合作

钛铝金属间化合物材料研究领域中被引用频次较高、影响力较大作者的已发表文献可能是该研究领域的关键转折点，核心作者群中的每位学者都对钛铝金属间化合物材料各个层面进行了较为深入的思考与研究，并对后续的研究产生重要影响。图 5-9 中合作频次 20 次以上的作者有：钢铁研究总院的张继、中南大学的刘咏、哈尔滨工大学的陈玉勇、北京科技大学的林均品、钢铁研究总院的朱春雷和哈尔滨工业大学的傅恒志。其中，文章被引频次最高的作者为张继，10 年内文章的被引用频次为 52 次，排名之后的几位作者被引用的频次相差并不大。从节点来看，同一颜色年轮环的厚度都在逐渐增加，说明他们文章的被引用频次都在逐渐增加，对钛铝金属间化合物材料研究领域的影响力在逐渐上升。

钛铝金属间化合物材料研究的作者合作图 5-9 中，作者合作整体呈现出分散状，尚未在全国形成合作群。中心度表示一个节点作为媒介桥的能力，大于 0.1 的节点在网络结构中位置比较重要，在知识结构演变中扮演着特定角色。作者合作中心性最高值 0.01 的作者有张继、刘咏、朱春雷和高帆。排名前 30 位的钛铝金属间化合物材料研究的作者合作情况见表 5-2。

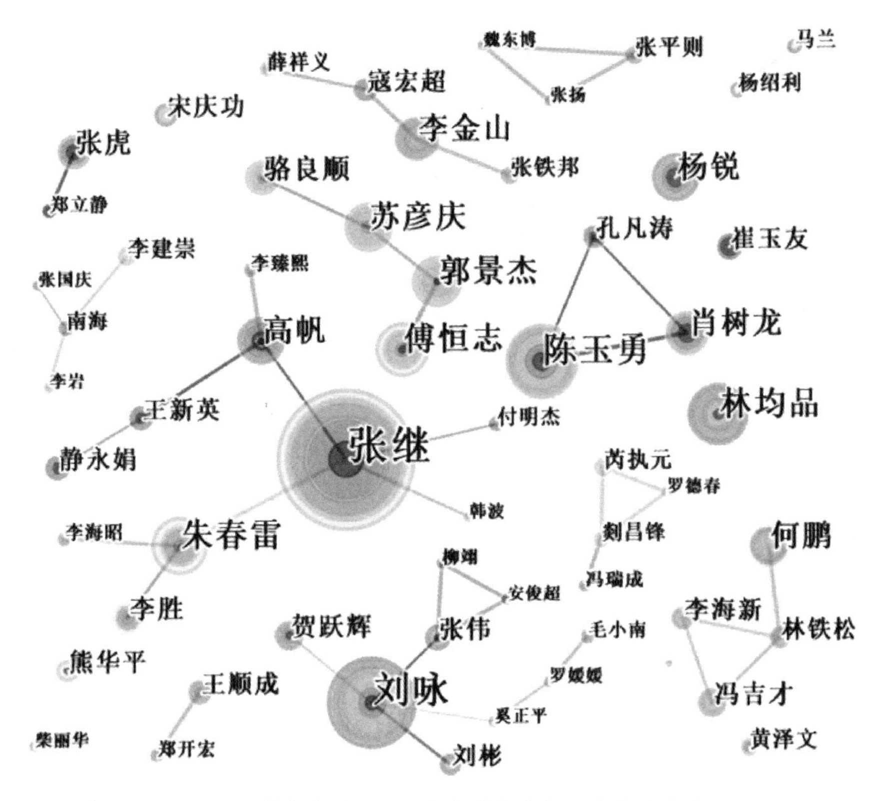

图 5-9 CNKI 数据库钛铝金属间化合物材料研究作者合作情况

表 5-2 CNKI 数据库钛铝金属间化合物材料研究排名前 30 的作者合作情况

序号	作者	中心性	频次	序号	作者	中心性	频次
1	张继	0.01	52	16	李胜	0	12
2	刘咏	0.01	34	17	冯吉才	0	11
3	陈玉勇	0	28	18	贺跃辉	0	11
4	林均品	0	23	19	崔玉友	0	10
5	朱春雷	0.01	22	20	张伟	0	10
6	傅恒志	0	21	21	静永娟	0	9
7	郭景杰	0	19	22	孔凡涛	0	9
8	苏彦庆	0	18	23	熊华平	0	9
9	高帆	0.01	18	24	王顺成	0	9
10	杨锐	0	18	25	李海新	0	9
11	李金山	0	16	26	王新英	0	9
12	肖树龙	0	16	27	寇宏超	0	9
13	何鹏	0	16	28	宋庆功	0	9
14	张虎	0	13	29	林铁松	0	8
15	骆良顺	0	13	30	刘彬	0	8

5.2.2.4 关键词

关键词是对论文核心内容的高度提炼，也是学者学术思想和理念的高度浓缩，与论文研究目的、对象、方法和结果等之间有很强的相关性。对关键词的分析在某种程度上可以窥见钛铝金属间化合物材料的研究热点及发展脉络，如果钛铝金属间化合物材料在该领域某一时期文献中反复出现，可以反映出该关键词所表征的研究主题即是该时期、该领域研究热点。

图 5-10 中圆圈越大表示该关键词在文献中出现的频率越高，字体越大说明该关键词的中心性越强，圆圈之间连线越粗说明两者之间的相关性越强。关键词的频率、中心性及其联系凝固直观地反映出某一时期研究者的共同关注热点。连线纵横交错说明关键词之间的联系非常紧密，可能经常选择性地被研究者放在一个模型中分析研究，是当前学术研究者比较关心的问题。中心度较高的关键词在共现网络结构中也处于中心位置，在研究方向扩展中起着重要的桥梁作用，预示未来发展趋势。

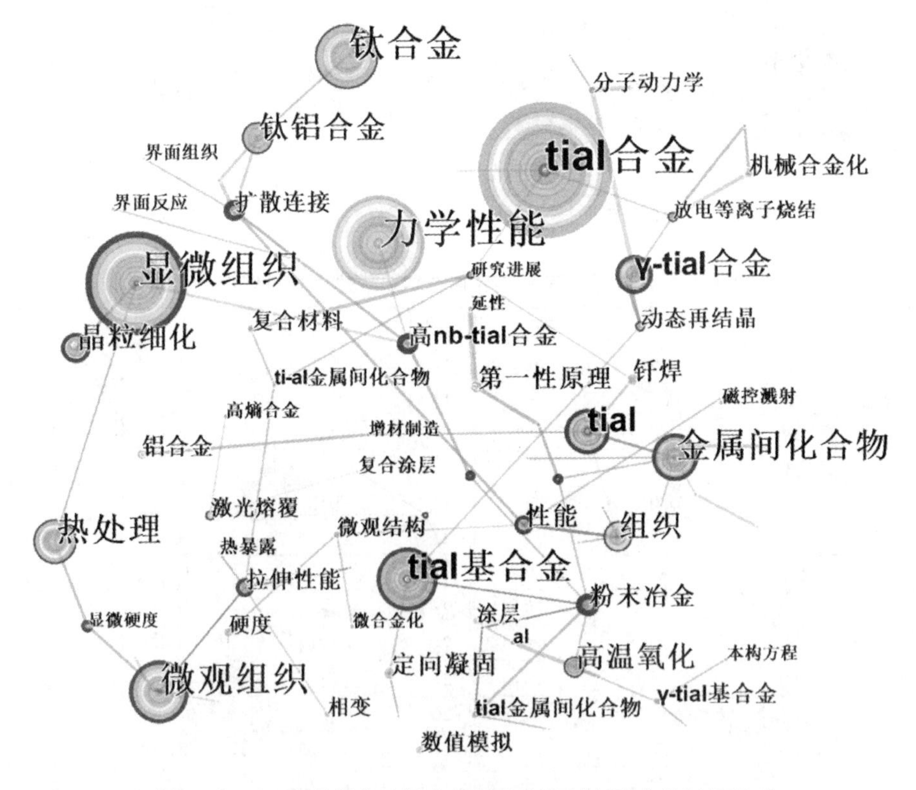

图 5-10 CNKI 数据库钛铝金属间化合物材料研究关键词共现

钛铝金属间化合物材料研究点主要包括 TiAl 合金、力学性能、显微组织、微观组织、晶粒细化、高温氧化等方面。其中，TiAl 合金的节点最大、引用频次最高。此外，钛铝金属间化合物材料研究热点还集中在微观组织、粉末冶金、高 Nb-TiAl 合金、扩散连接、拉伸性能、数值模拟等方面，见表 5-3。在关键词共现的基础上，按照时间片段统计了钛铝金属间化合物材料研究的关键词时区情况，如图 5-11 所示。

表 5-3 CNKI 数据库钛铝金属间化合物材料研究排名前 30 的关键词

序号	关键词	中心性	频次	序号	关键词	中心性	频次
1	TiAl 合金	0.09	196	16	粉末冶金	0.51	19
2	力学性能	0	147	17	定向凝固	0.03	19
3	显微组织	0.46	134	18	性能	0.3	19
4	钛合金	0.13	95	19	钎焊	0.09	18
5	微观组织	0.27	86	20	高 Nb-TiAl 合金	0.49	18
6	TiAl 基合金	0.31	83	21	铝合金	0.08	16
7	金属间化合物	0.31	66	22	扩散连接	0.5	16
8	热处理	0.2	64	23	拉伸性能	0.25	16
9	TiAl	0.28	62	24	机械合金化	0	15
10	γ-TiAl 合金	0.26	50	25	γ-TiAl 基合金	0.06	14
11	钛铝合金	0.15	43	26	复合材料	0	14
12	组织	0.19	42	27	数值模拟	0.03	14
13	晶粒细化	0.2	33	28	动态再结晶	0.12	13
14	高温氧化	0.19	31	29	分子动力学	0.06	12
15	第一性原理	0.09	21	30	硬度	0.03	12

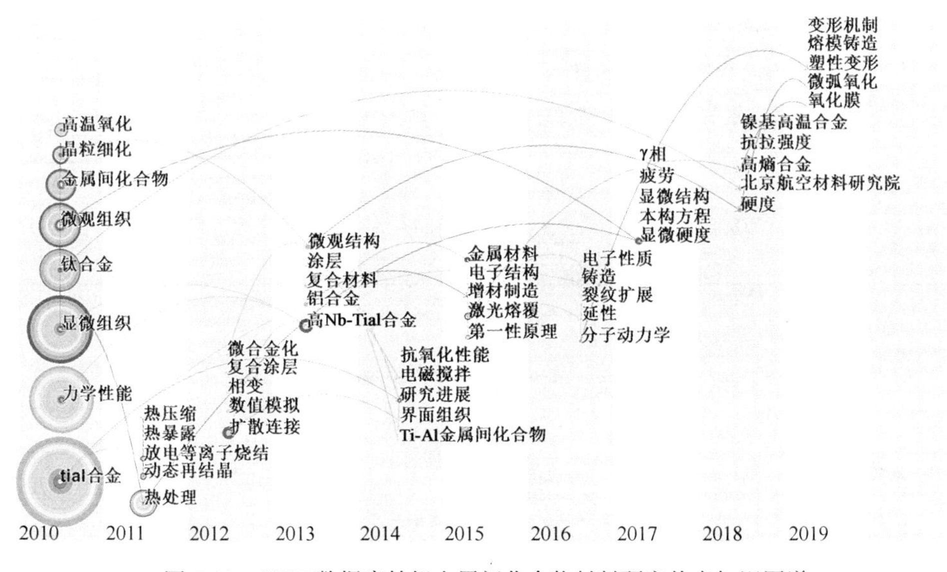

图 5-11 CNKI 数据库钛铝金属间化合物材料研究热点知识图谱

利用关键词生成的时间空间视图，可以用于分析钛铝金属间化合物材料研究的发展脉络及研究热点变化与研究前沿之间的关系，反映了钛铝金属间化合物材料研究热点变化及热点之间的联系，其中右上角是一组由关键词代表的研究前沿。

5.2.2.5　高被引文献

表 5-4 列出了钛铝金属间化合物材料被引用频次前 10 的文献，可以看出，高被引文献均发表于 2010 年后，与图 5-11 发展趋势相吻合。进一步说明，我国对钛铝金属间化合物材料的研究在 2010 年后质量明显提升。这些文献主要介绍了钛铝金属间化合物的材料研究进展、制备技术及应用趋势情况，具有很高的价值。

表 5-4　CNKI 数据库钛铝金属间化合物材料研究高被引文献

序号	题名	第一作者	作者单位	发表时间	被引/次
1	轻质 γ-TiAl 金属间化合物的研究进展	林均品	北京科技大学	2010	126
2	Ti_3Al 和 Ti_2AlNb 基合金的研究与应用	张建伟	钢铁研究总院	2010	122
3	钛铝金属间化合物的进展与挑战	杨锐	中国科学院金属研究所	2015	118
4	TiAl 基金属间化合物的研究现状与发展趋势	李金山	西北工业大学	2010	94
5	TiAl 金属间化合物工程实用化研究与进展	张继	钢铁研究总院	2010	66
6	新型 β-γTiAl 合金的研究进展	陈玉勇	哈尔滨工业大学	2012	62
7	激光原位合成 TiN/Ti_3Al 基复合涂层	张晓伟	昆明理工大学	2011	62
8	TiAl 基合金高温氧化及防护的研究进展	彭小敏	中南大学	2010	60
9	TiAl 金属间化合物制备技术的研究进展	陈玉勇	哈尔滨工业大学	2014	59
10	TiAl 合金的制备及应用现状	刘娣	西安西工大超晶科技发展有限责任公司；西北工业大学	2014	57

10 篇论文信息摘录见表 5-5。

表 5-5　CNKI 数据库钛铝金属间化合物材料研究高被引文献信息摘录

1	
题名	轻质 γ-TiAl 金属间化合物的研究进展
作者	林均品，张来启，宋西平，叶丰，陈国良
作者单位	北京科技大学
来源期刊	中国材料进展

续表 5-5

发表时间	2010-02-15
摘要	γ-TiAl 金属间化合物是一种新型轻质的高温结构材料，是当代航空航天工业、民用工业等领域的优秀候选高温结构材料之一，具有重要的工程化应用潜力。介绍了 γ-TiAl 基金属间化合物的发展过程，以及成分-组织-性能-制备关系，产业化和应用状况。特别指出，北京科技大学发展的高 Nb-TiAl 金属间化合物为国内外 TiAl 基金属间化合物发展的重点方向。最后总结了 TiAl 基金属间化合物的国家需求和发展趋势
关键词	TiAl 金属间化合物；高 Nb-TiAl 金属间化合物；发展趋势
基金资助	国家自然科学基金（50771013，50871121）
文章目录	1 前言 2 国外本领域基础研究现状及发展趋势 2.1 TiAl 合金的成分-组织-性能关系 2.2 工程 TiAl 合金的发展 2.3 TiAl 合金的制备和加工技术 2.3.1 铸造成形 （1）精密铸造成形 （2）定向凝固技术 （3）高洁净度熔炼 2.3.2 TiAl 合金的热加工技术 2.3.3 粉末 TiAl 合金板材的加工技术 3 国内本领域基础研究现状 3.1 高温 TiAl 合金（高 Nb-TiAl 合金） 3.2 TiAl 合金多孔材料 3.3 TAC 系列合金 3.4 板材 3.5 精密铸造和定向凝固 4 结语
2	
题名	Ti_3Al 和 Ti_2AlNb 基合金的研究与应用
作者	张建伟，李世琼，梁晓波，程云君
作者单位	钢铁研究总院
来源期刊	中国有色金属学报
发表时间	2010-10-15
摘要	概述钢铁研究总院在 Ti_3Al 合金和 Ti_2AlNb 合金研究与应用方面取得的进展。钢铁研究总院现已通过系统的合金化和组织结构的设计，建立 Ti_3Al 合金和 Ti_2AlNb 合金具有自主知识产权的高韧性合金体系，合金综合性能达到国际先进水平；依托国内现有生产设备条件，建立合金制备加工工艺技术，形成小批量供货的能力；近年来，针对这两类合金应用在我国航空航天领域的研制工作进展顺利，所研制部件已在多个重要武器型号中开始应用

续表 5-5

关键词	Ti_3Al 合金；Ti_2AlNb 合金；合金化；制备技术；应用
基金资助	无
文章目录	1　合金的成分设计与力学性能 1.1　Ti_3Al 合金 1.2　Ti_2AlNb 合金 2　合金制备加工技术 2.1　合金熔炼制备技术 2.2　合金变形加工技术 3　部件成形技术 4　应用进展 5　展望
3	
题名	钛铝金属间化合物的进展与挑战
作者	杨锐
作者单位	中国科学院金属研究所
来源期刊	金属学报
发表时间	2015-02-11
摘要	按照起步（1974~1985 年），热潮（1986~1995 年），兴起（1996~2005 年）和特定应用（2006 年~）4 个阶段回顾了钛铝金属间化合物的研发历程，评述了各阶段对钛铝合金发展起到主导作用的里程碑事件，简要总结了在合金化、显微组织类别、一次加工（熔炼）、二次加工（热加工）、性能、三次加工（成形）等 6 个方面的主要进展。提出了钛铝合金未来发展面临的 5 方面挑战：铸造合金与技术的进一步发展、低成本变形合金技术、第三代合金研制、基于新制备技术的新应用以及新成形工艺研发
关键词	钛铝金属间化合物；低成本工艺；应用；技术挑战
基金资助	国家重点基础研究发展计划项目（2011CB606404） 英国罗罗公司和美国通用汽车公司资助
文章目录	1　发展简史 1.1　起步阶段（1974~1985 年） 1.2　热潮阶段（1986~1995 年） 1.3　兴起阶段（1996~2005 年） 1.4　特定应用阶段（2006 年~） 2　主要研究进展 2.1　合金化 2.2　显微组织类别 2.3　熔炼与凝固反应 2.4　热加工 2.5　性能 2.6　成形 3　挑战与前景 3.1　核心问题 3.2　挑战与前景

续表 5-5

4	
题名	TiAl 基金属间化合物的研究现状与发展趋势
作者	李金山，张铁邦，常辉，寇宏超，周廉
作者单位	西北工业大学凝固技术国家重点实验室，西北有色金属研究院
来源期刊	中国材料进展
发表时间	2010-03-15
摘要	系统地总结了 TiAl 基金属间化合物结构材料的研究现状、存在的问题以及在航空航天等领域的应用情况。对 TiAl 基金属间化合物的组织控制与性能研究、冶金熔炼、成形加工等进行了归纳，结合 TiAl 基金属间化合物材料与应用研究取得的新进展，预测了 TiAl 基金属间化合物轻质结构材料在今后一段时期的发展趋势
关键词	TiAl；金属间化合物；冶金；超塑性；研究进展；发展趋势
基金资助	无
文章目录	1 前言 2 TiAl 基金属间化合物的组织控制与性能 3 基金属间化合物的冶金熔炼 4 基金属间化合物的先进成形加工技术 5 结语
5	
题名	TiAl 金属间化合物工程实用化研究与进展
作者	张继，仲增镛
作者单位	钢铁研究总院高温材料研究所
来源期刊	中国材料进展
发表时间	2010-02-15
摘要	回顾了钢铁研究总院在提高 TiAl 金属间化合物合金可靠性和部件制备技术两方面的研究结果，介绍了已开展的应用研究及减重效果研究，并对 TiAl 合金今后的发展做了简要评述
关键词	TiAl 合金；工艺技术；组织控制；力学性能；工程应用
基金资助	“973 计划”项目（2007CB613304）
文章目录	1 前言 2 提高变形钛铝合金可靠性的研究 2.1 解决 TiAl 合金塑性、韧性反常关系的途径 2.2 均匀细化变形 TiAl 合金组织的工艺 2.3 添加稀土改善变形 TiAl 合金层片组织的均匀性 3 铸造钛铝合金室温塑性的改善 3.1 细化铸造 TiAl 合金组织的热处理方法 3.2 层片组织力学性能各向异性的利用 4 部件研制和应用研究进展 4.1 铸造 TiAl 合金车用增压器涡轮、航空涡流器和燃机叶片 4.2 变形 TiAl 合金航空发动机压气机叶片和航天用整体叶盘 5 结语

续表 5-5

6	
题名	新型 β-γTiAl 合金的研究进展
作者	陈玉勇，张树志，孔凡涛，刘祖岩，林均品
作者单位	哈尔滨工业大学金属精密热加工国防科技重点实验室 北京科技大学新材料国家重点实验室
来源期刊	稀有金属
发表时间	2012-01-15
摘要	TiAl 金属间化合物具有低密度、优异的高温强度和蠕变抗力，但是传统 TiAl 合金的热加工性能较差。新型 β-γTiAl 合金利用无序 β 相在高温下独立滑移系多、变形抗力小、易于塑性加工的特点，具有优良的热加工性能。主要综述了新型 β-γTiAl 合金的研究进展，对新型 β-γTiAl 合金的合金设计、组织演变、性能特别是机械性能及应用以及热处理等进行了讨论，并提出了新型 β-γTiAl 合金需要进一步解决的问题
关键词	新型 β-γTiAl 合金；β 相凝固；合金设计；力学性能
基金资助	国家自然科学基金（51074058） 国家重点基础研究计划（2011CB605502）基金 北京科技大学新材料国家重点实验室（20092D-02）
文章目录	1 β 相凝固 γ-TiAl 合金成分设计 1.1 Al 含量的设计 1.2 合金化设计 2 新型 β-γ TiAl 合金组织与性能 2.1 新型 β-γ TiAl 合金的组织 2.2 新型 β-γ TiAl 合金的热加工性能及应用 2.3 新型 β-γ TiAl 的蠕变抗性、强度及抗氧化性 3 新型 β-γ TiAl 的热处理 4 结语
7	
题名	激光原位合成 TiN/Ti_3Al 基复合涂层
作者	张晓伟；刘洪喜；蒋业华；王传琦
作者单位	昆明理工大学材料科学与工程学院
来源期刊	金属学报
发表时间	2011-08-11
摘要	利用 Ti 与 AlN 之间的高温化学反应，在 TC4 钛合金表面激光原位合成了 TiN/Ti_3Al 基金属间化合物复合涂层。借助 XRD 和 SEM 分析了涂层的物相组成和显微组织。结果表明，涂层主要由 TiN 和 Ti_3Al 组成。当 Ti 与 AlN 摩尔比为 4：2 时，涂层中 TiN 含量随激光功率密度的增大而减小；Ti 与 AlN 摩尔比为 4：1 时，TiN 含量随激光功率密度的增大而增大。TiN 增强相点阵常数的精确计算显示，涂层中 TiN 相出现晶格畸变现象，结合 EDS 分析表明，TiN 固溶的 Al 含量随功率密度的增加而减小。SEM 分析表明，TiN 增强体的生长形态随着激光功率密度的增大由棒状逐渐向颗粒状转变。当 Ti 与 AlN 的摩尔比为 4：1，激光功率密度为 15.28kW·s·cm^{-2}时，涂层表面的宏观形貌较好，微观组织无气孔和裂纹，试样截面显微硬度自基体至涂层表面变化平缓，涂层平均显微硬度达到 $844HV_{0.2}$，约为基体合金的 3.4 倍

续表 5-5

关键词	激光熔覆；TiN/Ti_3Al 基复合涂层；显微组织；原位合成
基金资助	国家自然科学基金项目（51165015） 云南省自然科学基金项目（2008ZC021M） 国家大学生创新性实验计划项目（091067448）
文章目录	1 实验方法 1.1 样品制备及涂层合成 1.2 涂层性能表征 2 实验结果与分析 2.1 涂层表面宏观形貌 2.2 涂层 XRD 物相分析 2.3 点阵常数的精确测定 2.4 涂层显微组织 2.5 凝固过程与增强体形成机制 3 结论
8	
题名	TiAl 基合金高温氧化及防护的研究进展
作者	彭小敏，夏长清，王志辉，黄珍，王金惠
作者单位	中南大学材料科学与工程学院
来源期刊	中国有色金属学报
发表时间	2010-06-15
摘要	全面综述国内外 TiAl 基合金体系高温氧化机理及其防护研究进展，特别是 20 世纪 90 年代以来的研究情况。主要阐述 TiAl 系金属间化合物分类及其应用、TiAl 基合金高温氧化行为、氧化膜结构及其形成、氮效应、表面效应、Z 相的形成及其对氧化行为的影响，合金化和涂层防护方法及其机理、近年来出现的新表面处理技术以及传统表面处理技术在 TiAl 基合金抗高温氧化防护方面的应用，对各种防护方法的特点及应用范围进行对比分析，并对该领域研究的发展趋势进行展望
关键词	TiAl 基合金；高温氧化；合金化；涂层
基金资助	国防预先研究资助项目（MKPT0589）
文章目录	1 TiAl 系金属间化合物 2 TiAl 基合金的氧化行为 2.1 TiAl 基合金的氧化行为 2.2 TiAl 基合金氧化膜结构 2.3 氮效应 2.4 Z 相的形成及影响 2.5 表面效应 3 TiAl 基合金的高温氧化 3.1 合金化 3.1.1 整体合金化 3.1.2 表面合金化

续表 5-5

文章目录	(1) 渗透（扩散）处理 (2) 离子注入 (3) 硫化 (4) 预氧化 3.2 涂层防护 (1) MCrAlY 涂层（M 为 Ni、Co、NiCo） (2) 陶瓷涂层 (3) TiAl 基涂层 (4) 复合涂层 3.3 其他防护方法 4 展望
9	
题名	TiAl 金属间化合物制备技术的研究进展
作者	陈玉勇，苏勇君，孔凡涛
作者单位	哈尔滨工业大学金属精密热加工国家级重点实验室
来源期刊	稀有金属材料与工程
发表时间	2014-03-15
摘要	TiAl 金属间化合物以其低的密度、高的比强度和比模量，具有较好的抗氧化性能以及优异的抗疲劳性能成为一种新型轻质高温结构材料，在航空航天工业和汽车等民用工业领域引起了广泛的关注。本研究着重介绍了 TiAl 金属间化合物的几种制备方法及其应用，并展望了 TiAl 金属间化合物的发展前景
关键词	TiAl 金属间化合物；制备；研究进展；发展趋势
基金资助	国家自然科学基金（51074058）
文章目录	1 TiAl 金属间化合物的熔炼技术 1.1 真空电弧熔炼 1.2 感应凝壳熔炼 1.3 等离子束熔炼 2 铸造 2.1 熔模精密铸造 2.2 金属型铸造 3 铸锭冶金 3.1 等温锻造 3.2 包套锻造 3.3 铸锭挤压 3.4 板材轧制 4 粉末冶金 4.1 机械合金化（MA） 4.2 自蔓燃高温合成法（SHS） 4.3 反应烧结法 4.4 放电等离子烧结法（SPS） 4.5 热等静压法（HIP） 4.6 TiAl 粉末冶金的热加工 5 展望

续表 5-5

10	
题名	TiAl 合金的制备及应用现状
作者	刘娣，张利军，米磊，郭凯，薛祥义
作者单位	西安西工大超晶科技发展有限责任公司，西北工业大学凝固技术国家重点实验室
来源期刊	钛工业进展
发表时间	2014-08-25
摘要	TiAl 合金密度小、高温性能优异，自 20 世纪 50 年代以来已发展到第三代。介绍了 TiAl 合金的性能特点、发展历程，真空感应熔炼、真空自耗电弧熔炼、等离子冷床炉熔炼等熔炼 TiAl 合金方法的优缺点，以及国内外 TiAl 合金的制备情况；提出 TiAl 合金熔炼过程中存在的问题主要是宏观与微观偏析，应从原料加入方式、原料纯度及熔炼工艺等方面进行改进；此外，对 TiAl 合金在航空航天、汽车工业等领域的应用现状进行了概括，指出 TiAl 合金近期的研究重点是大尺寸铸锭的均匀化控制
关键词	TiAl 合金；熔炼方法；偏析；工程化应用
基金资助	“973 计划” 项目（2011CB605502）
文章目录	0 引言 1 Ti Al 合金的特点及发展 2 Ti Al 合金的制备及存在的问题 3 Ti Al 合金应用情况 4 结语

5.3 基于 CiteSpace 的 Web of Science 数据库钛铝金属间化合物材料论文量化分析

5.3.1 数据采集

选择 Web of Science 数据库中的 Web of Scienc 核心合集，选取 Titanium aluminide Alloy、Titanium-aluminide、TiAl、Ti-Al 等为检索词制定检索式，勾选 Document Types =（article），Languages =（English），More Settings =（science citation index expanded（SCI-expanded）-1900-present），Custom Year Range =（20100101 to 20191231），数据更新时间为 2020 年 6 月 14 日，检索时间为 2020 年 6 月 15 日，共获文献 1180 篇。将 1180 篇钛铝金属间化合物材料研究的文献信息以文本文件形式保存，导入文献计量分析软件 CiteSpace 中，得到二维矩阵及具有关联关系的可视化图谱。

具体步骤如下。

第一步，数据检索。进入 Web of Science 主页，选择 “Web of Scienc™ Core

Collection”，即 Web of Scienc 核心数据库，文献检索选择“高级检索”，之后输入检索条件进行检索，在需要文献前打勾并点击“导出/参考文献”进入数据下载页面，在文献导出格式中选择其他格式导出。

第二步，数据保存。Web of Scienc 每次导出 500 条数据，结果为 1180 条就需要重复 3 次导出过程。导出步骤为：在导出功能区选择“Save to Other File Formats”，进入数据导出页面。在数据导出页面中需要对相关参数进行设置，在 Record Content 中选择“Full Record and Cited References”，在 File Format 中选择“Plain Text”，点击“Send”即可下载前 500 条数据，并按照 CiteSpace 要求的格式保存为“download_XXX”。

建立四个文件夹，其中 Input 中存放的是 Web of Science 导出的 refworks 格式的文献资料，output 存放的是经过转码后的文献资料，data 文件夹中的信息与 output 中的一致，最后 CiteSpace 运行结果会自动出现在 Project 的文件中。

第三步，数据处理。选择 Citesapce 工具栏中“data-import/export”，在弹出的对话框中选择“Web of Science”，并且选择路径以进行数据转换，原先空的 output 文件夹会自动出现数据信息。选择 data 库与输出路径，点击“OK”，软件自动分析各个文献间的相关性。

5.3.2　数据可视化

5.3.2.1　文献来源

Web of Science 收录期刊中刊登钛铝金属间化合物材料的主要有：《Intermatallics》《Materials Science and Engineering A-structural Materials Properities Microstructure and Processing》《Journal of Alloys and Compounds》《Acta Materialia》《Materials》《Materials Design》《Surface Coatings Technology》《Transactions of Nonferrous Metals Society of China》《Rare Metal Materials and Engineering》等。

钛铝金属间化合物材料研究基金来源主要有：National natural science foundation of china、National basic research program of china、Fundamental research funds for the central universities、China postdoctoral science foundation、German research foundation DFG、National high technology research and development program of china 等。

5.3.2.2　国家合作

钛铝金属间化合物材料研究文献主要来自 51 个国家，图 5-12 中频次在 10 次以上的国家包括中国、德国、美国、奥地利、俄罗斯、法国、日本、英国、印度、波兰、澳大利亚、意大利、韩国、捷克、伊朗、西班牙、加拿大、斯洛伐克、瑞士、乌克兰和瑞典。在钛铝金属间化合物材料研究国家中，中国频次最高，国外研究合作力度相对大，见表 5-6。

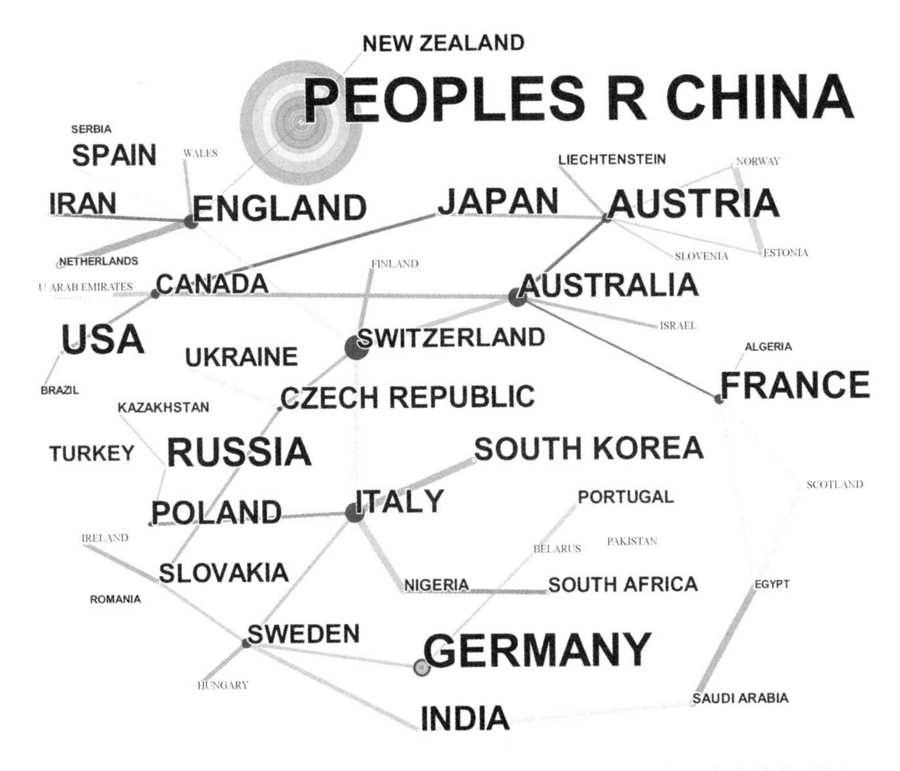

图 5-12 Web of Science 数据库钛铝金属间化合物材料研究国家合作共现图

表 5-6 Web of Science 数据库钛铝金属间化合物材料研究国家合作共现表

序号	国家	中心性	频次	序号	国家	中心性	频次
1	China	0. 07	687	16	Spain	0	19
2	Germany	0. 14	120	17	Canada	0. 24	15
3	USA	0. 07	69	18	Slovakia	0. 1	14
4	Austria	0. 31	66	19	Switzerland	0. 95	14
5	Russia	0. 07	63	20	Ukraine	0	13
6	France	0. 21	45	21	Sweden	0. 38	13
7	Japan	0. 02	44	22	New Zealand	0	8
8	England	0. 41	41	23	Turkey	0	7
9	India	0. 07	30	24	South Africa	0	6
10	Poland	0. 14	27	25	Portugal	0	5
11	Australia	0. 79	25	26	Nigeria	0. 07	4
12	Italy	0. 63	23	27	Liechtenstein	0	3
13	South Korea	0	22	28	Kazakhstan	0	3
14	Czech republic	0. 16	21	29	Saudiarabia	0. 06	3
15	Iran	0	20	30	Serbia	0	2

5.3.2.3　机构合作

合作频次在10以上的发文机构有哈尔滨工业大学、西北工业大学、北京科技大学、中国科学院、奥地利里奥本大学、中南大学、德国亥姆霍兹研究所、北京航空航天大学、俄罗斯科学院、中国航发北京航空材料研究院、南京航空航天大学、伯明翰大学和重庆大学。机构合作较多的为里奥本大学和亥姆霍兹研究所，其他机构合作较少，说明当前钛铝金属间化合物材料研究的大部分专家学者还处于独自研究状态，见图5-13和表5-7。

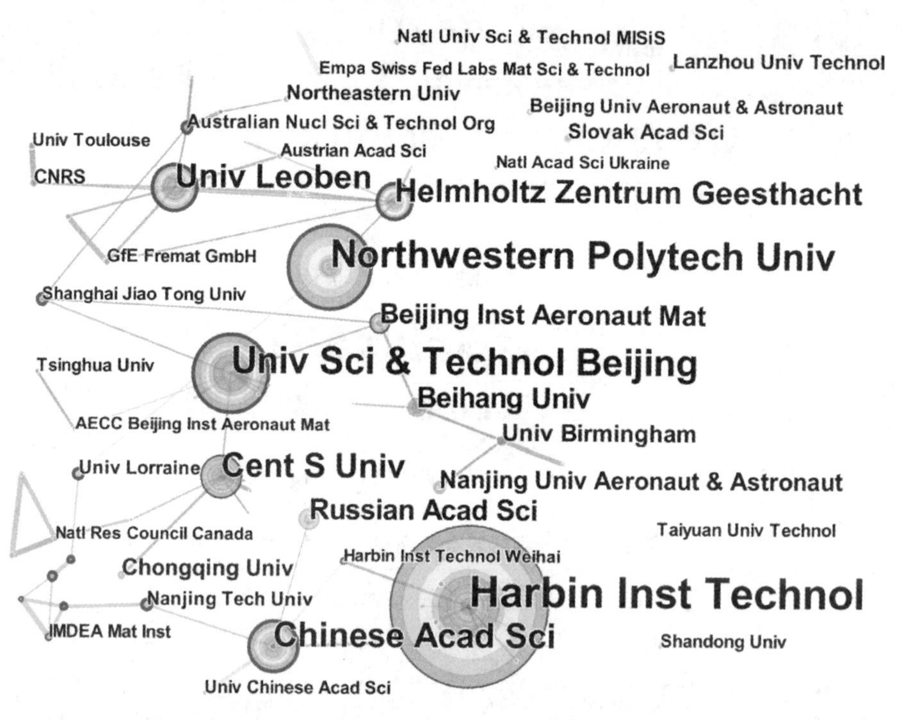

图5-13　Web of Science数据库钛铝金属间化合物材料研究机构合作共现图

表5-7　Web of Science数据库钛铝金属间化合物材料研究机构合作共现表

序号	关键词	中心性	频次	序号	关键词	中心性	频次
1	Harbin Institute of Technology	0.15	166	6	Central South University	0.17	45
2	Northwestern Polytech University	0.35	82	7	Helmholtz Zentrum Geesthacht	0.37	36
3	University Science & Technology Beijing	0.36	78	8	Beihang Univeraity	0.09	23
				9	Russian Academy Sciences	0.02	23
4	Chinese Academy Sciences	0.28	53	10	Beijing Institute of Aeronautical Materials	0.11	21
5	University of Leoben	0.39	47				

续表 5-7

序号	关键词	中心性	频次	序号	关键词	中心性	频次
11	Nanjing University of Aeronaut & Astronaut	0	14	21	Beijing University Aeronaut & Astronaut	0	7
12	University of Birmingham	0.05	13	22	Nanjing Technology University	0.27	7
13	Chongqing University	0	11				
14	Northeastern University	0	9	23	Shanghai Jiao Tong University	0.35	6
15	Lanzhou University of Technology	0	9	24	Shandong University	0	6
16	Slovak Acad Sci	0	9	25	University of Chinese Academy Sciences	0	6
17	CNRS	0.08	8				
18	University of Lorraine	0.33	7	26	GfE Fremat GmbH	0.07	6
19	National University of Science & Technology MISIS	0	7	27	Austrian Academy Sciences	0.08	6
				28	Taiyuan University of Technology	0	6
20	Australian Nuclear Science & Technology Organisation	0.4	7	29	IMDEA Mat Institute	0.14	6
				30	Tsinghua University	0	6

5.3.2.4 作者合作

钛铝金属间化合物材料被引用频次较高、影响力较大作者发表的重要文献可能是该研究领域的关键转折点，核心作者群中的每位学者都对钛铝金属间化合物材料各个层面进行了较为深入的思考与研究，并对后续研究产生了重要影响。图 5-14 中频次在 10 次以上的作者有里奥本大学的 H. Clemens、哈尔滨工业大学的傅恒志、哈尔滨工业大学的陈瑞润、西北工业大学的李金山、北京科技大学的林均品、哈尔滨工业大学的郭景杰、哈尔滨工业大学的丁宏升、蒙塔纳大学里奥本分校的 S. Mayer、西北工业大学的寇宏超、哈尔滨工业大学的陈玉勇、中南大学的刘咏、哈尔滨工业大学的苏彦庆、皇家理工学院的 L. Song、哈尔滨工业大学的王强、哈尔滨工业大学的孔凡涛、哈尔滨工业大学的肖树龙、亥姆霍兹研究所的 A. Stark、哈尔滨工业大学的冯吉才、哈尔滨工业大学的杨劼人、西北工业大学的胡锐、中南大学的唐蓓和中国航发北京航空材料研究院的陈波。其中，引用频次最高的作者为 H. Clemens，在过去的 10 年内被引用频次为 50 次，排名之后的几位作者被引用的频次相差并不大。从节点来看，同一颜色年轮环的厚度都在逐渐增加，说明他们论文的被引用频次都在逐渐增加，对钛铝金属间化合物材料研究领域的影响力也在逐渐上升。

钛铝金属间化合物材料研究的作者合作整体呈现出分散状，尚未在全球形成合作群。中心度表示一个节点作为媒介桥的能力，大于 0.1 的节点在网络结构中位置比较重要，在知识结构演变中扮演着特定角色。在作者合作中，中心性的最

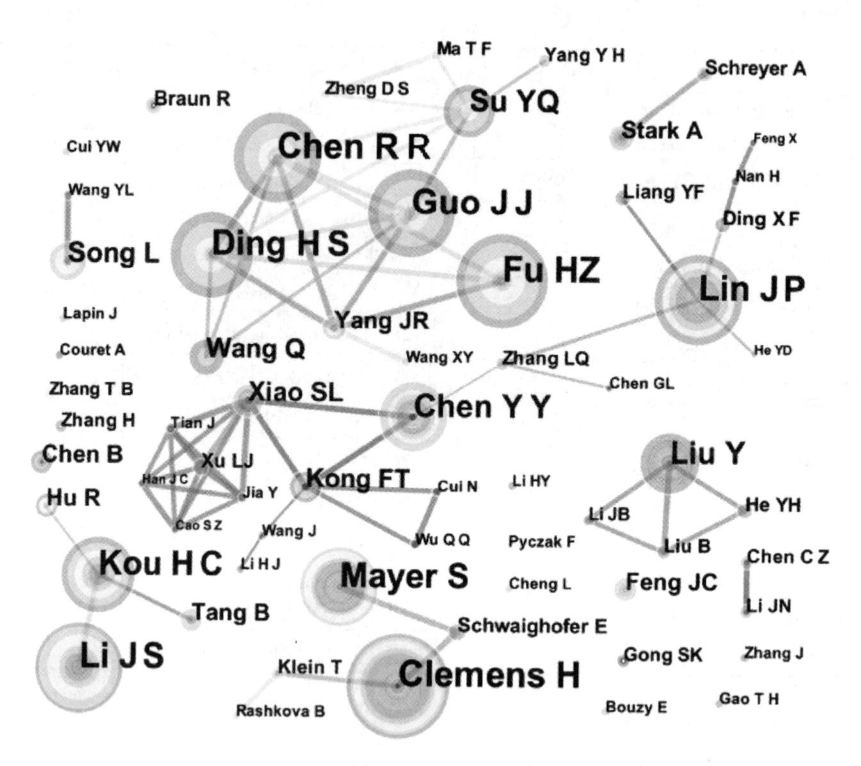

图 5-14　Web of Science 数据库钛铝金属间化合物材料研究作者合作共现图

高值为 0.02 的作者有林均品、陈玉勇、孔凡涛、肖树龙和张来启。排名前 30 位研究作者的合作情况见表 5-8。

表 5-8　Web of Science 数据库钛铝金属间化合物材料研究作者合作共现表

序号	作者	中心性	频次	序号	作者	中心性	频次
1	H. Clemens	0	50	16	S. L. Xiao	0.02	15
2	H. Z. Fu	0	45	17	A. Stark	0	12
3	R. R. Chen	0	43	18	J. C. Feng	0	11
4	J. S. Li	0	43	19	J. R. Yang	0	11
5	J. P. Lin	0.02	43	20	R. Hu	0	11
6	J. J. Guo	0	42	21	B. Tang	0	11
7	H. S. Ding	0	41	22	B. Chen	0	11
8	S. Mayer	0	38	23	R. Braun	0	8
9	H. C. Kou	0	36	24	E. Schwaighofer	0	8
10	Y. Y. Chen	0.02	33	25	A. Schreyer	0	7
11	Y. Liu	0	29	26	L. J. Xu	0	7
12	Y. Q. Su	0.01	25	27	X. F. Ding	0.01	7
13	L. Song	0	18	28	Y. H. He	0	7
14	Q. Wang	0	17	29	Y. F. Liang	0	7
15	F. T. Kong	0.02	15	30	H. Zhang	0	6

5.3.2.5 关键词共现

图 5-15 中，2010~2019 年钛铝金属间化合物材料研究点主要有显微组织、力学性能、钛铝金属间化合物、行为、金属间化合物、变形、钛铝合金等方面。关键词节点中，TiAl 合金节点最大、引用频次最高。前 30 位的关键词情况见表 5-9。

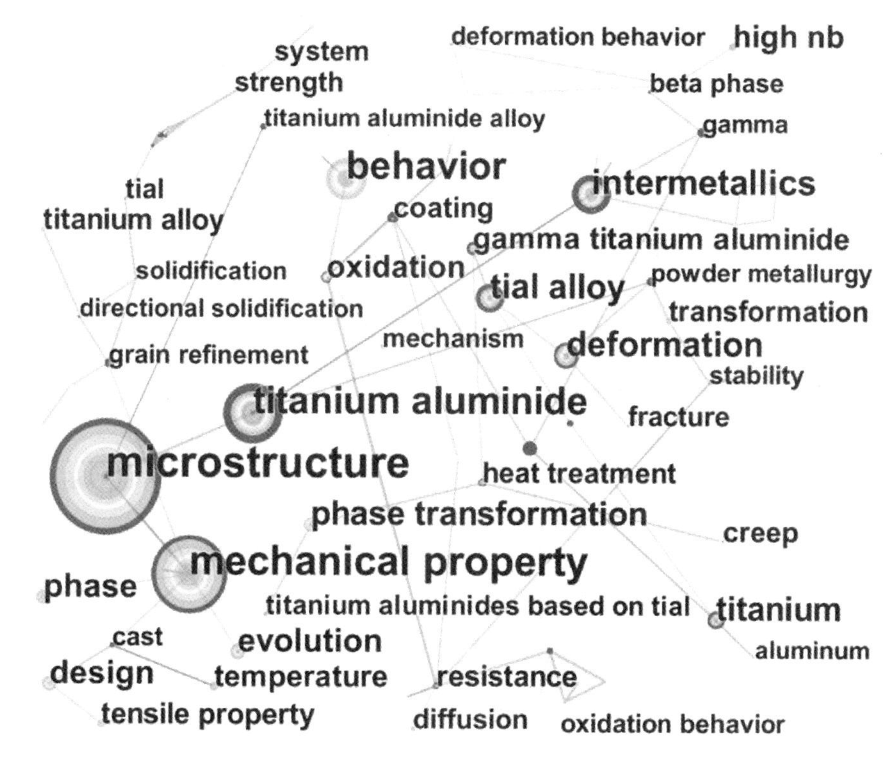

图 5-15 Web of Science 数据库钛铝金属间化合物材料研究关键词共现图

表 5-9 Web of Science 数据库钛铝金属间化合物材料研究关键词共现表

序号	关键词	中心性	频次	序号	关键词	中心性	频次
1	microstructure	0.7	555	9	titanium	0.26	116
2	mechanical property	0.5	379	10	evolution	0	110
3	titanium aluminide	0.83	269	11	design	0.05	109
4	behavior	0.03	248	12	phase	0	106
5	intermetallics	0.61	168	13	oxidation	0.19	86
6	deformation	0.35	140	14	high nb	0	80
7	tial alloy	0.41	140	15	gamma titanium aluminide	0.31	77
8	phase transformation	0.03	125	16	temperature	0	77

续表 5-9

序号	关键词	中心性	频次	序号	关键词	中心性	频次
17	tensile property	0. 03	69	24	system	0. 03	54
18	resistance	0. 19	63	25	diffusion	0	54
19	titanium alloy	0	63	26	strength	0. 05	53
20	transformation	0. 07	59	27	fracture	0. 05	49
21	heat treatment	0. 11	57	28	tial	0. 07	49
22	coating	0. 4	57	29	titanium aluminides based on tial	0	46
23	creep	0	56	30	cast	0. 16	42

5. 3. 2. 6　高被引文献

钛铝金属间化合物材料研究中被引用频次前 10 的文献见表 5-10。除《TiAl alloys in commercial aircraft engines》一文发表于 2016 年外，其余被引频次高的文献都发表于 2016 年之前，这些文献介绍了钛铝金属间化合物材料的增材制造、铸造和热处理、粉末冶金等方面的成果，具有较高的参考价值。

表 5-10　Web of Science 数据库钛铝金属间化合物材料研究高被引文献

序号	题名	第一作者	作者单位	发表时间	被引/次
1	Characterization of titanium aluminide alloy components fabricated by additive manufacturing using electron beam melting	Murr L E	University of Texas	2010	210
2	Microstructurual design and mechanical properties of a cast and heattreated intermatallic multi-phase gamma-TiAl based alloy	Schwaighofer	University of Leoben	2014	167
3	Effect of Nb on oxidation behavior of high Nb containing TiAl alloys	Lin J P	University Science & Technology of Beijing	2011	144
4	Joining mechanism of Ti/Al dissimilar alloys during laser welding-brazing process	Chen Shuhai	University Science & Technology of Beijing	2011	120
5	TiAl alloys in commercial aircraft engines	Bewlay B P	Gen Elect	2016	106
6	Development of TiAl alloys with excellenr mechanical properties and oxidation resistance	Kim Seong-Woong	Korea Institute of Materials Science	2014	96
7	Deformation and dynamic recrystallization behavior of a high Nb containing TiAl alloy	Chen Liang	Northwestern Polytech University	2013	88

续表 5-10

序号	题名	第一作者	作者单位	发表时间	被引/次
8	Effect of carbon addition on solidification behavior, phase evolution and creep properties of an intermetallic beta-stabilized gamma-TiAl based alloy	Schwaighofer	University of Leoben	2014	81
9	Microstructure evolution and mechanical properties of a novel beta gamma-TiAl alloy	Niu H Z	Harbin Institute of Technology	2012	79
10	Microstructure development and hardness of a power metallurgical multi phase gamma-TiAl based alloy	Schloffer	University of Leoben	2012	78

10篇论文信息摘录见表5-11。

表 5-11 Web of Science数据库钛铝金属间化合物材料研究高被引文献信息摘录

1	
题名	Characterization of titanium aluminide alloy components fabricated by additive manufacturing using electron beam melting
作者	L. E. Murr; S. M. Gaytan; A. Ceylan; E. Martinez; J. L. Martinez; D. H. Hernandez; B. I. Machado; D. A. Ramirez; F. Medina; S. Collins; R. B. Wicker
作者单位	Department of Metallurgical and Materials Engineering, The University of Texas at El Paso, El Paso, TX 79968, USA; W. M. Keck Center for 3D Innovation, The University of Texas at El Paso, El Paso, TX 79968, USA; Additive Manufacturing Processes, 4995 Paseo Montelena, Camarillo, CA 93012, USA; Department of Mechanical Engineering, The University of Texas at El Paso, El Paso, TX 79968, USA
来源期刊	Acta Materialia
发表时间	2009-06-15
摘要	Intermetallic, γ-TiAl, equiaxed, small-grain (~2μm) structures with lamellar γ/α_2-Ti_3Al colonies with average spacing of 0.6μm have been fabricated by additive manufacturing using electron beam melting (EBM) of precursor, atomized powder. The residual microindentation (Vickers) hardness (HV) averaged 4.1GPa, corresponding to a nominal yield strength of ~1.4GPa (~HV/3), and a specific yield strength of 0.37GPa · cm^3 · g^{-1} (for a density of 3.76g/cm^3), in contrast to 0.27GPa · cm^3 · g^{-1} for EBM-fabricated Ti-6Al-4V components. These results demonstrate the potential to fabricate near net shape and complex titanium aluminide products directly using EBM technology in important aerospace and automotive applications
关键词	Electron beam methods; Titanium aluminides; SEM; TEM; XRD

续表 5-11

文章目录	1　Introduction 2　Experimental and analytical issues 3　Results and discussion 4　Summary and conclusions
2	
题名	Microstructurual design and mechanical properties of a cast and heattreated intermatallic multi-phase gamma-TiAl based alloy
作者	Emanuel Schwaighofer; Helmut Clemens; Svea Mayer; Janny Lindemann; Joachim Klose; Wilfried Smarsly; Volker Güther
作者单位	Department of Physical Metallurgy and Materials Testing, Montanuniversität Leoben, Roseggerstr. 12, A-8700 Leoben, Austria; Chair of Physical Metallurgy and Materials Technology, Brandenburg University of Technology, Konrad-Wachsmann-Allee 17, D-03046 Cottbus, Germany; GfE Fremat GmbH, Lessingstr. 41, D-09599 Freiberg, Germany; MTU Aero Engines GmbH, Dachauer Str. 665, D-80995 Munich, Germany; GfE Metalle und Materialien GmbH, Höfener Str. 45, D-90431 Nuremberg, Germany
来源期刊	Intermetallics
发表时间	2014-01-15
摘要	Advanced intermetallic multi-phase γ-TiAl based alloys, such as TNM alloys with a nominal composition of Ti-43. 5Al-4Nb-1Mo-0. 1B (in at. %), are potential candidates to replace heavy Ni-base superalloys in the next generation of aircraft and automotive combustion engines. Aimed components are turbine blades and turbocharger turbine wheels. Concerning the cost factor arising during processing, which-additionally to material costs-significantly influences the final price of the desired components, new processing solutions regarding low-cost and highly reliable production processes are needed. This fundamental study targets the replacement of hot-working, i. e. forging, for the production of turbine blades. But without forging no grain refinement takes place by means of a recrystallization process because of the lack of stored lattice defects. Therefore, new heat treatment concepts have to be considered for obtaining final microstructures with balanced mechanical properties in respect to sufficient tensile ductility at room temperature as well as high creep strength at elevated temperatures. This work deals with the adjustment of microstructures in a cast and heat-treated TNM alloy solely by exploiting effects of phase transformations and chemical driving forces due to phase imbalances between different heat treatment steps and compares the mechanical properties to those obtained for forged and heat-treated material
关键词	Titanium aluminides; based on TiAl; Mechanical properties at ambient temperature; Mechanical properties at high temperatures; Phase transformation; Heat treatment; Microstructure
文章目录	1　Introduction 2　Material and experimental 3　Results and discussion 4　Conclusions

续表 5-11

3	
题名	Effect of Nb on oxidation behavior of high Nb containing TiAl alloys
作者	J. P. Lin; L. L. Zhao; G. Y. Li; L. Q. Zhang; X. P. Song; F. Ye; G. L. Chen
作者单位	State Key Laboratory for Advanced Metals and Materials, University of Science and Technology Beijing, Beijing 100083, PR China
来源期刊	Intermetallics
发表时间	2010-06-15
摘要	The isothermal oxidation behavior of Ti-45Al-8Nb and Ti-52Al-8Nb alloys at 900℃ in air was investigated. The early oxidation behaviors were studied by using XPS and AES. And the microstructure and the composition of the oxidation scale were studied by using XRD and SEM. The results show that the oxidation behavior of TiAl alloy is significantly improved by Nb addition. Nb substitutes for Ti in TiO_2 as a cation with valence 5, and thus to suppress TiO_2 growth. The (Ti, Nb) O_2-rich layer is a dense and chemically uniform which is more protective than the TiO_2 layer. Nb addition also lowers the critical Al content to form an external alumina. Nb_2Al phase is formed in the metallic matrix at the oxide-metal interface on the high Nb containing TiAl alloys
关键词	Titanium aluminides; based on TiAl; Microalloying; Oxidation
文章目录	1 Introduction 2 Experimental 3 Results 4 Discussion 5 Conclusions
4	
题名	Joining mechanism of Ti/Al dissimilar alloys during laser welding-brazing process
作者	Shuhai Chen; Liqun Li; Yanbin Chen; Jihua Huang
作者单位	School of Materials Science and Engineering, University of Science and Technology Beijing, Beijing 100083, PR China; State Key Laboratory of Advanced Welding Production Technology, Harbin Institute of Technology, Harbin 150001, PR China
来源期刊	Journal of Alloys and Compounds
发表时间	2010-06-15
摘要	Joining mechanism of Ti/Al dissimilar alloys was investigated during laser welding-brazing process with automated wire feed. The microstructures of fusion welding and brazing zones were analysed in details by transmission electron microscope (TEM). It was found that microstructures of fusion welding zone consist of α-Al grains and ternary near-eutectic structure with α-Al, Si and Mg_2Si. Interfacial reaction layers of brazing joint were composed of α-Ti, nanosize granular $Ti_7Al_5Si_{12}$ and serration-shaped $TiAl_3$. For the first time, apparent stacking fault structure in intermetallic phase $TiAl_3$ was found when the thickness of the reaction layer was very thin (approximately less than 1μm). Furthermore, crystallization behavior of fusion zone and mechanism of interfacial reaction were discussed in details

续表 5-11

关键词	Laser welding-brazing；Joining mechanism；Ti/Al dissimilar alloys；Stacking fault
文章目录	1　Introduction 2　Experimental details 3　Results 　3. 1　Microstructure of fusion zone 　3. 2　Microstructure of interfacial reaction layers 4　Discussion 　4. 1　Crystallization behavior of fusion zone 　4. 2　Mechanism of interfacial reaction 5　Conclusions
5	
题名	TiAl alloys in commercial aircraft engines
作者	B. P. Bewlay；S. Nag；A. Suzuki；M. J. Weimer
作者单位	General Electric，Global Research Center，One Research Circle，Niskayuna，NY，USA General Electric，Aviation Engineering，1 Neumann Way，Cincinnati，OH，USA
来源期刊	Materials at High Temperatures
发表时间	2016-06-28
摘要	The present article will describe aspects of the science and technology of titanium aluminide (TiAl) alloy system and summarise the low and high temperature mechanical and environmental properties exhibited by different alloy generations. In terms of processing developments，conventional gravity casting and near net shape casting would be discussed in detail. Also newer and non-conventional forging and additive manufacturing routes would be briefly highlighted. Extensive investigations of TiAl alloys have enabled their commercial implementation in aerospace and automotive industries. The GEnx^{TM} engine is the first commercial aircraft engine that used TiAl（alloy 48-2-2）for their low pressure turbine blades. Among non GE engines，recently，new β-stabilised TiAl alloy（TNM）is being used to manufacture LPT blades for PW1100G^{TM} engines. TiAl materials and design processes can reduce engine weight and improve engine performance
关键词	Titanium，Aluminide，Casting，48-2-2，TNM，Aircraft，Turbine，Engine
文章目录	1　Introduction 2　Principles of TiAl-based alloys 3　Processing of TiAl-based alloys 4　TiAl commercialization 　4. 1　TiAl implementation in GE engines 　4. 2　TiAl implementation in PW engines 　4. 3　Broader implementation of TiAl-based alloys 5　TiAl alloy properties 　5. 1　Strength and ductility 　5. 2　Creep 　5. 3　Oxidation 6　Summary 7　Acknowledgements

续表 5-11

6	
题名	Development of TiAl alloys with excellent mechanical properties and oxidation resistance
作者	Seong-Woong Kim; Jae Keun Hong; Young-Sang Na; Jong-Taek Yeom; Seung Eon Kim
作者单位	Light Metal Division, Korea Institute of Materials Science (KIMS), Changwon 642-831, Republic of Korea
来源期刊	Materials and Design
发表时间	2014-02-15
摘要	Mechanical and oxidation properties of newly-developed TiAl alloys were investigated. The TiAl alloys in this study were manufactured by casting and no further heat-treatment was conducted. In this study, Ti-(40-44)Al-(3, 6)Nb-(W, Cr)-Si-C alloys were developed and the possibility of using them for turbine wheels in automobile engines was examined in comparison with commercial TiAl alloys. The new alloys developed in this study showed excellent tensile strength at room temperature and high temperature (900℃) as well as good oxidation resistance at 900℃ compared to the commercial TiAl alloy. Moreover, the new alloys showed much better castability than the commercial TiAl alloy
关键词	Intermetallic compounds; Structural materials; Electron microscopy; Mechanical properties; Microstructure; Turbine wheels
文章目录	1 Introduction 2 Experimental details 3 Results and discussion 4 Summary and conclusions
7	
题名	Deformation and dynamic recrystallization behavior of a high Nb containing TiAl alloy
作者	Liang Cheng; Hui Chang; Bin Tang; Hongchao Kou; Jinshan Li
作者单位	State Key Laboratory of Solidification Processing, Northwestern Polytechnical University, Xi'an, Shaanxi 710072, China
来源期刊	Journal of Alloys and Compounds
发表时间	2013-06-15
摘要	The hot deformation and dynamic recrystalliztion (DRX) behavior of a high Nb containing TiAl alloy were studied using hot uniaxial compression tests. The tests were conducted at temperatures of 1000~1150℃ and strain rates of 0.001~0.5s^{-1}. Due to high Nb additions, this alloy possesses a wide hot-working window. The stress-strain curve exhibits peak stress at low strain followed by dynamic softening and steady-state flow. The dependence of the peak stress on the deformation temperature and strain rate can well be expressed by a hyperbolic-sine type equation. The activation energy, Q, was measured to be 427kJ/mol (4.3eV) and the stress exponent was measured as 4.16. Based on the conventional strain hardening rate curves ($d\sigma/d\varepsilon$ versus σ), the characteristic points including the critical strain for DRX initiation (ε_c) and the strain for peak stress (ε_p) were identified to express the evolution of DRX and ε_c is 0.92 times ε_p. In order to characterize the evolution of DRX volume fraction, the DRX kinetics was studied by Avrami type equation. The low Avrami exponents of the proposed equation indicate a lower recrystallization rate compared to ordinary alloys. Besides, the role of β phase and the softening mechanism during hot deformation were discussed in detail

续表 5-11

关键词	High Nb containing TiAl alloy; Hot deformation; Dynamic recrystallization; β phase
文章目录	1 Introduction 2 Experimental and analytical issues 3 Results and discussion 4 Summary and conclusions
8	
题名	Effect of carbon addition on solidification behavior, phase evolution and creep properties of an intermetallic beta-stabilized gamma-TiAl based alloy
作者	Emanuel Schwaighofer; Boryana Rashkova; Helmut Clemens; Andreas Stark; Svea Mayer
作者单位	Department of Physical Metallurgy and Materials Testing, Montanuniversität Leoben, Roseggerstr. 12, A-8700 Leoben, Austria; Institute of Materials Research, Helmholtz-Zentrum Geesthacht, Max-Planck-Str. 1, D-21502 Geesthacht, Germany
来源期刊	Intermetallics
发表时间	2014-03-15
摘要	Improving mechanical properties of advanced intermetallic multi-phase γ-TiAl based alloys, such as the Ti-43. 5Al-4Nb-1Mo-0. 1B alloy (in at. %), termed TNM alloy, is limited by compositional and microstructural adaptations. A common possibility to further improve strength and creep behavior of such β-solidifying TiAl alloys is e. g. alloying with β-stabilizing substitutional solid solution hardening elements Nb, Mo, Ta, W as well as the addition of interstitial hardening elements C and N which are also carbide and nitride forming elements. Carbon is known to be a strong α-stabilizer and, therefore, alloying with C is accompanied by a change of phase evolution. The preservation of the solidification pathway via the β-phase, which is needed to obtain grain refinement, minimum segregation and an almost texture-free solidification microstructure, in combination with an enhanced content of C, requires a certain amount of β-stabilizing elements, e. g. Mo. In the present study, the solidification pathway, C-solubility and phase evolution of C-containing TNM variants are investigated. Finally, the creep behavior of a refined TNM alloy with 1. 5 at. % Mo and 0. 5 at. % C is compared with that exhibiting a nominal Ti-43. 5Al-4Nb-1Mo-0. 1B alloy composition
关键词	Titanium aluminides; based on TiAl; Alloy design; Phase diagrams; Phase identification; Texture; Microstructure
文章目录	1 Introduction 2 Materials and Experimental 3 Results and discussion 3. 1 Structural and textural evolution 3. 2 Carbon solubility and carbide formation 3. 3 Experimental phase diagram 3. 4 Refined alloy composition 4 Conclusions

续表 5-11

9	
题名	Microstructure evolution and mechanical properties of a novel beta gamma-TiAl alloy
作者	H. Z. Niu; Y. Y. Chen; S. L. Xiao; L. J. Xu
作者单位	National Key Laboratory for Precision Hot Processing of Metals, School of Materials Science and Engineering, Harbin Institute of Technology, P. O. Box 434, Harbin 150001, China
来源期刊	Intermetallics
发表时间	2012-12-15
摘要	A new beta gamma TiAl alloy Ti-43Al-4Nb-2Mo-0. 5B (at %) was fabricated by ISM method. The as-cast microstructure consisted of fine lamellar colonies and mixtures of small γ and B2 grains around lamellar colony boundaries. By canned hot forging, the cast microstructure was further refined and homogenized. Microstructure evolution during hot forging was characterized by means of SEM, TEM and EBSD in detail. DRX and phase transformation during forging are also discussed; Based on nano-indentation tests, B2 was found much harder than γ and α_2 phases. The tensile properties of the forged alloy were investigated and compared with as-cast condition; this forged alloy maintains high tensile strength over 900MPa up to 750℃, and tensile superplasticity appears above 800℃. B2 phase is proved to be detrimental to room-temperature ductility and to reduce tensile strength sharply above 800℃, mainly because of its hard and brittle nature at low temperature and its soft feature at high temperature
关键词	Titanium aluminides; based on TiAl; Isothermal forging; Microstructure; Mechanical properties at ambient temperature; Mechanical properties at high temperatures
文章目录	1 Introduction 2 Experimental and procedure 3 Results and discussion 3. 1 Initial microstructure 3. 2 Microstructure evolution during hot forging 3. 3 Tensile properties analysis 3. 4 Nanohardness of constituent phases 4 Conclusions
10	
题名	Microstructure development and hardness of a power metallurgical multi phase gamma-TiAl based alloy
作者	Martin Schloffer; Farasat Iqbal; Heike Gabrisch; Emanuel Schwaighofer; Frank-Peter Schimansky; Svea Mayer; Andreas Stark; Thomas Lippmann; Mathias Göken; Florian Pyczak; Helmut Clemens
作者单位	Department of Physical Metallurgy and Materials Testing, Montanuniversität Leoben, A-8700 Leoben, Styria, Austria; Institute of General Materials Properties (WW1), Department of Materials Science and Engineering, University of Erlangen-Nuremberg, D-91058 Erlangen, Germany; Institute of Materials Research, Helmholtz-Zentrum Geesthacht, D-21502 Geesthacht, Germany

续表 5-11

来源期刊	Intermetallics
发表时间	2011-06-15
摘要	A β-solidifying TiAl alloy with a nominal composition of Ti-43. 5Al-4Nb-1Mo-0. 1B (in at. %), termed TNM™ alloy, was produced by a powder metallurgical approach. After hot-isostatic pressing the microstructure is comprised of fine equiaxed γ-TiAl, α_2-Ti_3Al and β_o-TiAl grains. By means of two-step heat-treatments different fine-grained nearly lamellar microstructures were adjusted. The evolution of the microstructure after each individual heat-treatment step was examined by light-optical, scanning and transmission electron microscopy as well as by conventional X-ray and in-situ high-energy X-ray diffraction. The experimentally evaluated phase fractions as a function of temperature were compared with the results of a thermodynamical calculation using a commercial TiAl database. Nano-hardness measurements have been conducted on the three constituting phases α_2, γ and β_o after hot-isostatic pressing, whereas the hardness modification during heat-treatment was studied by macro-hardness measurements. A nano-hardness for the β_o-phase is reported for the first time
关键词	Titanium aluminides; Grain growth; Phase transformation; Powder metallurgy; Microstructure
文章目录	1　Introduction 2　Material, experimental details and thermodynamic calculations 3　Results and discussion 3. 1　Characterization of TNM™ powder 3. 2　As-HIPed microstructure 3. 3　Nano-hardness and reduced elastic modulus of the constituting phases 3. 4　Effect of annealing on phase fraction and grain size 3. 5　Calculated and experimental phase fraction diagram 3. 6　Influence of cooling rate and ageing treatments on the formation of nearly lamellar microstructures and macro-hardness 4　Summary

5. 3. 2. 7　共被引文献

钛铝金属间化合物材料研究共被引文献如图 5-16 所示。引用频次和中心度高的文献可能在钛铝金属间化合物材料研究领域处于奠基性地位，其研究方法与结论会对该领域发展起推动作用，并对后续研究有重要参考价值，这些关键文献共同构成钛铝金属间化合物材料研究领域的知识基础。

表 5-12 中引用频次最高的是 H. Clemens 于 2013 年发表在《Advanced engineering materials》题目为《Design, processing, microstructure, properties, and applications of advanced intermetallic TiAl alloys》的文章，该文章为今后研究的重要理论框架。中心性最高的文献为 F. Appel 于 2011 年在《Gamma titanium alumin-

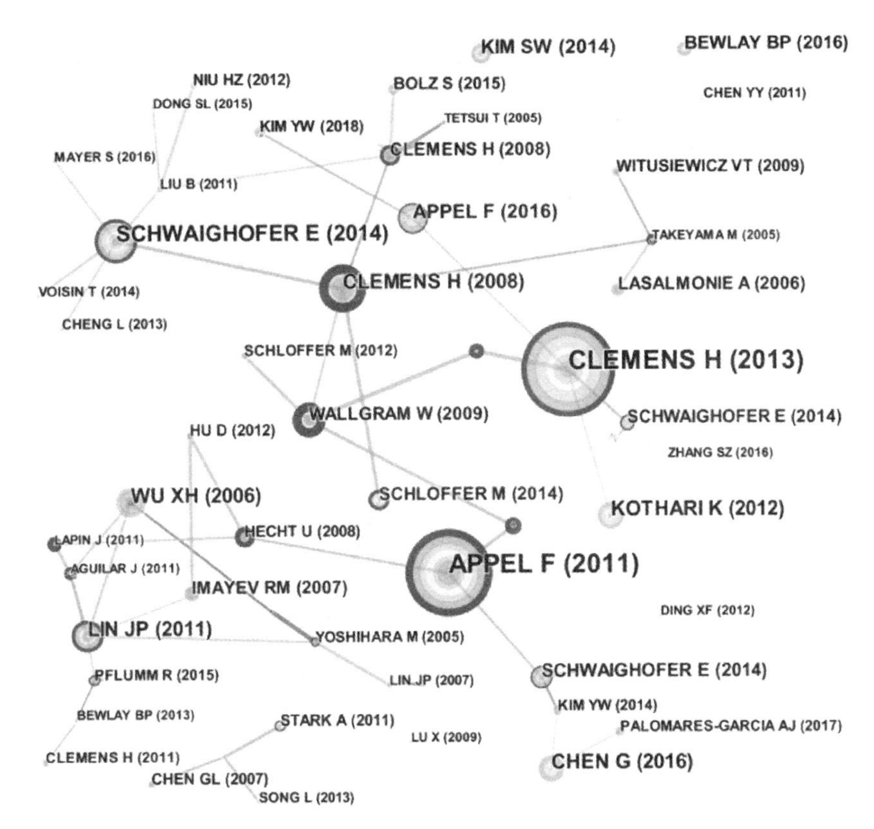

图 5-16 Web of Science 数据库钛铝金属间化合物材料研究共被引文献图

ide alloys: science and technology》题目为《Gamma titanium aluminide alloys: science and technology》的文章，该文章为后续深入研究提供了可能的方向。

表 5-12 Web of Science 数据库钛铝金属间化合物材料研究共被引文献

序号	文献名称	来源期刊	发表时间	作者	中心性	频次
1	Design, processing, microstructure, properties, and applications of advanced intermetallic TiAl alloys	Advanced engineering materials	2013	H. Clemens	0.43	156
2	Gamma titanium aluminide alloys: science and technology	Gamma titanium aluminide alloys: science and technology	2011	F. Appel	0.72	140
3	Microstructural design and mechanical properties of a cast and heattreated intermetallic multi-phase γ-TiAl alloy	Intermetallics	2014	E. Schwai ghofer	0.22	74

续表 5-12

序号	文献名称	来源期刊	发表时间	作者	中心性	频次
4	Review of alloy and process development of TiAl alloys	Intermetallics	2006	X. H. Wu	0. 02	58
5	Design of Novel β-Solidifying TiAl Alloys with Adjustable β/B2-Phase Fraction and Excellent Hot-Workability	Advanced engineering materials	2008	H. Clemens	0. 87	57
6	Advances in gamma titanium aluminides and their manufacturing techniques	Progress in aerosp science	2012	K. Kothari	0. 06	56
7	Effcet of Nb on oxidation behavior of high Nb containing TiAl alloys	Intermetallics	2011	J. P. Lin	0. 36	53
8	Polysynthetic twinned TiAl single crystals for high-temperature applications	Nature materials	2016	G. Chen	0. 06	52
9	Modeling concepts for intermetalic titanium aluminides	Progress in materials science	2016	F. Appel	0. 14	49
10	Development of TiAl alloys with excellent mechanical properties and oxidation resistance	Materials and design	2014	S. W. Kim	0. 03	46
11	Effect of carbon addition on solidification behavior, phase evolution and creep prpperties of an intermetallicβ-stabilized γ-TiAl based alloy	Intermetallics	2014	E. Schwai ghofer	0. 16	39
12	TiAl alloys in commercial aircraft engines	Materials at high temperatures	2016	B. P. Bewlay	0	34
13	Technology and mechanical properties of advanced γ-TiAl based alloys	International journal of materials research	2009	W. Wallgram	0. 93	33
14	Alloy design concepts for refined gamma titanium aluminide based alloys	Intermetallics	2007	R. M. Imayev	0. 05	31
15	In and ex situ investigation of the β-phase in a Nb and Mo containing γ-TiAl based alloy	Intermetallics	2008	H. Clemens	0. 33	29
16	Intermetallics: Why is it so difficult to introduce them in gas turbine engines?	Intermetallics	2006	A. Lasalmonie	0. 08	29
17	Hot-working behavior of an advanced intermetallic multi-phase γ-TiAl based alloy	Materials science & engineering A	2014	E. Schwai ghofer	0. 19	28

续表 5-12

序号	文献名称	来源期刊	发表时间	作者	中心性	频次
18	Evolution of the ω_0 phase in a β-stabilized multi-phase TiAl alloy and its effect on hardness	Acta materialia	2014	M. Schloffer	0. 21	28
19	Microstructure and mechanical properties of a forged β-solidifying γ-TiAl alloy in different heat treatment conditions	Intermetallics	2015	S. Bolz	0. 06	27
20	The Al-B-Nb-Ti system Ⅳ. Experimental study and thermodynamic re-evaluation of the binary Al-Nb and ternary Al-Nb-Ti systems	Journal of alloy and compounds	2009	V. T. Witusie wicz	0. 03	27
21	Adavances in gammalloy materials-process-application technology: success, dilemmas, and future	Jom	2018	Y. W. Kim	0. 08	22
22	Grain refinement by low boron additions in niobium-rich TiAl-based alloys	Intermetallics	2008	U. Hecht	0. 58	22
23	Microstructure evolution and mechanical properties of a novel beta γ-TiAl alloy	Intermetallics	2012	H. Z. Niu	0	20
24	In Situ observation of various phase transformation paths in Nb-rich TiAl alloys during quenching with differfent rates	Advanced engineeringmaterials	2011	A. Stark	0. 16	20
25	Microsegregation in high Nb containing TiAl alloy ingots beyond laboratory scale	Intermetallics	2007	G. L. Chen	0	19
26	Grain refinement in beta-solidifying Ti44Al8Nb1B	Intermetallics	2012	D. Hu	0. 06	19
27	Effcets of microstructure and C and Si additions on elevated temperature creep and fatigue of gamma TiAl alloys	Intermetallics	2014	Y. W. Kim	0. 08	18
28	Effect of lamellar orientation on the strength and operating deformation mechanisms of fully lamellar TiAl alloys determined by micropiliar compression	Acta materialia	2017	A. J. Palomares-garcia	0	17
29	Oxidation protection of γ-TiAl-based alloys-A review	Intermetallics	2015	R. Pflumm	0. 16	17
30	Microstructure development and hardness of a power metallurgical multi phase γ-TiAl based alloy	Intermetallics	2012	M. Schloffer	0	17

30篇文献信息摘录见表5-13。

表 5-13　Web of Science 数据库钛铝金属间化合物材料研究共被引文献信息摘录

1	
题名	Design, processing, microstructure, properties, and applications of advanced intermetallic TiAl alloys
作者	Helmut Clemens; Svea Mayer
作者单位	Department of Physical Metallurgy and Materials Testing, Montanuniversitaet Leoben, 8700 Leoben, Austria; Department of Physical Metallurgy and Materials Testing, Montanuniversitaet Leoben, 8700 Leoben, Austria
来源期刊	Advanced Engineering Materials
发表时间	2013-04-15
摘要	After almost three decades of intensive fundamental research and development activities, intermetallic titanium aluminides based on the ordered γ-TiAl phase have found applications in automotive and aircraft engine industry. The advantages of this class of innovative high-temperature materials are their low density and their good strength and creep properties up to 750℃ as well as their good oxidation and burn resistance. Advanced TiAl alloys are complex multi-phase alloys which can be processed by ingot or powder metallurgy as well as precision casting methods. Each process leads to specific microstructures which can be altered and optimized by thermo-mechanical processing and/or subsequent heat treatments. The background of these heat treatments is at least twofold, i. e. , concurrent increase of ductility at room temperature and creep strength at elevated temperature. This review gives a general survey of engineering γ-TiAl based alloys, but concentrates on β-solidifying γ-TiAl based alloys which show excellent hot-workability and balanced mechanical properties when subjected to adapted heat treatments. The content of this paper comprises alloy design strategies, progress in processing, evolution of microstructure, mechanical properties as well as application-oriented aspects, but also shows how sophisticated ex situ and in situ methods can be employed to establish phase diagrams and to investigate the evolution of the micro- and nanostructure during hot-working and subsequent heat treatments
关键词	—
文章目录	1　Introduction 2　Constitution and Properties of γ-TiAl Based Alloys 3　Processing of γ-TiAl Based Alloys 4　Adjustment of Micro-and Nanostructures by Thermo-Mechanical Processing and Heat Treatments 4. 1　Micro-and Nanostructure and Mechanical Properties of TNM Alloys 5　Applications in Automotive and Aircraft Engines 6　Conclusions
2	
题名	Gamma titanium aluminide alloys: science and technology
作者	Appel Fritz; Paul Jonathan David Heaton; Oehring Michael

续表5-13

作者单位	Helmholtz-Zentrum Geesthacht, Institute for Materials Research, Max-Planck-Str. 1, 21502 Geesthacht, Germany
出版地	Weinheim, Germany
出版时间	2011
简介	The first book entirely dedicated to the topic emphasizes the relation between basic research and actual processing technologies. As such, it covers complex microstructures down to the nanometer scale, structure/property relationships and potential applications in key industries
关键词	—
文章目录	Constitution 1 Thermophysical Constants 2 Phase Transformations and Microstructures 3 Deformation Behaviour 4 Strengthening Mechanisms 5 Creep 6 Fracture Behaviour 7 Fatigue 8 Oxidation Resistance and Related Issues 9 Alloy Design 10 Ingot Production and Component Casting 11 Powder Metallurgy 12 Wrought Processing 13 Joining 14 Surface Hardening 15 Applications and Component Assessment
3	
题名	Microstructural design and mechanical properties of a cast and heattreated intermetallic multiphase γ-TiAl alloy
作者	Emanuel Schwaighofer; Helmut Clemens; Svea Mayer; Janny Lindemann; Joachim Klose; Wilfried Smarsly; Volker Güther
作者单位	Department of Physical Metallurgy and Materials Testing, Montanuniversität Leoben, Roseggerstr. 12, A-8700 Leoben, Austria; Chair of Physical Metallurgy and Materials Technology, Brandenburg University of Technology, Konrad-Wachsmann-Allee 17, D-03046 Cottbus, Germany; GfE Fremat GmbH, Lessingstr. 41, D-09599 Freiberg, Germany; MTU Aero Engines GmbH, Dachauer Str. 665, D-80995 Munich, Germany; GfE Metalle und Materialien GmbH, Höfener Str. 45, D-90431 Nuremberg, Germany
来源期刊	Intermetallics

续表 5-13

发表时间	2014-01-15
摘要	Advanced intermetallic multi-phase γ-TiAl based alloys, such as TNM alloys with a nominal composition of Ti-43. 5Al-4Nb-1Mo-0. 1B (in at. %), are potential candidates to replace heavy Ni-base superalloys in the next generation of aircraft and automotive combustion engines. Aimed components are turbine blades and turbocharger turbine wheels. Concerning the cost factor arising during processing, which-additionally to material costs-significantly influences the final price of the desired components, new processing solutions regarding low-cost and highly reliable production processes are needed. This fundamental study targets the replacement of hot-working, i. e. forging, for the production of turbine blades. But without forging no grain refinement takes place by means of a recrystallization process because of the lack of stored lattice defects. Therefore, new heat treatment concepts have to be considered for obtaining final microstructures with balanced mechanical properties in respect to sufficient tensile ductility at room temperature as well as high creep strength at elevated temperatures. This work deals with the adjustment of microstructures in a cast and heat-treated TNM alloy solely by exploiting effects of phase transformations and chemical driving forces due to phase imbalances between different heat treatment steps and compares the mechanical properties to those obtained for forged and heat-treated material
关键词	Titanium aluminides; based on TiAl; Mechanical properties at ambient temperature; Mechanical properties at high temperatures; Phase transformation; Heat treatment; Microstructure
文章目录	1 Introduction 2 Material and experimental 3 Results and discussion 3. 1 TNM system 3. 2 Initial cast/HIP microstructure 3. 3 Heat treatment study 3. 4 Tensile tests as function of temperature 3. 5 Correlation of temperature-dependent $R_{p0.2}$ yield strength with RT-hardness 3. 6 Short-term creep tests 3. 7 Assessment of the microstructural constituents 4 Conclusions
4	
题名	Review of alloy and process development of TiAl alloys
作者	Xinhua Wu
作者单位	IRC in Materials, The University of Birmingham, Edgbaston, B15 2TT, UK
来源期刊	Intermetallics
发表时间	2005-06-15

续表 5-13

摘要	The improved understanding of the factors that control microstructure and properties of TiAl alloys is reviewed together with current work aimed at developing both wrought and cast products. It is suggested that the choice of alloy composition is perhaps far simpler than the complex literature would suggest and the factors that underlie alloy choice will be explained. These factors include the processability of the alloy as well as the properties and examples will be given where this dual approach of defining both processability and properties is central to the successful application. In addition other aspects of processing that will be discussed include cost-effective processing, accuracy of compositional control and control of processing conditions appropriate for the specific alloy. Some current applications of TiAl components are summarised before considering some of the challenges still remaining for TiAl-based alloys
关键词	Titanium aluminides; based on TiAl; Microstructure; Casting; Aero engine components; Automotive uses; including engines
文章目录	1 Introduction 2 Background to TiAl-based alloys 3 Processing of TiAl-based alloys 4 Applications of TiAl-based alloys 5 Prospects for TiAl-based alloys 6 Conclusions
5	
题名	Design of Novel β-Solidifying TiAl Alloys with Adjustable β/B2-Phase Fraction and Excellent Hot-Workability
作者	H. Clemens; W. Wallgram; S. Kremmer; V. Güther; A. Otto; A. Bartels
作者单位	Department of Physical Metallurgy and Materials Testing, Montanuniversität Leoben, Franz-Josef-Str. 18, A-8700 Leoben, Austria; Böhler Schmiedetechnik GmbH&CoKG, Mariazeller Str. 25, A-8605 Kapfenberg, Austria; GfE Metalle und Materialien GmbH, Höfener Str. 45, D-90431 Nürnberg, Germany; Institute of Materials Science and Technology, Hamburg University of Technology, Eissendorfer Str. 42, D-21073 Hamburg, Germany
来源期刊	Advanced Engineering Materials
发表时间	2008-08-15
首段	The research and development of c-TiAl based alloys for aero-engine and automotive components have been the target of several R & D projects since more than 20 years. Titanium aluminides are considered for future advanced aero-engines due to their potential of significant component weight savings. Although, remarkable progress has been made, today, titanium aluminides have not been applied for aeroengine parts. Both fundamental materials research and design as well as production technologies have achieved an advanced state of maturity. But overall, the limited tensile ductility, poor crack propagation resistance and detrimental effects of defects, damage and long term cycling loads as well as exposure to hot oxidizing atmospheres on the fatigue life are the mayor concerns in the area of aero-engine components reliability and lifetime issues. There are further needs of understanding the source and effect of the different relevant damages and defects on the life-prediction for a particular titanium aluminide alloy and aero engine component. The attempts of scaling up the production of ingot materials, castings and forgings, have not yet met the required targets of reproducibility and affordability. Large-scale production of titanium aluminides ingots and parts requires further alloy and process development to become a reliable technology. Current titanium and nickel alloys exhibit balanced properties and achieve all requirements of the current design practices

续表 5-13

关键词	Alloy design; Thermodynamic modelling; Titanium aluminides
文章目录	1 Alloy Design Strategy 2 Alloy Selection and Experimental Verification 3 Summary
6	
题名	Advances in gamma titanium aluminides and their manufacturing technique
作者	Kunal Kothari; Ramachandran Radhakrishnan; Norman M. Wereley
作者单位	Composites Research Laboratory, Department of Aerospace Engineering, University of Maryland, College Park, MD 20742, USA
来源期刊	Progress in Aerospace Sciences
发表时间	2012-11-15
摘要	Gamma titanium aluminides display attractive properties for high temperature applications. For over a decade in the 1990s, the attractive properties of titanium aluminides were outweighed by difficulties encountered in processing and machining at room temperature. But advances in manufacturing technologies, deeper understanding of titanium aluminides microstructure, deformation mechanisms, and advances in micro-alloying, has led to the production of gamma titanium aluminide sheets. An in-depth review of key advances in gamma titanium aluminides is presented, including microstructure, deformation mechanisms, and alloy development. Traditional manufacturing techniques such as ingot metallurgy and investment casting are reviewed and advances via powder metallurgy based manufacturing techniques are discussed. Finally, manufacturing challenges facing gamma titanium aluminides, as well as avenues to overcome them, are discussed
关键词	Titanium aluminide; Intermetallics; Manufacturing techniques; Deformation mechanisms; Microstructure evolution; Alloy development
文章目录	1 Titanium aluminides: An overview 1.1 What are intermetallics? 1.2 Importance of titanium aluminides 1.3 Challenges 1.4 Titanium aluminides v. superalloys 1.5 Phases of titanium aluminides 1.6 Alloy composition and microstructure 2 Factors affecting mechanical properties 2.1 Ductility 2.2 Creep resistance 2.3 Fatigue life 2.4 Fracture toughness 2.5 Tensile strength 2.6 General remarks

续表 5-13

文章目录	3 Microstructural evolution and phase transformations 3.1 Near gamma microstructure 3.2 Duplex microstructure 3.3 Nearly-lamellar microstructure 3.4 Fully lamellar microstructure 4 Crystal structure and deformation mechanisms 4.1 Crystal structure 4.2 Deformation mechanisms 4.3 Polysynthetically twinned (PST) crystals 4.4 Effect of lamellar structure on deformation modes 4.5 Effect of α_2-Ti_3Al on deformation modes 4.6 Anomalous yield strength behavior 4.7 General remarks 5 Alloy development 5.1 Effect of Nb 5.2 State of the art TiAl alloys 6 Manufacturing techniques 6.1 Ingot metallurgy and casting 6.2 Powder metallurgy 6.3 State-of-the-art in TiAl sheet manufacturing 6.4 Manufacturing challenges and opportunities 7 Conclusion
7	
题名	Effcet of Nb on oxidation behavior of high Nb containing TiAl alloys
作者	J. P. Lin; L. L. Zhao; G. Y. Li; L. Q. Zhang; X. P. Song; F. Ye; G. L. Chen
作者单位	State Key Laboratory for Advanced Metals and Materials, University of Science and Technology Beijing, Beijing 100083, PR China
来源期刊	Intermetallics
发表时间	2010-06-15
摘要	The isothermal oxidation behavior of Ti-45Al-8Nb and Ti-52Al-8Nb alloys at 900℃ in air was investigated. The early oxidation behaviors were studied by using XPS and AES. And the microstructure and the composition of the oxidation scale were studied by using XRD and SEM. The results show that the oxidation behavior of TiAl alloy is significantly improved by Nb addition. Nb substitutes for Ti in TiO_2 as a cation with valence 5, and thus to suppress TiO_2 growth. The (Ti, Nb) O_2-rich layer is a dense and chemically uniform which is more protective than the TiO_2 layer. Nb addition also lowers the critical Al content to form an external alumina. Nb_2Al phase is formed in the metallic matrix at the oxide-metal interface on the high Nb containing TiAl alloys

续表 5-13

关键词	Titanium aluminides；based on TiAl；Microalloying；Oxidation
文章目录	1　Introduction 2　Experimental 2. 1　Specimen preparation 2. 2　Isothermal oxidation 2. 3　Metallographic examination 3　Results 3. 1　Isothermal oxidation kinetics 3. 2　XPS analysis of the oxide scales in the early stage 3. 3　AES depth profiles of the oxide scale in the early stage 3. 4　Cross-sectional observations 4　Discussion 5　Conclusions
8	
题名	Polysynthetic twinned TiAl single crystals for high-temperature applications
作者	Guang Chen；Yingbo Peng；Gong Zheng；Zhixiang Qi；Minzhi Wang；Huichen Yu；Chengli Dong；C. T. Liu
作者单位	Engineering Research Center of Materials Behavior and Design，Ministry of Education，Nanjing University of Science and Technology，Nanjing 210094，China； Aviation Key Laboratory of Science and Technology on Materials Testing and Evaluation，Science and Technology on Advanced High Temperature Structural Materials Laboratory，Beijing Key Laboratory of Aeronautical Materials Testing and Evaluation，Beijing Institute of Aeronautical Materials，Beijing 100095，China； Department of Mechanical and Biomedical Engineering，Centre for Advanced Structural Materials，CSE，City University of Hong Kong，Hong Kong，China
来源期刊	Nature Materials
发表时间	2016-08-31
摘要	TiAl alloys are lightweight，show decent corrosion resistance and have good mechanical properties at elevated temperatures，making them appealing for high-temperature applications. However，polysynthetic twinned TiAl single crystals fabricated by crystal-seeding methods face substantial challenges，and their service temperatures cannot be raised further. Here we report that Ti-45Al-8Nb single crystals with controlled lamellar orientations can be fabricated by directional solidification without the use of complex seeding methods. Samples with 0° lamellar orientation exhibit an average room temperature tensile ductility of 6. 9% and a yield strength of 708MPa，with a failure strength of 978MPa due to the formation of extensive nanotwins during plastic deformation. At 900℃ yield strength remains high at 637MPa，with 8. 1% ductility and superior creep resistance. Thus，this TiAl single-crystal alloy could provide expanded opportunities for higher-temperature applications，such as in aeronautics and aerospace

续表 5-13

关键词	—
文章目录	—
9	
题名	Modeling concepts for intermetallic titanium aluminides
作者	F. Appel; H. Clemens; F. D. Fischer
作者单位	Institute of Materials Research, Helmholtz-Zentrum Geesthacht, D-21502 Geesthacht, Germany; Department of Physical Metallurgy and Materials Testing, Montanuniversität Leoben, Austria; Institute of Mechanics, Montanuniversität Leoben, Austria
来源期刊	Progress in Materials Science
发表时间	2016-08-15
摘要	Intermetallic titanium aluminide alloys based on the ordered face-centred tetragonal γ(TiAl)-phase represent a good example how fundamental and applied research along with industrial development can lead to a new and innovative class of advanced engineering materials. After almost three decades of intensive R&D activities γ(TiAl)-based alloys have matured from "laboratory curiosities" to novel structural light-weight materials which eventually found their applications in aerospace and automotive industries. Their advantage is mainly seen in low density (3.9~4.2g/cm^3), high specific yield strength and stiffness, good oxidation and ignition resistance, combined with good creep properties up to high temperatures. Particularly at temperatures between 600℃ and 800℃ γ(TiAl)-based alloys are superior to Ti-based alloys in terms of their specific strength. Compared to the heavier Ni-based alloys below 800℃, their specific yield strength is at least similar. Therefore, the particular constitution and extremely fine microstructure of these alloys are illustrated by several high-resolution transmission electron micrographs. The mechanical properties seem to be largely affected by the evolution of internal stresses and off-stoichiometric deviations of the majority γ(TiAl)-phase. Novel experimental approaches are described that could characterize the relevant deformation mechanisms. The combination of these results with the concepts of continuum mechanics and continuum thermodynamics has allowed developing models to describe thermomechanically controlled processes. A selection of such models is introduced and explained in a comprehensive way. While early modeling attempts were successfully undertaken to elucidate selected aspects of physical metallurgy of Ti-Al alloys, many experimental findings, particularly for modern multi-phase alloys based on γ(TiAl) with rather complex constitution and microstructure are still waiting for explanation
关键词	Titanium aluminides; Constitution; Microstructures; Deformation; Dislocations; Twinning; Fracture; Modeling; Continuum mechanics; Thermodynamics; Deformation structures; Deformation twins; Phase transformation kinetics

续表 5-13

文章目录	1　Introduction 1. 1　Ti-Al alloys as structural materials 1. 1. 1　A short summary 1. 1. 2　Aspects of constitution and properties of γ(TiAl)-based alloys as structural materials 1. 1. 3　Aspects of microstructure and heat treatments of γ(TiAl)-based alloys as structural materials 1. 1. 4　Applications of γ(TiAl)-based alloys in jet engines and automotive engines 1. 1. 5　Some further remarks concerning γ(TiAl)-based alloys as structural materials 1. 2　Aspects of modeling of γ(TiAl)-based alloys 2　Constitution and morphology of Ti-Al alloys 2. 1　Crystallographic data of major constituents 2. 2　Constitution and morphology of the lamellar microstructure 2. 3　Constitution of the modulated microstructure 3　Deformation mechanisms 3. 1　Deformation behaviour of multi-phase alloys 3. 2　The deformation mechanisms 3. 2. 1　The elastic deformation state 3. 2. 2　Dislocation core structures and glide in γ(TiAl) 3. 2. 3　Dislocation glide in α_2(Ti_3Al) 3. 2. 4　Dislocation glide in β/B2-phase 3. 2. 5　Mechanical order twinning in γ(TiAl) 3. 2. 6　Combination of dislocation glide and twinning 4　Modeling concepts of Ti-Al alloys 4. 1　Metalphysical modeling 4. 1. 1　The concept of thermal and athermal stresses applied to γ(TiAl)-based alloys 4. 1. 2　Dislocation mobility 4. 1. 3　Jog dragging and work hardening 4. 1. 4　Flow behaviour in reversed straining-the Bauschinger effect 4. 1. 5　Fracture 4. 2　Continuum-mechanical modeling 4. 2. 1　An extended constitutive plasticity law 4. 2. 2　Modeling of stress/strain curves of PST crystals and polycrystals 4. 2. 3　Structural stability and conversion of the lamellar microstructure 4. 3　Thermodynamical modeling 4. 3. 1　General aspects for modeling the developing microstructure 4. 3. 2　Modeling of the $\alpha(\alpha_2) \rightarrow \gamma$ transformation 4. 3. 3　Modeling of the massive $\alpha \rightarrow \gamma_m$ transformation 4. 3. 4　Modeling the $\beta \rightarrow \alpha$ transformation 4. 3. 5　Modeling of precipitation in $Ti_{1-x}Al_xN$ 4. 3. 6　Modeling of excess vacancy annihilation 4. 4　Combined continuum-mechanical and thermodynamical modeling 4. 4. 1　General aspects of phase transformations 4. 4. 2　Modeling the formation of deformation twins 5　Some final comments Acknowledgements References

续表 5-13

10	
题名	Development of TiAl alloys with excellent mechanical properties and oxidation resistance
作者	Seong-Woong Kim; Jae Keun Hong; Young-Sang Na; Jong-Taek Yeom; Seung Eon Kim
作者单位	Light Metal Division, Korea Institute of Materials Science (KIMS), Changwon 642-831, Republic of Korea
来源期刊	Materials and Design
发表时间	2014-02-15
摘要	Mechanical and oxidation properties of newly-developed TiAl alloys were investigated. The TiAl alloys in this study were manufactured by casting and no further heat-treatment was conducted. In this study, Ti-(40-44)Al-(3, 6)Nb-(W, Cr)-Si-C alloys were developed and the possibility of using them for turbine wheels in automobile engines was examined in comparison with commercial TiAl alloys. The new alloys developed in this study showed excellent tensile strength at room temperature and high temperature (900℃) as well as good oxidation resistance at 900℃ compared to the commercial TiAl alloy. Moreover, the new alloys showed much better castability than the commercial TiAl alloy
关键词	Intermetallic compounds; Structural materials; Electron microscopy; Mechanical properties; Microstructure; Turbine wheels
文章目录	1 Introduction 2 Experimental details 3 Results and discussion 3. 1 Alloy design 3. 2 Microstructures 3. 3 Room temperature and high-temperature tensile tests 3. 4 Oxidation resistance 3. 5 Casting defects 4 Conclusions
11	
题名	Effect of carbon addition on solidification behavior, phase evolution and creep prpperties of an intermetallic β-stabilized γ-TiAl based alloy
作者	Emanuel Schwaighofer; Boryana Rashkova; Helmut Clemens; Andreas Stark; Svea Mayer
作者单位	Department of Physical Metallurgy and Materials Testing, Montanuniversität Leoben, Roseggerstr. 12, A-8700 Leoben, Austria; Institute of Materials Research, Helmholtz-Zentrum Geesthacht, Max-Planck-Str. 1, D-21502 Geesthacht, Germany
来源期刊	Intermetallics
发表时间	2014-03-15

续表 5-13

摘要	Improving mechanical properties of advanced intermetallic multi-phaseγ-TiAl based alloys, such as the Ti-43. 5Al-4Nb-1Mo-0. 1B alloy (in at. %), termed TNM alloy, is limited by compositional and microstructural adaptations. A common possibility to further improve strength and creep behavior of such β-solidifying TiAl alloys is e. g. alloying with β-stabilizing substitutional solid solution hardening elements Nb, Mo, Ta, W as well as the addition of interstitial hardening elements C and N which are also carbide and nitride forming elements. Carbon is known to be a strong α-stabilizer and, therefore, alloying with C is accompanied by a change of phase evolution. The preservation of the solidification pathway via the β-phase, which is needed to obtain grain refinement, minimum segregation and an almost texture-free solidification microstructure, in combination with an enhanced content of C, requires a certain amount of β-stabilizing elements, e. g. Mo. In the present study, the solidification pathway, C-solubility and phase evolution of C-containing TNM variants are investigated. Finally, the creep behavior of a refined TNM alloy with 1. 5 at. % Mo and 0. 5 at. % C is compared with that exhibiting a nominal Ti-43. 5Al-4Nb-1Mo-0. 1B alloy composition
关键词	Titanium aluminides; based on TiAl; Alloy design; Phase diagrams; Phase identification; Texture; Microstructure
文章目录	1 Introduction 2 Materials and Experimental 3 Results and discussion 3. 1 Structural and textural evolution 3. 2 Carbon solubility and carbide formation 3. 3 Experimental phase diagram 3. 4 Refined alloy composition 4 Conclusions

12

题名	TiAl alloys in commercial aircraft engines
作者	B. P. Bewlay; S. Nag; A. Suzuki; M. J. Weimer
作者单位	General Electric, Global Research Center, One Research Circle, Niskayuna, NY, USA; General Electric, Aviation Engineering, 1 Neumann Way, Cincinnati, OH, USA
来源期刊	Materials at High Temperatures
发表时间	2016-06-28
摘要	The present article will describe aspects of the science and technology of titanium aluminide (TiAl) alloy system and summarise the low and high temperature mechanical and environmental properties exhibited by different alloy generations. In terms of processing developments, conventional gravity casting and near net shape casting would be discussed in detail. Also newer and non-conventional forging and additive manufacturing routes would be briefly highlighted. Extensive investigations of TiAl alloys have enabled their commercial implementation in aerospace and automotive industries. The GEnx^{TM} engine is the first commercial aircraft engine that used TiAl (alloy 48-2-2) for their low pressure turbine blades. Among non GE engines, recently, new β-stabilised TiAl alloy (TNM) is being used to manufacture LPT blades for PW1100G^{TM} engines. TiAl materials and design processes can reduce engine weight and improve engine performance

续表5-13

关键词	Titanium; Aluminide; Casting; 48-2-2; TNM; Aircraft; Turbine; Engine
文章目录	1 Introduction 2 Principles of TiAl-based alloys 3 Processing of TiAl-based alloys 4 TiAl commercialization 4.1 TiAl implementation in GE engines 4.2 TiAl implementation in PW engines 4.3 Broader implementation of TiAl-based alloys 5 TiAl alloy properties 5.1 Strength and ductility 5.2 Creep 5.3 Oxidation 6 Summary 7 Acknowledgements
13	
题名	Technology and mechanical properties of advanced γ-TiAl based alloys
作者	Wilfried Wallgram; Thomas Schmölzer; Limei Cha; Gopal Das; Volker Güther; Helmut Clemens
作者单位	Bohler Schmiedetechnik GmbH & CoKG, Kapfenberg, Austria; Montanuniversität Leoben, Department of Physical Metallurgy and Materials Testing, Leoben, Austria; MCL Forschung GmbH, Leoben, Austria; Pratt & Whitney, East Hartford, USA; GfE Metalle und Materialien GmbH, Nuremberg, Germany
来源期刊	International Journal of Materials Research
发表时间	2013-10-16
摘要	The present paper summarizes our progress in establishing a novel production technology for γ-TiAl components to be used in advanced aircraft engines. In the beginning the main emphasis is put on the design of a γ-TiAl based alloy which exhibits excellent hot-workability. Then, the development of a "near conventional" hot-die forging route for this type of intermetallic material is described. Finally, the effect of two-step heat-treatments on the microstructure and the mechanical properties is discussed. Because of the small "deformation window" hot-working of γ-TiAl alloys is a complex and difficult task and, therefore, isothermal forming processes are favoured. In order to increase the deformation window a novel Nb and Mo containing γ-TiAl based alloy (TNM™ alloy) was developed, which solidifies via the β-phase and exhibits an adjustable β/B2-phase volume fraction. Due to high volume fractions of γ-phase at elevated temperatures the alloy can be hot-die forged under near conventional conditions, which means that conventional forging equipment with minor and inexpensive modifications can be used. Examples for the fabrication of γ-TiAl components employing a near conventional forging route are given. With subsequent heat-treatments balanced mechanical properties can be achieved. The results of tensile and creep tests conducted on forged and subsequently heat-treated TNM™ material are presented

续表 5-13

关键词	Intermetallics；TiAl alloys；Processing；Microstructure；Mechanical properties
文章目录	1　Introduction 2　Alloy design 3　Experimental 4　Results and discussion 5　Summary
14	
题名	Alloy design concepts for refined gamma titanium aluminide based alloys
作者	R. M. Imayev；V. M. Imayev；M. Oehring；F. Appel
作者单位	GKSS Research Centre，Institute for Materials Research，Max-Planck-Str. 1，D-21502 Geesthacht，Germany
来源期刊	Intermetallics
发表时间	2006-06-15
摘要	The influence of the Al content and the addition of further alloying elements on the cast microstructure of γ(TiAl)+α_2(Ti_3Al) alloys has been examined. The results show that particularly fine and homogeneous microstructures without strong segregation can be obtained for certain alloy compositions solidifying through the β phase. This behavior can be attributed to the avoidance of peritectic solidification and to the alloying influence on the kinetics of the $\beta\Rightarrow\alpha$ transformation following solidification. The experimental findings were used to propose a design concept for γ-TiAl+α_2-Ti_3Al alloys. This concept aims at the production of high-quality castings as well as at ingot material for wrought processing routes because the chemically homogeneous and fine-grained microstructures would be a good precondition for improved workability
关键词	Titanium aluminides；based on TiAl；Alloy design；Phase transformations；Casting；Microstructure
文章目录	1　Introduction 2　Experimental 3　Results and discussion 3. 1　Influence of the Al concentration on cast microstructure 3. 2　Microstructural refinement of β-solidifying $\gamma+\alpha_2$ alloys by boron additions 3. 3　Microstructural refinement and stabilization of β-solidifying $\gamma+\alpha_2$ alloys by alloying of elements with a low diffusivity 3. 4　Microstructural refinement and stabilization of β-solidifying $\gamma+\alpha_2$ alloys by alloying of elements with a high partition coefficient between the β and α phases and a decreased diffusivity of the α phase 4　Summary

续表5-13

15	
题名	In and ex situ investigation of the β-phase in a Nb and Mo containing γ-TiAl based alloy
作者	H. Clemens; H. F. Chladil; W. Wallgram; G. A. Zickler; R. Gerling; K. -D. Liss; S. Kremmer; V. Güther; W. Smarsly
作者单位	Department of Physical Metallurgy and Materials Testing, Montanuniversität, A-8700 Leoben, Austria; Christian Doppler Laboratory for Early Stages of Precipitation, A-8700 Leoben, Austria; Institute of Materials Research, GKSS Research Centre, D-21502 Geesthacht, Germany; Bragg Institute, Australian Nuclear Science and Technology Organisation, Lucas Heights NSW 2234, Australia; Böhler Schmiedetechnik GmbH & Co KG, A-8605 Kapfenberg, Austria; GfE Metalle und Materialien GmbH, D-90431 Nuremberg, Germany; MTU Aero Engines GmbH, D-80995 Munich, Germany
来源期刊	Intermetallics
发表时间	2008-06-15
摘要	Ina β-stabilized Ti-43Al-4Nb-1Mo-0. 1B alloy (composition in atomic percent) the correlation between the occurrence of β-phase and temperature was analyzed experimentally and compared to thermodynamic calculations. Results from in situ high-energy X-ray diffraction, texture measurements, heat treatments, scanning electron microscopy, and temperature-dependent flow stress measurements were used to study the evolution of the β-phase with temperature. Thermodynamic calculations based on the CALPHAD method were applied to correlate the phases developed in the β-solidifying TiAl based alloy under investigation. This alloy is characterized by an adjustable β-phase volume fraction at temperatures where hot-work processes such as forging and rolling are conducted. Due to a high volume fraction of β-phase at elevated temperatures the hot-extruded alloy can be forged under near conventional conditions
关键词	Titanium aluminides; based on TiAl; Alloy design; phase identification; texture; Phase diagram; prediction
文章目录	1 Introduction 2 Alloy selection and experimental 3 Results and discussion 4 Summary
16	
题名	In and ex situ investigation of the β-phase in a Nb and Mo containing γ-TiAl based alloy
作者	Alain Lasalmonie
作者单位	Snecma, Rond point R. Ravaud, 77550 Moissy Cramayel, France
来源期刊	Intermetallics
发表时间	2006-06-15

续表 5-13

摘要	The intermetallic systems are considered as potential substitutes to metallic alloys for aerospace applications. An enormous research activity was spend during the last 30years to develop applications of NiAl and TiAl. Although successful technical results were obtained, no applications are yet visible in aero engines. This paper explains the main reasons of this situation. The first reasons are due to the materials' intrinsic properties (brittleness, small range of operating temperature, unfavourable property balance, scattered properties). The other reasons are manufacturing related (difficult processing, high cost). This is illustrated by NiAl and TiAl applications; some criteria for successful applications are given
关键词	Titanium aluminides; based on TiAl; Nickel aluminides; based on NiAl; Aero-engine components
文章目录	1 Introduction 2 The characteristics common to intermetallics: advantages and drawbacks 3 The applications of NiAl and TiAl in gas turbine engines 4 The reasons for the slow industrial development 4.1 Technical weakness of TiAl 4.1.1 A large scatter in the mechanical properties 4.1.2 A high sensitivity to extrinsic defects 4.2 Manufacturing difficulties 4.3 Costs 5 Conclusion

17

题名	Hot-working behavior of an advanced intermetallic multi-phase γ-TiAl based alloy
作者	Emanuel Schwaighofer; Helmut Clemens; Janny Lindemann; Andreas Stark; Svea Mayer
作者单位	Department of Physical Metallurgy and Materials Testing, Montanuniversität Leoben, Roseggerstr. 12, A-8700 Leoben, Austria; Chair of Physical Metallurgy and Materials Technology, Brandenburg University of Technology, Konrad-Wachsmann-Allee 17, D-03046 Cottbus, Germany; GfE Fremat GmbH, Lessingstr. 41, D-09599 Freiberg, Germany; Institute of Materials Research, Helmholtz-Zentrum Geesthacht, Max-Planck-Str. 1, D-21502 Geesthacht, Germany
来源期刊	Materials Science & Engineering: A
发表时间	2014-06-15

续表 5-13

摘要	New high-performance engine concepts for aerospace and automotive application enforce the development of lightweight intermetallic γ-TiAl based alloys with increased high-temperature capability above 750℃. Besides an increased creep resistance, the alloy system must exhibit sufficient hot-workability. However, the majority of current high-creep resistant γ-TiAl based alloys suffer from poor workability, whereby grain refinement and microstructure control during hot-working are key factors to ensure a final microstructure with sufficient ductility and tolerance against brittle failure below the brittle-to-ductile transition temperature. Therefore, a new and advanced β-solidifying γ-TiAl based alloy, a so-called TNM alloy with a composition of Ti-43Al-4Nb-1Mo-0.1B (at%) and minor additions of C and Si, is investigated by means of uniaxial compressive hot-deformation tests performed with a Gleeble 3500 simulator within a temperature range of 1150~1300℃ and a strain rate regime of 0.005~0.5s^{-1} up to a true deformation of 0.9. The occurring mechanisms during hot-working were decoded by ensuing constitutive modeling of the flow curves by a novel phase field region-specific surface fitting approach via a hyperbolic-sine law as well as by evaluation through processing maps combined with microstructural post-analysis to determine a safe hot-working window of the refined TNM alloy. Complementary, in situ high energy X-ray diffraction experiments in combination with an adapted quenching and deformation dilatometer were conducted for a deeper insight about the deformation behavior of the alloy, i.e. phase fractions and texture evolution as well as temperature uncertainties arising during isothermal and non-isothermal compression. It was found that the presence of β-phase and the contribution of particle stimulated nucleation of ζ-Ti_5Si_3 silicides and h-type carbides Ti_2AlC enhance the dynamic recrystallization behavior during deformation within the ($\alpha+\beta$) phase field region, leading to refined and nearly texture-free α/α_2-grains. In conclusion, robust deformation parameters for the refinement of critical microstructural defects could be defined for the investigated multi-phase γ-TiAl based alloy
关键词	Synchrotron X-ray diffraction; Intermetallics; Thermomechanical processing; Recrystallization; Failure
文章目录	1 Introduction 2 Materials and experimental 3 Results and discussion 3.1 Initial microstructure and refined TNM alloy system 3.2 Uniaxial compression tests 3.3 Constitutive modeling 3.4 Processing maps 3.5 In situ HEXRD deformation experiments 3.5.1 Isothermal deformation in the ($\alpha/\alpha_2+\beta/\beta_o+\gamma$) phase field region 3.5.2 Isothermal deformation in the ($\alpha+\beta$) phase field region 3.5.3 Non-isothermal deformation in the ($\alpha+\beta$) - ($\alpha/\alpha_2+\beta/\beta_o+\gamma$) phase field regions 4 Conclusion

续表 5-13

18	
题名	Evolution of the ω_o phase in a β-stabilized multi-phase TiAl alloy and its effect on hardness
作者	Martin Schloffer; Boryana Rashkova; Thomas Schöberl; Emanuel Schwaighofer; Zaoli Zhang; Helmut Clemens; Svea Mayer
作者单位	Department of Physical Metallurgy and Materials Testing, Montanuniversität Leoben, A-8700 Leoben, Austria; Erich Schmid Institute of Materials Science, Austrian Academy of Sciences, A-8700 Leoben, Austria
来源期刊	Acta Materialia
发表时间	2014-02-15
摘要	The intermetallic β-stabilized Ti-43. 5Al-4Nb-1Mo-0. 1B alloy (in at. %), termed TNM alloy, is designed to be used at elevated temperatures, typically up to 750℃. To understand the evolution of the microstructures during heat treatments and subsequent creep tests, an understanding of the phase transformations and decomposition reactions that occur is necessary. The present study deals with the development and growth mechanism of the ω_o phase, which forms in the β_o phase during static annealing treatments and creep tests performed at 750, 780 and 800℃ using an applied stress of 150MPa. In situ high-energy X-ray diffraction experiments were conducted to investigate the decomposition behaviour of the ω_o phase during heating as well as to determine its dissolution temperature. High-resolution transmission electron microscopy was used to study the coarsening of ω_o grains during creep. The chemical composition of β_o and ω_o was determined by means of energy dispersive X-ray microanalysis. In particular, the impact of the Mo content on the growth of the ω_o grains within the β_o matrix was investigated. Additionally, nano-hardness measurements in γ, α_2, β_o and (β_o+ω_o) grains were performed by cube corner indentation. The results show that β_o is the hardest phase in the TiAl-Nb-Mo alloy system when finely dispersed ω_o precipitates are present
关键词	Nanoindentation; Omega phase; Phase transformation; Titanium aluminides; Transmission electron microscopy (TEM)
文章目录	1 Introduction 2 Materials and experimental details 3 Results 3. 1 Determination of the ω_o solvus temperature by in situ HEXRD 3. 2 Characterization of ω_o-free bo phase, state A 3. 3 Evaluation of the ω_o-containing microstructure, state B 3. 4 Characterization of the ω_o phase after creep, state C 3. 5 Composition of the ω_o phase in state C 3. 6 Evolution of ω_o phase with temperature: states D, E and F 3. 7 Reference material with globular microstructure, state G 3. 8 Nano-hardness of pure β_o phase and (β_o+ω_o) composites in different conditions 4 Discussion 5 Summary

续表 5-13

19	
题名	Microstructure and mechanical properties of a forged β-solidifying γ-TiAl alloy in different heat treatment conditions
作者	S. Bolz; M. Oehring; J. Lindemann; F. Pyczak; J. Paul; A. Stark; T. Lippmann; S. Schrüfer; D. Roth-Fagaraseanu; A. Schreyer; S. Weiß
作者单位	Chair of Physical Metallurgy and Materials Technology, Brandenburg University of Technology Cottbus, Konrad-Wachsmann-Allee 17, Cottbus D-03046, Germany; Helmholtz-Zentrum Geesthacht, Institute of Materials Research, Max-Planck-Str. 1, Geesthacht D-21502, Germany; GfE Fremat GmbH, Lessingstr. 41, Freiberg D-09599, Germany; Rolls-Royce Deutschland Ltd & Co KG, Eschenweg 11, Blankenfelde-Mahlow D-15827, Germany
来源期刊	Intermetallics
发表时间	2015-03-15
摘要	In the cast condition γ titanium aluminide alloys that solidify completely through the β phase are characterized by fine and homogeneous microstructures, weak textures and low segregation. For these reasons such alloys have a relatively good workability and can be closed-die forged without preceding ingot breakdown even if the alloys contain no large fractions of the β phase at the working temperature. The present work was devoted to a combined study of the constitution and microstructural morphologies that develop in various two-step heat treatments of a single-step forged β solidifying alloy. The study included high-energy X-ray diffraction for in situ investigations of the constitution at the heat treatment temperature. It was observed that the phase transformations are quite sluggish in the material which results in fine microstructures and some conditions that significantly deviate from thermodynamic equilibrium. Further, tensile and creep testing was carried out on the different material conditions in order to identify the range in which the properties can be varied. It is found that this easily forgeable material exhibits comparable strength, ductility and creep strength as more conventional peritectically solidifying alloys
关键词	Titanium aluminides; based on TiAl; Creep; Mechanical properties at ambient temperature; Phase transformation; Thermomechanical treatment; Microstructure
文章目录	1 Introduction 2 Materials and experiments 3 Resultsand discussion 3.1 Microstructure in the as-cast and forged condition 3.2 In situ heating investigation and phase constitution 3.3 Microstructure in the different heat treatment conditions 3.4 Tensile properties and creep resistance 3.5 TEM investigations of crept specimens 4 Conclusions

续表 5-13

20	
题名	The Al-B-Nb-Ti system Ⅳ. Experimental study and thermodynamic re-evaluation of the binary Al-Nb and ternary Al-Nb-Ti systems
作者	V. T. Witusiewicz; A. A. Bondar; U. Hecht; J. Zollinger; T. Ya. Velikanova
作者单位	ACCESS e. V., Intzestr. 5, D-52072 Aachen, Germany; Frantsevich Institute for Problems of Materials Science, Krzhyzhanovsky Str. 3, 03680 Kyiv, Ukraine; Université de Lorraine, Institut Jean Lamour, Department of Metallurgy and Materials Science & Engineering, Parc de Saurupt, Nancy F-54011, France
来源期刊	Journal of Alloys and Compounds
发表时间	2014-06-15
摘要	Phase equilibria and phase transformations in the ternary Al-B-Nb system were investigated by XRD, SEM/WDS and SEM/EDS techniques, DTA, and optic pyrometry. No ternary compound, including the ternary phases reported in literature, was found. It was experimentally measured that the Al-Nb phases ε ($NbAl_3$), σ (prototype σCrFe) and δ (prototype Cr_3Si) have evident ternary extensions with maximal solubility of boron amount to 1.2, 10.4 and 3.2at.%, respectively. The Al solubility in niobium borides is also significant. The obtained results were used to elaborate the thermodynamic description of this ternary system based on recently published thermodynamic models of the constituent binary subsystems using the CALPHAD approach (Thermo-Calc/PARROT). The Al-B-Nb reaction scheme, projections of the liquidus and solidus surfaces as well as a number of isothermal sections and isopleths were calculated using the proposed thermodynamic description and compared with the experimental results. The calculations were shown to reproduce adequate the experimental data. The main features of the phase equilibria in the range of melting/solidification are the existence of two quasibinary sections, $NbAl_3$-NbB and NbB_2-AlB_{12}, eutectic $L_E \leftrightarrow \varepsilon+\sigma+(NbB)$ at 1850K and cascades of invariant U-type reactions
关键词	Al-B-Nb; Phase diagram; Thermodynamic description; CALPHAD approach
文章目录	1 Introduction 2 Experimental data 2.1 Literature data 2.2 Experimental 2.2.1 Preparation of alloys 2.2.2 SEM/WDS, SEM/EDS and XRD analyses of the samples 2.2.3 DTA analysis and incipient melting of the alloys 3 Thermodynamic models and optimization procedure 4 Results and discussion 4.1 Reaction sequence 4.2 Liquidus and solidus 4.3 Isothermal sections 4.4 Temperature-composition sections 5 Summary

续表 5-13

21	
题名	Adavances in gammalloy materials-process-application technology: success, dilemmas, and future
作者	Young-Won Kim; Sang-Lan Kim
作者单位	Gamteck LLC, Dayton, OH USA.
来源期刊	Jom
发表时间	2018-04-01
摘要	For the last several years, gamma titanium aluminide (γ-TiAl) -based alloys, called "gammalloys," in specific alloy-microstructure forms began to be implemented in civil aero-engines as cast or wrought low-pressure turbine (LPT) blades and in select ground vehicle engines as cast turbocharger rotors and wrought exhaust valves. Their operation temperatures are approximately up to 750℃ for LPT blades and around 1000℃ for turbocharger rotors. This article critically assesses current engineering gammalloys and their limitations and introduces eight strengthening pathways that can be adopted immediately for the development of advanced, higher temperature gammalloys. Intelligent integration of the pathways into the emerging application-specific research and development processes is emphasized as the key to the advancement of the gammalloy technology to the next higher engineering performance levels
关键词	Mechanical-properties; Intermetallic; Alloys; Grain-refinement; Beta-phase; Microstructure; Evolution; Nb; Additions
文章目录	1 Introduction 2 Gammalloys-classification and microstructure evolution 3 Assessing current engineering gammalloys 4 Pathways to advanced gammalloys 5 Advances in gammalloy technology and application-specific rd process 6 Summary
22	
题名	Grain refinement by low boron additions in niobium-rich TiAl-based alloys
作者	U. Hecht; V. Witusiewicz; A. Drevermann; J. Zollinger
作者单位	ACCESS Materials and Processes, Intzestrasse 5, 52072 Aachen, Germany
来源期刊	Intermetallics
发表时间	2008-06-15
摘要	The grain refinement achieved with low boron additions to selected TiAl-based alloys was investigated in unidirectional solidified samples by means of EBSD-orientation mapping of the α(Ti) phase, retained by quenching. The analysis shows that excellent grain refinement is achieved during the solid state transformation of the body centred β(Ti) into the hexagonal close packed α(Ti) . It leads to a fairly random orientation of the α(Ti) grains which indicates that heterogeneous nucleation of α(Ti) on borides is at the origin of refinement. The borides were identified to be orthorhombic (Ti, Nb) B monoboride ribbons with the crystal structure of NbB. The refinement is severely impeded by peritectic growth of α(Ti): peritectic α(Ti) grains almost completely invade the microstructure by imposing their crystal orientation through all subsequent solid state transformations

续表 5-13

关键词	Titanium aluminides; based on TiAl; Phase transformations; Casting; Microstructure; Diffraction
文章目录	1 Introduction 2 Experimental procedure 3 Experimental results 3.1 Solidification microstructures 3.2 Analysis of α (Ti) grain structure 4 Discussion and conclusions
23	
题名	Microstructure evolution and mechanical properties of a novel beta γ-TiAl alloy
作者	H. Z. Niu; Y. Y. Chen; S. L. Xiao; L. J. Xu
作者单位	National Key Laboratory for Precision Hot Processing of Metals, School of Materials Science and Engineering, Harbin Institute of Technology, P. O. Box 434, Harbin 150001, China
来源期刊	Intermetallics
发表时间	2012-12-15
摘要	A new beta gamma TiAl alloy Ti-43Al-4Nb-2Mo-0.5B (at %) was fabricated by ISM method. The as-cast microstructure consisted of fine lamellar colonies and mixtures of small γ and B2 grains around lamellar colony boundaries. By canned hot forging, the cast microstructure was further refined and homogenized. Microstructure evolution during hot forging was characterized by means of SEM, TEM and EBSD in detail. DRX and phase transformation during forging are also discussed; Based on nano-indentation tests, B2 was found much harder than γ and α_2 phases. The tensile properties of the forged alloy were investigated and compared with as-cast condition; this forged alloy maintains high tensile strength over 900 MPa up to 750℃, and tensile superplasticity appears above 800℃. B2 phase is proved to be detrimental to room-temperature ductility and to reduce tensile strength sharply above 800℃, mainly because of its hard and brittle nature at low temperature and its soft feature at high temperature
关键词	Titanium aluminides; based on TiAl; Isothermal forging; Microstructure; Mechanical properties at ambient temperature; Mechanical properties at high temperatures
文章目录	1 Introduction 2 Experimental procedure 3 Results and discussion 3.1 Initial microstructure 3.2 Microstructure evolution during hot forging 3.3 Tensile properties analysis 3.4 Nanohardness of constituent phases 4 Conclusions

续表 5-13

24	
题名	In Situ observation of various phase transformation paths in Nb-rich TiAl alloys during quenching with differfent rates
作者	Stark, Andreas; Oehring, Michael; Pyczak, Florian; Schreyer, Andreas
作者单位	Helmholtz Association Helmholtz-Zentrum Geesthacht-Zentrum fur Material-und Kustenforschung Max Planck Society Helmholtz Zentrum Geesthacht, Inst Mat Res, Max Planck Str 1, D-21502 Geesthacht, Germany
来源期刊	Advanced engineering materials
发表时间	2011-8-15
摘要	In recent years intermetallic γ-TiAl based alloys with additional amounts of the ternary β phase have attracted attention due to their improved hot workability. Depending on alloy composition and heat treatment the ternary β phase can transform to different ternary phases at lower temperatures. A few of them are assumed to be detrimental to ductility. However, the current phase diagrams of these multiphase materials are often quite uncertain. Thus, the possible transformations of third phases in the temperature range between 700 and 1100℃ are studied by means of in situ high-energy X-ray diffraction (HEXRD). Depending on quenching rate reversible transformations of β_o to different *V* related phases are observed, indicating a stepwise diffusion controlled transformation mechanism of B2-ordered β_o to $B8_2$-ordered ω_o. Apparently, the addition of Mo can hinder this transformation
关键词	Omega-phase; design
文章目录	1 Experimental 2 Microstructure 3 In Situ High-energy X-ray Diffraction 4 Transformation Mechanisms 5 Conclusions
25	
题名	Microsegregation in high Nb containing TiAl alloy ingots beyond laboratory scale
作者	G. L. Chen; X. J. Xu; Z. K. Teng; Y. L. Wang; J. P. Lin
作者单位	State Key Laboratory for Advanced Metals and Materials, University of Science and Technology Beijing, Beijing 100083, China
来源期刊	Intermetallics
发表时间	2006-06-15
摘要	Microsegregation in big ingots of Ti-45Al-(8-9)Nb-(W, B, Y) alloy had been studied. The composition and microstructural morphology of the large ingot exhibited significant microinhomogeneity. Three types of microsegregation were observed in as-cast microstructure of the large ingot. First is the solidification segregation (S-segregation) at interdendritic area, in which the composition is characterized by higher Al, B (boride), and Y (oxide) contents and lower Nb and W contents. Second is the β-segregation at the boundary and triple junctions among α grain due to the phase transformation of β→α. The composition at the segregation area is characterized by higher Nb and W additions that lead to the formation of β particles and γ phase. Third is the α-segregation that forms local lamellar structure composed of β, γ and α plates due to phase transformation of $\alpha \to \alpha_2+\beta+\gamma$. The microsegregation for the PAM ingot is lower than that for SM ingot in terms of the volume fraction of β phase. The reason is that the PAM melting can offer better control of pouring temperature and rather fast cooling rate by water-cooled copper crucible

续表 5-13

关键词	Titanium aluminides; based on TiAl; Microstructure; Electron microscopy; scanning
文章目录	1　Introduction 2　Experimental 3　Results and discussion 3. 1　As-cast microstructure of ingot at low magnification 4　Conclusions
26	
题名	Grain refinement in beta-solidifying Ti44Al8Nb1B
作者	D. Hu; C. Yang; A. Huang; M. Dixon; U. Hecht
作者单位	Interdisciplinary Research Centre in Materials, University of Birmingham, Edgbaston, Birmingham B15 2TT, UK; Rolls-Royce Plc, Derby DE24 8BJ, UK; ACCESS Materials and Processes, Intzestrasse 5, 52072 Aachen, Germany
来源期刊	Intermetallics
发表时间	2012-04-15
摘要	Grain refinement in Ti44Al8Nb1B was studied using directional solidification technique and SEM EBSD analysis. Grain refinement occurred during beta-to-alpha transformation through boride assisted alpha nucleation mechanism rather than during solidification. Burgers and non-Burgers alpha2 grain coexisted and they were inoculated by boride precipitates. The orientation relationship between alpha and the B27 TiB precipitates is $\langle 11\bar{2}0\rangle_{\alpha_2}//[010]_{B27}$ and $(0001)_{\alpha_2}//(00)_{B27}$. The Burgers alpha variants were inoculated by the boride precipitates having an OR with beta phase and the OR was deduced as $(001)_{TiB}//\{110\}_{\beta}$, $(010)_{TiB}//\{111\}_{\beta}$ and $(100)_{TiB}//\{211\}_{\beta}$
关键词	Titanium aluminides; based on TiAl; Phase identification; Phase transformation; Crystal growth; Microstructure
文章目录	1　Introduction 2　Experimental 3　Results 3. 1　General microstructure 3. 2　Burgers alpha2 grains 3. 3　Titanium boride and inoculation 4　Discussion 5　Summary
27	
题名	Effcets of microstructure and C and Si additions on elevated temperature creep and fatigue of gamma TiAl alloys
作者	Young-Won Kim; Sang-Lan Kim
作者单位	Gamteck, Beavercreek, OH 45431, USA; UES, Dayton, OH 45432, USA

续表 5-13

来源期刊	Intermetallics
发表时间	2014-10-15
摘要	The creep properties of K5 (Ti-46Al-3Nb-2Cr-0.2W) based alloys were analyzed in wrought processed microstructure forms. The brittle-ductile-transition-temperature (BDTT) depends distinctly on microstructure as well as strain rate, with the minimum value for each microstructure achieved at ~ 10^{-6}/s being about 680℃ and 780℃, respectively. The greatest creep resistance is achieved in coarse-grained fully lamellar (FL) material and is related to the strong anisotropy of lath structure, large grain size and consequently high BDTT. Additional significant resistance improvement is realized with additions or increases of refractory elements (Nb or W) and decrease in Al content. The most remarkable improvements in primary as well as the minimum creep resistance are realized when small amounts of C or C + Si are added to generate incoherent (to gamma) carbide and silicide particles along γ/γ T interfaces. The significance of primary creep is assessed for controlling subsequent creep behavior and discussed for its crucial role in satisfying the stringent design creep requirements for advanced rotational components. The accelerated or tertiary creep is used to explain the high temperature (870℃) high cycle fatigue deformation that exhibits two-stage SN curves with the rapidly softening second stage
关键词	Intermetallics; Creep; fatigue resistance; dispersion strengthening; Microstructure; Electron microscopy; scanning and transmission; mechanical testing
文章目录	1 Introduction 2 Experimental 3 Results 3.1 Microstructure evolution 3.2 Aging responses of fully-lamellar material 3.3 Tensile properties and brittleeductile transition temperature (BDTT) 3.4 Alloys and microstructure on creep behavior 3.5 Aging effect on creep of FL at 760℃ 3.6 High cycle fatigue behavior at elevated temperatures 4 Discussion 4.1 Effect of microstructure on creep deformation 4.2 Aging and stabilization 4.3 Alloying effects on creep 4.4 Carbide (and silicide) formation process and effects 4.5 Primary creep matters 4.6 Creep-fatigue interaction and carbides + silicides effects 4.7 Optimized carbon + silicon additions and distribution 5 Summary
28	
题名	Effect of lamellar orientation on the strength and operating deformation mechanisms of fully lamellar TiAl alloys determined by micropiliar compression

续表 5-13

作者	Alberto Jesús Palomares-García; Maria Teresa Pérez-Prado; Jon Mikel Molina-Aldareguia
作者单位	IMDEA Materials Institute, C/ Eric Kandel 2, 28906 Getafe, Madrid, Spain
来源期刊	Acta Materialia
发表时间	2017-06-15
摘要	The aim of this study is to determine the influence of lamellar orientation on the strength and operative deformation mechanisms of a fully lamellar Ti-45Al-2Nb-2Mn (at. %)+0. 8(vol. %) TiB_2 (Ti4522XD) alloy. With this aim, micropillars with lamellae oriented at 0°, 45° and 90° with respect to the loading direction were compressed at room temperature. The results revealed a large plastic anisotropy, that was rationalized, based on slip/twin trace analysis, according to the relative orientation of the main operative deformation modes with respect to the lamellar interfaces. Loading at 45° resulted in the activation of soft longitudinal deformation modes, where both the slip plane and the slip direction were parallel to the interfaces, and therefore, little interaction of dislocations with lamellar interfaces is expected. At 0° loading, deformation was mainly accommodated by harder mixed deformation modes (with an oblique slip plane but a slip direction parallel to the lamellar interfaces), although the lamellar interfaces seemed to be relatively transparent to slip transfer. On the contrary, 90° loading represented the hardest direction and deformation was accommodated by the activation of transverse deformation modes, confined to individual lamellae, together with longitudinal modes that were activated due to their softer nature, despite their very small Schmid factors. Finally, a thorough study of pillar size effects revealed that the results were insensitive to pillar size for dimensions above 5μm. The results can therefore be successfully applied for developing mesoscale plasticity models that capture the micromechanics of fully lamellar TiAl microstructures at larger length scales
关键词	Titanium aluminides; Micromechanics; Micropillar compression
文章目录	1　Introduction 2　Experimenta 3　Results and discussion 3. 1　Deformation mechanisms 3. 2　Analysis of size effects 4　Conclusions

29

题名	Oxidation protection of γ-TiAl-based alloys-A review
作者	Raluca Pflumm; Simone Friedle; Michael Schütze
作者单位	DECHEMA-Forschungsinstitut, Theodor-Heuss-Allee 25, D-60486 Frankfurt am Main, Germany
来源期刊	Intermetallics
发表时间	2015-01-15

续表 5-13

摘要	Alloys based on γ-TiAl are lightweight materials with attractive mechanical properties at high temperatures. Although these alloys reveal a superior resistance against environmental attack compared to titanium and α_2-based alloys, efficient protection is required for industrial applications at temperatures between 800 and 1050℃. Extensive research in order to solve this problem started more than 30 years ago. This review provides a summary of the different concepts based on surface modification techniques developed for the environmental protection of γ-TiAl alloys at high temperatures, including overlay and diffusion coatings, as well as the halogen effect. The discussion includes a comparison between the most promising coating types under long-term high temperature exposure and an assessment of their processing routes from a technological point of view. Therefore, a mass gain of 1 mg/cm^2 after at least 1000 h of exposure was set as a benchmark to evaluate these protection systems
关键词	Titanium aluminides; based on TiAl; Oxidation; Coatings; intermetallic and otherwise; Automotive uses; including engines
文章目录	1 Introduction 2 Characteristics and performance of the coatings 2. 1 Overlay coatings 2. 1. 1 Physical vapor deposition (PVD) coatings 2. 1. 1. 1 Performance of magnetron sputtering coatings 2. 1. 1. 2 EB-PVD coatings 2. 1. 1. 3 Arc-PVD coatings 2. 1. 2 Coatings prepared by thermal spraying 2. 1. 3 Coatings prepared by laser cladding 2. 1. 4 Enamel coatings 2. 1. 5 Coatings prepared by solegel and other techniques based on soft-solution processing 2. 2 Diffusion coatings 2. 2. 1 Chemical vapor deposition 2. 2. 2 Pack cementation 2. 2. 3 Slurry and liquid siliconizing 2. 3 Halogen effect 3 Conclusions
30	
题名	Microstructure development and hardness of a power metallurgical multi phase γ-TiAl based alloy
作者	Martin Schloffer; Farasat Iqbal; Heike Gabrisch; Emanuel Schwaighofer; Frank-Peter Schimansky; Svea Mayer; Andreas Stark; Thomas Lippmann; Mathias Göken; Florian Pyczak; Helmut Clemens
作者单位	Martin Schloffer; Farasat Iqbal; Heike Gabrisch; Emanuel Schwaighofer; Frank-Peter Schimansky; Svea Mayer; Andreas Stark; Thomas Lippmann; Mathias Göken; Florian Pyczak; Helmut Clemens

续表 5-13

来源期刊	Intermetallics
发表时间	2011-06-15
摘要	A β-solidifying TiAl alloy with a nominal composition of Ti-43. 5Al-4Nb-1Mo-0. 1B (in at. %), termed TNM^{TM} alloy, was produced by a powder metallurgical approach. After hot-isostatic pressing the microstructure is comprised of fine equiaxed γ-TiAl, α_2-Ti_3Al and β_o-TiAl grains. By means of two-step heat-treatments different fine-grained nearly lamellar microstructures were adjusted. The evolution of the microstructure after each individual heat-treatment step was examined by light-optical, scanning and transmission electron microscopy as well as by conventional X-ray and in-situ high-energy X-ray diffraction. The experimentally evaluated phase fractions as a function of temperature were compared with the results of a thermodynamical calculation using a commercial TiAl database. Nano-hardness measurements have been conducted on the three constituting phases α_2, γ and β_o after hot-isostatic pressing, whereas the hardness modification during heat-treatment was studied by macro-hardness measurements. A nano-hardness for the β_o-phase is reported for the first time
关键词	Titanium aluminides; Grain growth; Phase transformation; Powder metallurgy; Microstructure
文章目录	1 Introduction 2 Material, experimental details and thermodynamic calculations 3 Results and discussion 3. 1 Characterization of TNMTM powder 3. 2 As-HIPed microstructure 3. 3 Nano-hardness and reduced elastic modulus of the constituting phases 3. 4 Effect of annealing on phase fraction and grain size 3. 5 Calculated and experimental phase fraction diagram 3. 6 Influence of cooling rate and ageing treatments on the formation of nearly lamellar microstructures and macro-hardness 4 Summary

6 钛铝金属间化合物材料全球专利量化分析

6.1 数据来源

以 Incopat 数据库作为专利信息检索和分析平台。IncoPat 收录全球 120 个国家、组织或者地区，超过 1.4 亿件的专利文献，并且对专利著录信息、法律、运营、同族、引证等信息进行了深度加工及整合，可以实现数据的 24 小时动态更新。以 Titanium aluminide Alloy、Titanium-aluminide、TiAl、Ti-Al 等为检索词制定检索式，对截至 2019 年 12 月 31 日在全球申请的专利进行检索，检索时间为 2020 年 3 月 10 日。检索结果显示：钛铝金属间化合物材料专利 3379 件，包括发明专利 3339 件、实用新型专利 98 件和其他类型专利 42 件。需要指出的是，Incopat 专利数据库的统计范围是目前已公开专利，一般发明专利在申请后 3~18 个月公开，实用新型专利和外观设计专利在申请后 6 个月左右公开。

6.2 申请概况

专利持有量较多的国家/地区及其专利数量为：中国，专利 1066 件，占比 31.52%；日本，专利 911 件，占比 26.96%；美国，专利 283 件，占比 8.38%；欧洲专利局，专利 186 件，占比 5.33%；德国，专利 178 件，占比 5.27%；韩国，专利 155 件，占比 5.12%；世界知识产权组织，专利 126 件，占比 3.73%；加拿大，专利 86 件，占比 2.55%；澳大利亚，专利 68 件，占比 2.01%，如图 6-1 所示。中国是钛铝金属间化合物材料专利申请大国，日本次之，然后为美国。

专利地理分布中中国专利数量积极增长，从 2001 年的 9 件逐步增加到 2007 年的 40 件，又快速上升到 2015 年的 135 件专利峰值；其他国家、地区和组织的专利增长保持缓慢态势。2015 年前后，主要国家专利申请均不同程度到达峰值，其中，日本 2012 年、2014 年申请量最多有 20 件专利，美国 2015 年申请量最多有 26 件专利，欧洲专利局 2015 年申请量最多有 24 件专利，德国 2012 年申请量最多有 8 件专利，韩国 2015 年申请量最多有 20 件专利。

图 6-2 中，排名前 20 位的申请机构及其专利数量为：哈尔滨工业大学，专利 138 件；MTU 航空发动机公司，专利 97 件；通用电气公司，专利 83 件；本田

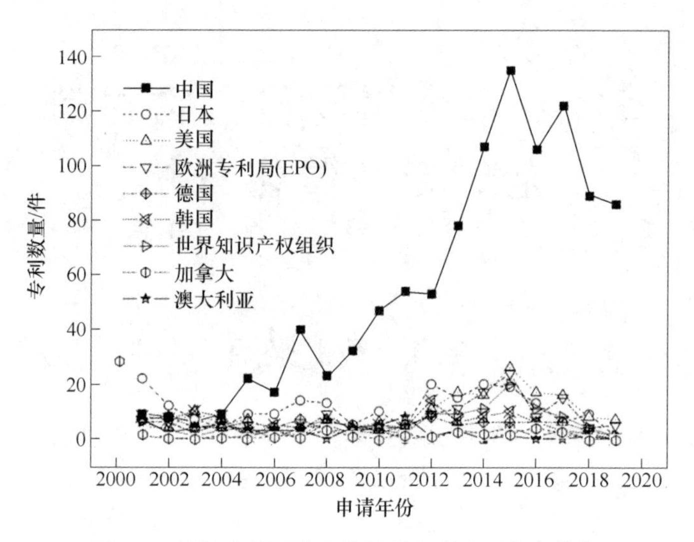

图 6-1　钛铝金属间化合物材料专利地理分布趋势

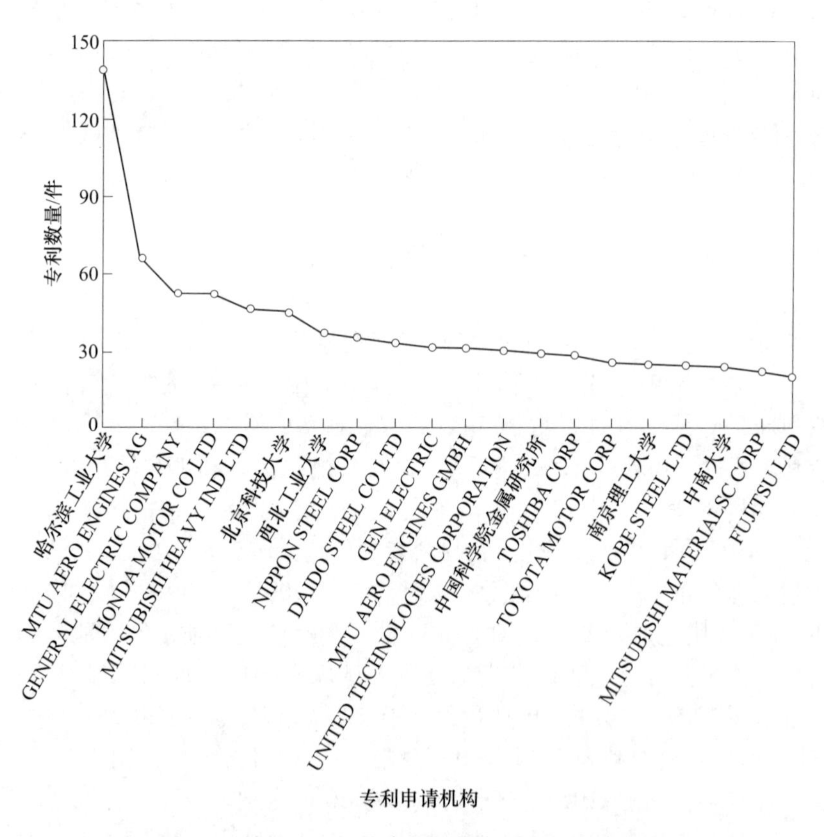

图 6-2　钛铝金属间化合物材料专利主要申请机构

汽车有限公司，专利52件；三菱重工公司，专利46件；北京科技大学，专利45件；西北工业大学，专利37件；新日本制铁公司，专利35件；大同钢铁有限公司，专利33件；联合技术公司，专利30件；中国科学院金属研究所，专利29件；东芝公司，专利28件；丰田汽车公司，专利25件；南京理工大学，专利25件；神户制钢所，专利24件；中南大学，专利24件；三菱综合材料公司，专利22件；富士通公司，专利20件。其中，中国的申请机构以高校为主，日本、美国和德国的专利申请机构以企业为主。

6.3 技术分析

前10类专利的技术构成及专利数量为：C22C 合金，专利1233件；C23C 对金属材料的镀覆、用金属材料对材料的镀覆、表面扩散法/化学转化或置换法的金属材料表面处理、真空蒸发法/溅射法/离子注入法或化学气相沉积法的一般镀覆，专利542件；C22F 改变有色金属或有色合金的物理结构，专利459件；B22F 金属粉末的加工、由金属粉末制造制品、金属粉末的制造、金属粉末的专用装置或设备，专利306件；B23K 钎焊或脱焊、焊接、用钎焊或焊接方法包覆或镀敷、局部加热切割、用激光束加工，专利242件；F01D 非变容式机器或发动机，专利228件；H01L 半导体器件、其他类目中不包括的电固体器件，专利206件；B22D 金属铸造、用相同工艺或设备的其他物质的铸造，专利191件；B23B 车削、镗削，专利129件；B32B 层状产品，专利101件。其中，C22C 专利占比36.5%、C23C 专利占比16.04%、C22F 专利占比13.6%，反映出全球钛铝金属间化合物材料专利申请大多围绕这些主题展开，如图6-3所示。

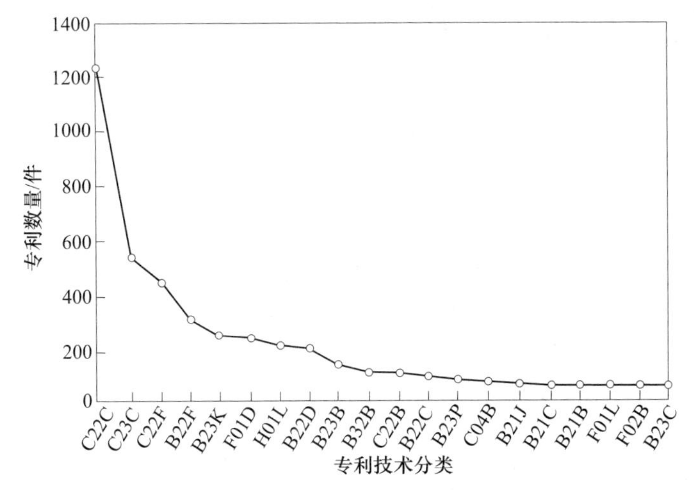

图6-3 钛铝金属间化合物材料专利技术领域

通过专利技术分类与主要机构匹配图，可以了解专利申请机构及技术构成为：哈尔滨工业大学，C22C、B23K 技术领域；MTU 航空发动机公司，C22C、C22F 技术领域；通用电气公司，C22C 技术领域；本田汽车有限公司，C22C 技术领域；三菱重工公司，C22C 技术领域；北京科技大学，C22C 技术领域；西北工业大学，B23K 技术领域；新日本制铁公司，C22C 技术领域；大同钢铁有限公司，C22C、B23K 技术领域；通用电气，C22C 技术领域；MTU 航空发动机有限公司，H01L 技术领域；联合技术公司，C22C 技术领域；中国科学院金属研究所，C22C 技术领域；东芝公司，H01L 技术领域；丰田汽车公司，C22C 技术领域；南京理工大学，C22C 技术领域；神户钢铁公司，C22C 技术领域；中南大学，C22C 技术领域；三菱综合材料公司，C23C 技术领域；富士通公司，H01L 技术领域，如图 6-4 所示。

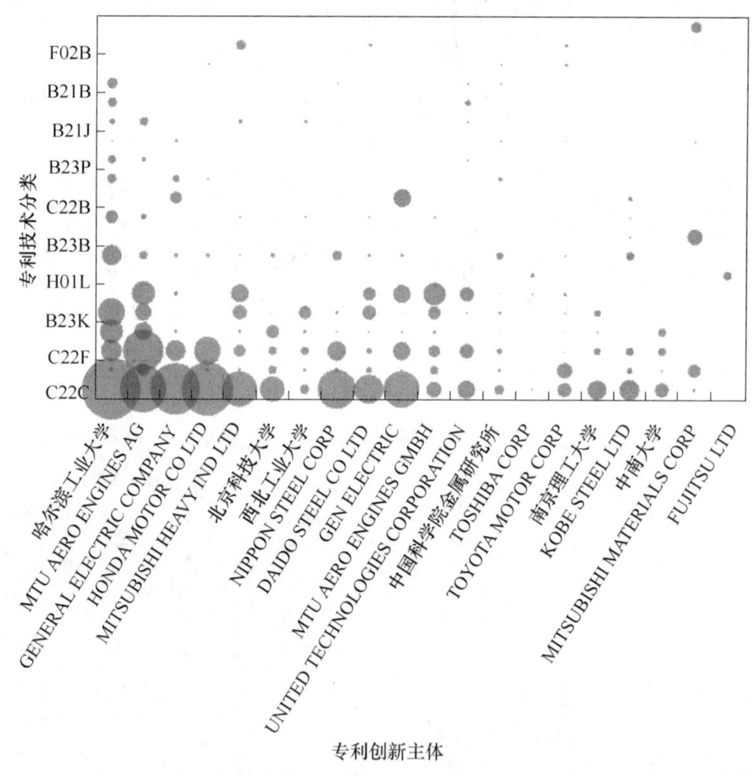

图 6-4　钛铝金属间化合物材料专利技术分类与主要机构匹配

通过标题和摘要语义关键词频次提取并按照文本聚类绘制出专利高频词图，图中颜色的深浅代表关键词出现频次的高低，如图 6-5 所示。全球钛铝金属间化合物材料专利高频词有：系金属间化合物、合金板材、钛铝合金、气体涡轮机和物镜系统，这些为全球钛铝金属间化合物材料研发要解决的关键问题以及要实施专利保护的核心。

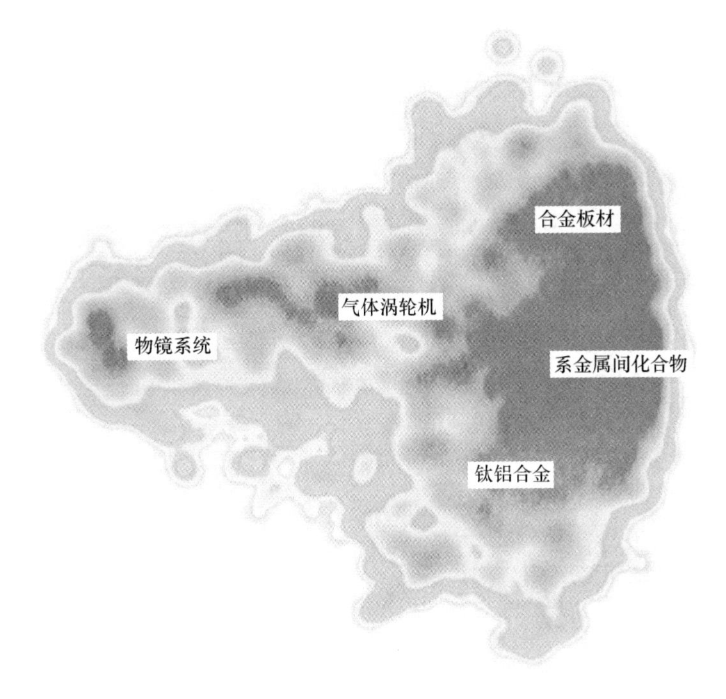

图 6-5　钛铝金属间化合物材料专利高频词

通过专利数据库筛选已去除失效专利和外观专利的前 500 件高价值专利，结合技术分类与高频关键词绘制出全球钛铝金属间化合物材料专利分布地图，如图 6-6 所示。图中高峰为技术聚焦领域，低谷为技术待开拓领域。由图 6-6 可知，专利主要分布在涡轮叶片、钛铝基合金、合金板材、复合材料等技术领域。

高被引专利为该领域被引用次数较多的专利，意味着专利具有较强的技术影响力。以申请时间 1989 年 7 月 3 日、公开号 US5028491A、名称“Gamma titanium aluminum alloys modified by chromium and tantalum and method of preparation”的专利为例，该专利被 52 件专利引证，见表 6-1。52 件专利公开号分别为：US9670787B2、US9630251B2、US20150275673A1、US9127333B2、US8894738B2、US8882442B2、US8821611B2、US20110305578A1、US20110103997A1、US7923127B2、US20100329919A1、US7753989B2、US7632333B2、US7621977B2、US20090202385A1、US7445658B2、US20080264208A1、US7435282B2、US20080199348A1、US20080152533A1、US20080031766A1、US20070180951A1、US20070107202A1、US20060230878A1、US20060150769A1、US20060123950A1、US20060107790A1、US20050284824A1、US20030145682A1、US20030061907A1、US5908516A、US5846351A、US5776617A、US5648045A、US5545265A、US5518690A、EP545612B1、US5492574A、US5370839A、US5348702A、US5324367A、US5299353A、US5264051A、US5232661A、US5228931A、

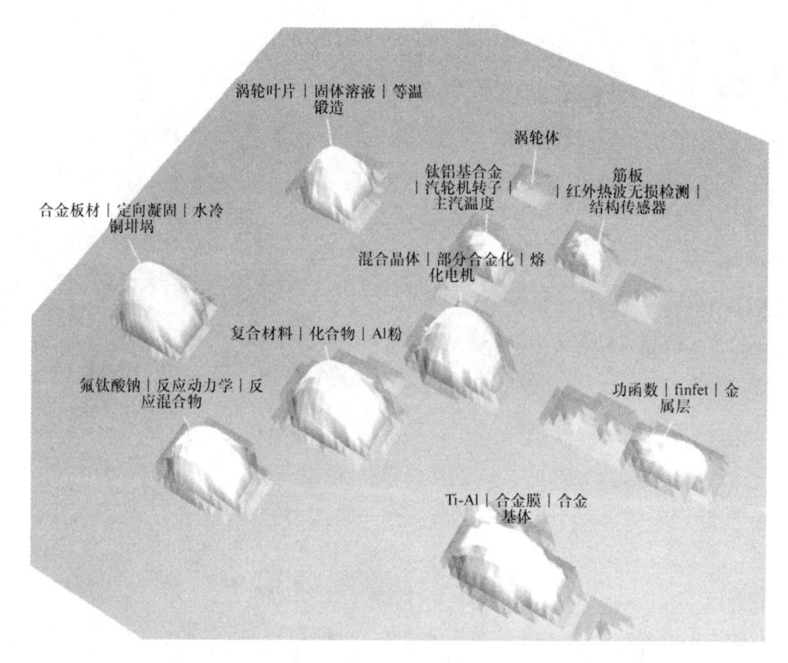

图 6-6　钛铝金属间化合物材料专利分布地图

EP550165A1、EP545612A1、US5213635A、US5205875A、US5190603A、US5149497A 和 US5102450A。

表 6-1　US5028491A 专利信息摘录

公开号	US5028491A
发明名称	Gamma titanium aluminum alloys modified by chromium and tantalum and method of preparation
申请人	Gen electric
发明人	Huang shyh chin，Shih donald s
当前权利人	General electric company a corp. of n. y.
申请日	1989-07-03
公开日	1991-07-02
摘要	A TiAl composition is prepared to have high strength，high oxidation resistance and to have acceptable ductility by altering the atomic ratio of the titanium and aluminum to have what has been found to be a highly desirable effective aluminum concentration by addition of chromium and tantalum according to the approximate formula Ti50-44Al46-50Cr2Ta2-4
首项权利要求	A chromium and tantalum modified titanium aluminum alloy consisting essentially of titanium，aluminum，chromium，and tantalum in the following approximate atomic ratio：Ti. Sub. 52-41 Al. sub. 46-50 Cr. sub. 1-3 Ta. sub. 1-6

续表 6-1

权利要求数	20
同族专利公开号	JP03104833A、JP07030420B2、DE69015021D1、DE69015021T2、EP406638A1、EP406638B1、CA2016007A1、CA2016007C、US5028491A、JP7030420B、JPH03104833A、JP07030420B、JPH0730420B2、JP3104833A
扩展同族公开号	US5028491A、EP406638A1、JP07030420B、DE69015021T2、EP406638B1、CA2016007A1、CA2016007C、JP07030420B2、DE69015021D1、JP03104833A
引证专利	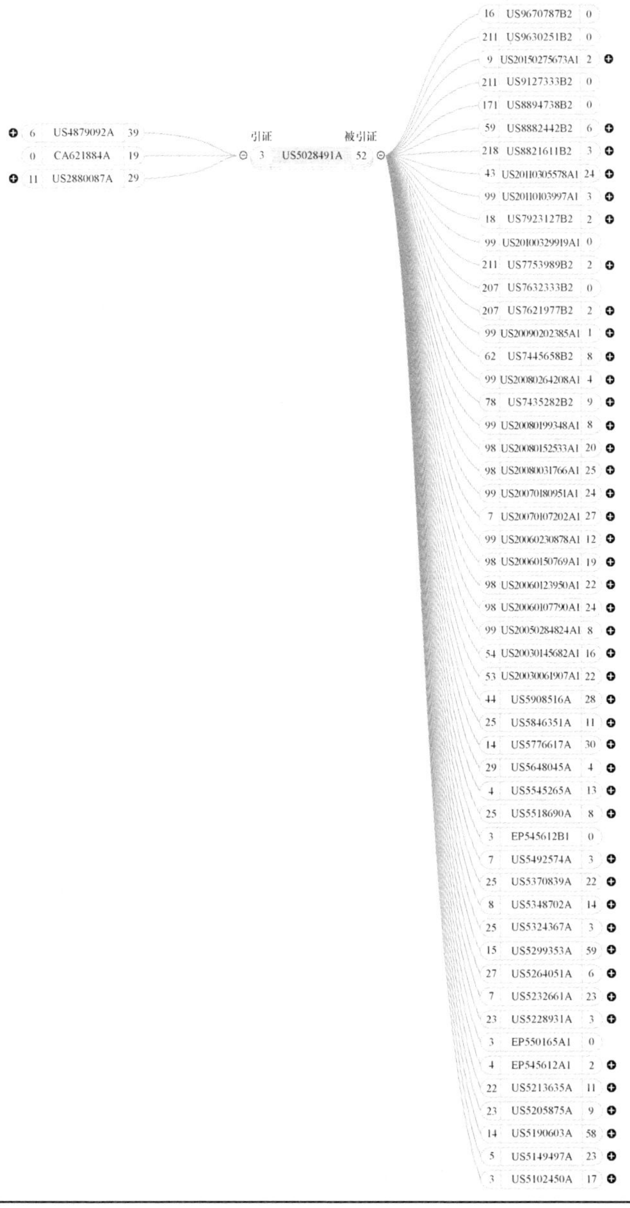 6 US4879092A 39 0 CA621884A 19 11 US2880087A 29 引证 3 US5028491A 52 被引证 16 US9670787B2 0 211 US9630251B2 0 9 US20150275673A1 2 211 US9127333B2 0 171 US8894738B2 0 59 US8882442B2 6 218 US8821611B2 3 43 US20110305578A1 24 99 US20110103997A1 3 18 US7923127B2 2 99 US20100329919A1 0 211 US7753989B2 2 207 US7632333B2 0 207 US7621977B2 2 99 US20090202385A1 1 62 US7445658B2 8 99 US20080264208A1 4 78 US7435282B2 9 99 US20080199348A1 8 98 US20080152533A1 20 98 US20080031766A1 25 99 US20070180951A1 24 7 US20070107202A1 27 99 US20060230878A1 12 98 US20060150769A1 19 98 US20060123950A1 22 98 US20060107790A1 24 99 US20050284824A1 8 54 US20030145682A1 16 53 US20030061907A1 22 44 US5908516A 28 25 US5846351A 11 14 US5776617A 30 29 US5648045A 4 4 US5545265A 13 25 US5518690A 8 3 EP545612B1 0 7 US5492574A 3 25 US5370839A 22 8 US5348702A 14 25 US5324367A 3 15 US5299353A 59 27 US5264051A 6 7 US5232661A 23 23 US5228931A 3 3 EP550165A1 0 4 EP545612A1 2 22 US5213635A 11 23 US5205875A 9 14 US5190603A 58 5 US5149497A 23 3 US5102450A 17

同族专利中，以申请时间 2006 年 2 月 27 日、公开号 CA2597248A1、名称"Method for casting titanium alloy"的专利为例，该专利同族数量 26 件，见表 6-2。该专利基于同一优先权文件在南非（公开号 ZA200707586A）、奥地利（公开号 AT438746T）、澳大利亚（公开号 AU2006218029A1、公开号 AU2006218029B2）、巴西（公开号 BRPI0607832A2）、加拿大（公开号 CA2597248A1、公开号 CA2597248C）、中国大陆（公开号 CN100594248C、公开号 CN101128609A）、德国（公开号 DE502006004443D1）、丹麦（公开号 DK1851350T3）、欧洲专利局（公开号 EP1851350A1、公开号 EP1851350B1、公开号 EP1696043A1）、西班牙（公开号 ES2328955T3）、日本（公开号 JP2008531288A、公开号 JP5155668B2）、韩国（公开号 KR101341298B1、公开号 KR1020070105379A）、墨西哥（公开号 MX2007010366A）、俄罗斯（公开号 RU2007135062A、公开号 RU2402626C2）、世界知识产权组织（公开号 WO2006089790A1）、阿根廷（公开号 AR052391A1）和中国台湾（公开号 TW200643182A、公开号 TWI395821B）曾组织多次申请、多次公布或批准的内容相同或基本相同的一组专利文献，这些同族专利组成了该专利的专利家族。意味着德国瓦尔德马尔林克有限公司认为该技术有高价值，故在全球范围内申请授权。

表 6-2　CA2597248A1 专利信息摘录

公开号	CA2597248A1
发明名称	Method for casting titanium alloy
申请人	Waldemar link gmbh co kg
发明人	Baliktay sevki
当前权利人	Waldemar link gmbh co kg
申请日	2006-02-27
公开日	2006-08-31
摘要	The invention relates to a method for casting objects from a β-titanium alloy containing titanium molybdenum with a molybdenum content of 7.5% to 25%. According to the invention: a melting of the alloy is carried out at a temperature of higher than 1770℃; the molten alloy is precision cast into a mold corresponding to the object to be produced, and this cast object is subjected to a hot-isostatic pressing, solution annealing and subsequent quenching. An efficient production of objects made from β-titanium alloys in the precision casting process is achieved using the inventive method. The invention thus creates the possibility of combining the advantageous properties of β-titanium alloys, particularly their excellent mechanical properties, with the advantages of a production of objects in the precision casting process. Even objects having complex shapes, which could not or could not be sensibly produced by conventional forging methods, can be produced from β-titanium alloy

续表 6-2

首项权利要求	A process for casting objects from a β-titanium alloy comprising titanium-molybdenum with a molybdenum content of from 7.5% to 25%, characterized by melting the alloy at a temperature of over 1770℃, investment-casting the molten alloy into a casting mold corresponding to the object to the produced, hot isostatic pressing, solution annealing and subsequent quenching
权利要求数	8
同族专利公开号	ZA200707586A、AT438746T、AU2006218029A1、AU2006218029B2、BRPI0607832A2、CA-2597248A1、CA2597248C、CN100594248C、CN101128609A、DE502006004443D1、DK185-1350T3、EP1851350A1、EP1851350B1、EP1696043A1、ES2328955T3、JP2008531288A、JP5155668B2、KR101341298B1、KR1020070105379A、MX2007010366A、RU2007135062A、RU2402626C2、WO2006089790A1、AR052391A1、TW200643182A、TWI395821B
扩展同族公开号	IN261733A1、IN4251CHENP2007A、CN101128609A、RU2402626C2、RU2007135062A、MX2007010366A、KR1020070105379A、AU2006218029A1、BRPI0607832A2、PL1851350T3、CN100594248C、EP1851350A1、JP5155668B2、CA2597248C、WO2006089790A1、CA2597-248A1、EP1851350B1、TWI395821B、DK1851350T3、AR052391A1、EP1696043A1、KR10-1341298B1、DE502006004443D1、AU2006218029B2、AT438746T、JP2008531288A、ZA20-0707586A、ES2328955T3、TW200643182A
引证专利	无

专利中的权利要求数量会影响专利价值，权利要求数量越多意味着专利价值越高。以申请时间 2017 年 9 月 13 日、公开号 JP2019533081A、名称“Titanium aluminum alloys of vanadium”的专利为例（见表 6-3），该专利权利要求数 64 个，意味着涉及 64 个技术领域，被侵权概率相对高。

表 6-3 JP2019533081A 专利信息摘录

公开号	JP2019533081A
发明名称	Titanium aluminum alloys of vanadium
申请人	ユニバーサル アケメタル タイタニウム リミテッド ライアビリティ カンパニー
发明人	コックス ジェイムズ アール; デ アルウィス チャナカ エル; コーラー ベンジャミン エイ; ルイス マイケル ジー
当前权利人	ユニバーサル アケメタル タイタニウム リミテッド ライアビリティ カンパニー
申请日	2017-09-13
公开日	2019-11-14
摘要	A method is provided for the production of titanium-aluminum-vanadium alloy products directly from a variety of titanium and vanadium bearing ores that reduces the processing steps significantly as compared to current Ti-Al-V alloy production methods

续表 6-3

首项权利要求	（a）Heating a chemical blend，the chemical blend comprising：a mixture of a titanium-containing ore and a vanadium-containing ore；configured to reduce the titanium and vanadium-containing ore mixture to a crude titanium-aluminum-vanadium alloy product. A Al reducing agent；and a viscosity agent；（b）initiating an extraction reaction in the chemical blend to yield：（1）a crude titanium-aluminum-vanadium alloy product；And（2）forming residual slag，wherein the extracted product comprises at least 3. 0 mass% oxygen；and（c）separating the residual slag from the crude titanium-aluminum-vanadium alloy product，The chemical blend ratio causes the viscous agent to adjust the slag viscosity during the reaction such that the crude titanium-aluminum-vanadium alloy products are efficiently separated into two layers from the residual slag. Step；（d）configuring the crude titanium-aluminum-vanadium alloy product obtained in the extraction reaction as an anode of an electrolytic cell，wherein the electrolytic cell is configured with an electrolyte；Step；（e）heating the electrolyte to a temperature between 600℃ and 900℃ to provide a molten electrolyte，wherein the molten electrolyte is held in a reactor and is in contact with the anode and cathode，and i. applying an electrical current to the reactor by：Directing from the anode through the molten electrolyte bath to the cathode；ii. depositing a refined titanium-aluminum-vanadium alloy product onto the cathode；and iii. recovering the refined titanium-aluminum-vanadium alloy product from the reactor；Wherein the refined titanium-aluminum-vanadium alloy product comprises；comprising at least 85 mass% titanium and 5. 0 mass% aluminum and 3. 0 mass% vanadium
权利要求数	64
同族专利公开号	IN201917014824A、ZA201901943A、ZA201901943A、AU2017385010A1、BR112019005038A2、BR112019005038A8、BRPI1905038A2、CA3047102A1、CN109996896A、EP3512970A1、JP2019533081A、WO2018125322A1、WO2018125322A9
扩展同族公开号	RU2019110982A、AU2017385010A1、EP3512970A1、BRPI1905038A2、BR112019005038A8、JP2019533081A、CL2019000645A1、ZA201901943A、US10400305B2、US62394588P0、IN201917014824A、CA3047102A1、RU2019110982A3、WO2018125322A1、BR112019005038A2、CN109996896A、WO2018125322A9、US20180073101A1、EP3512970B1
引证专利	无

6.4　重点专利

重点专利可以分析确定某专利在所属领域技术价值中的重要性，根据专利数据库中被引证次数、同族数量和合享价值度综合分析筛选出表 6-4 中的 10 件专利。

表 6-4 钛铝金属间化合物材料重点专利

公开号	申请时间	专利名称	申请人	申请人国家	同族数量/件	被引证次数
CN101457314A	2008-12-12	钛铝化物合金	GKSS 盖斯特哈赫特研究中心有限责任公司	德国	23	26
DE102015103422B3	2015-03-09	Method for producing a highly loadable component from an alpha+gamma titanium aluminide alloy for piston engines and gas turbines, particularly jet engines	莱斯特瑞兹股份有限公司	德国	8	5
CN102712966A	2010-12-17	制备低铝的钛铝合金的方法	联邦科学与工业研究组织	澳大利亚	21	4
DE102011110740A1	2011-08-11	Forged TiAl-components and methods of making the same	MTU 航空发动机有限公司	德国	8	2
US20130143068A1	2011-06-16	Process and apparatus for applying layers of material to a workpiece made of TiAl	MTU 航空发动机有限公司	德国	6	11
US20110189026A1	2008-10-18	Material for a gas turbine component, method for producing a gas turbine component and gas turbine component	MTU 航空发动机有限公司	德国	15	13
EP2742162A1	2012-08-09	Forged TiAl components, and method for producing same	MTU 航空发动机有限公司	德国	8	—
US20010022946A1	2001-02-22	TiAl based alloy, production process there for, and rotor blade using same	三菱重工公司	日本	14	2
EP3067435A1	2016-01-29	Method for producing a heacy-duty component made of an alpha+gamma titanium aluminide alloy for piston engines and gas turbines, in particular jet engines	莱斯特瑞兹股份有限公司	德国	8	—
CN1660540A	2005-02-28	含有金属间钛铝合金构件或半成品的制造方法及相应构件	GKSS 盖斯特哈赫特研究中心有限责任公司	德国	17	—

从申请时间来看，申请时间 2001 年 2 月 22 日、公开号 US20010022946A1、名称“TiAl based alloy，production process there for，and rotor blade using same”的专利申请时间较早。

从申请人国家来看，10位重点专利申请人包括8位德国申请人、1位澳大利亚申请人和1位日本申请人。

从同族数量来看，申请时间2008年12月12日、公开号CN101457314A、名称“钛铝化物合金”的专利同族数量23件，说明德国GKSS盖斯特哈赫特研究中心有限责任公司重视对该专利国内外市场占领的战略布局，同族专利公开号分别为：US2009151822A1、US2010000635A1、US2014010701A1、EP2075349A2、EP2075349A3、EP2075349B1、EP2145967A2、EP2145967A3、EP2145967B1、EP2423341A1、EP2423341B1、DE102007060587A1、DE102007060587、BRP10806979A、JP2009144247A、JP5512964B2、KR20090063173A、CN101457314B、BRPI0806979A2、CA2645843A1、IL195756D0、RU2008149177A和RU2466201C2。

从被引证次数来看，申请时间2008年12月12日、公开号CN101457314A、名称“钛铝化物合金”的专利被引证次数26次，说明该专利被行业内研发人员关注，一些发明创造可能在此基础上做出，引证专利公开号分别为：US10597756B2、CN110438369A、CN109312427A、CN107699738A、CN107475595A、CN106367624B、CN107034384A、WO2017114069A1、CN106367624A、CN106367633A、CN103773981B、CN105624465A、CN103820674B、CN105441715A、CN103820677B、CN103484701B、CN103820672A、CN103820674A、CN103820675A、CN103820677A、CN103773981A、CN102449176B、CN103484701A、CN103320647A、CN103320648A和CN102449176A。

对10件专利技术特征归纳发现主要围绕钛铝金属间化合物材料制备展开，见表6-4，制备方法有熔炼冶金、粉末冶金、等温锻造、氩弧焊、定向凝固等，材料用途涉及航空发动机涡轮叶片等。

10件专利信息摘录见表6-5（查找时间2021年4月8日）。

表6-5　钛铝金属间化合物材料重点专利信息摘录

1	
公开号	CN101457314A
发明名称	钛铝化物合金
申请人	GKSS盖斯特哈赫特研究中心有限责任公司
发明人	弗里茨·阿佩尔，乔纳森·保罗，迈克尔·厄林
当前权利人	亥姆霍兹，盖斯特哈赫特研究中心，材料研究中心和海岸研究有限公司
申请日	2008-12-12
公开日	2009-06-17
摘要	本发明涉及钛铝化物合金，特别是应用熔炼冶金或粉末冶金方法制备的钛铝化物基合金，优选γ(TiAl)基合金。根据本发明的合金的组成为（质量分数）Ti-(38%～42%)Al-(5%～10%)Nb，其中所述组成具有复合片层结构，各个片层中具有B19相和β相，其中各个片层中B19相和β相的比率，特别是体积比为0.05～20，特别为0.1～10。所述合金的特征是高刚度和抗蠕变性，同时具有高延性和断裂韧性

续表 6-5

首项权利要求	一种钛铝化物基或基于 γ(TiAl) 的钛铝化物基合金，其具有以下组成（质量分数）：Ti-(38%~42%) Al-(5%~10%)Nb，其中所述组成具有复合片层结构，各个片层中具有 B19 相和 β 相，其中各个片层中 B19 相和 β 相的比率或者 B19 相和 β 相的体积比为 0.05~20 或者 0.1~10
权利要求数	18
同族专利公开号	US2009151822A1、US2010000635A1、US2014010701A1、EP2075349A2、EP2075349A3、EP2075349B1、EP2145967A2、EP2145967A3、EP2145967B1、EP2423341A1、EP2423341B1、DE102007060587A1、DE102007060587、JP2009144247A、JP5512964B2、KR20090063173A、CN101457314B、BRPI0806979A2、CA2645843A1、IL195756D0、RU2008149177A、RU2466201C2
扩展同族公开号	EP2423341A1、EP2075349B1、US20140010701A1、US20090151822A1、EP2423341B1、US20100000635A1、EP2145967B1、KR1020090063173A、EP2145967A3、BRPI0806979A2、JP5512964B2、IN2711DEL2008A、IL195756D0、EP2145967A2、RU2466201C1、CN101457314B、CA2645843A1、RU2008149177A、RU2466201C2、JP2009144247A、EP2075349A2、DE102007060587B4、DE102007060587A1、CN101457314A、EP2075349A3
引证专利	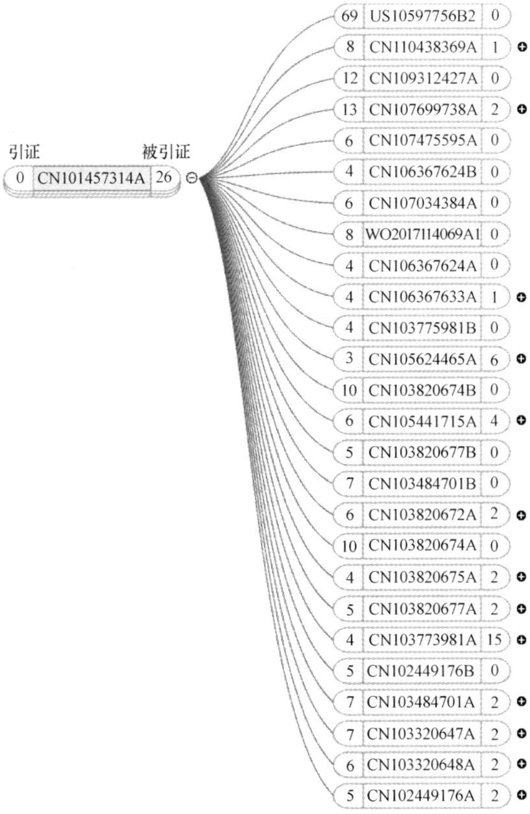 引证 被引证 0 CN101457314A 26 69 US10597756B2 0 8 CN110438369A 1 12 CN109312427A 0 13 CN107699738A 2 6 CN107475595A 0 4 CN106367624B 0 6 CN107034384A 0 8 WO2017114069A1 0 4 CN106367624A 0 4 CN106367633A 1 4 CN103775981B 0 3 CN105624465A 6 10 CN103820674B 0 6 CN105441715A 4 5 CN103820677B 0 7 CN103484701B 0 6 CN103820672A 2 10 CN103820674A 0 4 CN103820675A 2 5 CN103820677A 2 4 CN103773981A 15 5 CN102449176B 0 7 CN103484701A 2 7 CN103320647A 2 6 CN103320648A 2 5 CN102449176A 2

续表 6-5

2	
公开号	DE102015103422B3
发明名称	Method for producing a highly loadable component from an alpha+gamma titanium aluminide alloy for piston engines and gas turbines, particularly jet engines
申请人	Leistritz turbinentchnik gmbh
发明人	Marianne Baumgärtner, Peter Dipl Ing Janschek
当前权利人	Leistritz turbinentechnik gmbh
申请日	2015-03-09
公开日	2016-07-14
摘要	PROBLEM TO BE SOLVED: To provide a method for production of a highly stressable component from an $\alpha+\gamma$-titanium aluminide alloy. SOLUTION: There is provided the method for production of a highly stressable component from an $\alpha+\gamma$-titanium aluminide alloy for a reciprocating-piston engine and a gas turbine, especially an aircraft engine. The alloy used is a TiAl alloy having a composition containing, by atom%, Al: 40% to 48%, Nb: 2% to 8%, at least one kind of β-phase-stabilization element selected from Mo, V, Ta, Cr, Mn, Ni, Cu, Fe, Si: 0. 1% to 9%, B: 0 to 0. 5% and the balance Ti and smelting-related impurities, wherein deformation is carried out in a single stage starting from a preform with a volume distribution varying over the longitudinal axis, wherein the component is deformed isothermally in the β-phase region at a logarithmic deformation rate of 0. 01 to 0. 5 s. SELECTED DRAWING: None
首项权利要求	A process for the preparation of a highly loadable component consisting of an $\alpha+\gamma$-titanium aluminide alloy for piston engines and gas turbines, in particular an aircraft engines, by moulding, wherein, a tial alloy having the following composition is used as the alloy is (in atom%): 40%~48%Al, 2%~8%Nb, 0. 1%~9% of at least one of the stabilizing element β phase, selected from Mo, V, Ta, Cr, Mn, Ni, Cu, Fe, Si, B_0-0. 5%, and a balance of Ti and melt-related impurities, wherein the conversion from a preform having a longitudinal axis in a single stage of varying volume distribution is, wherein the component is in a logarithmic isothermal β-phase region of 0. 01~0. 51/sec is transformed strain rate
权利要求数	23
同族专利公开号	US10196725B2、US20160265096A1、JP2016166418A、JP6200985B2、EP3067435A1、EP3067435B1、PL3067435T3、DE102015103422B3
扩展同族公开号	EP3067435B1、DE102015103422B3、US10196725B2、JP2016166418A、US20160265096A1、EP3067435A1、PL3067435T3、JP6200985B2
引证专利	

续表 6-5

3	
公开号	CN102712966A
发明名称	制备低铝的钛铝合金的方法
申请人	联邦科学与工业研究组织
发明人	贾瓦德·海德尔
当前权利人	联邦科学与工业研究组织
申请日	2010-12-17
公开日	2012-10-03
摘要	在此披露了一种用于制备含有少于约 15wt%铝的钛铝合金的方法。该方法包括一个第一步骤，其中将等于或超过制备该钛铝合金所需的化学计算量的一个量值的次氯化钛由铝还原而形成一种包含元素钛的反应混合物，然后是一个第二步骤，其中加热该包含元素钛的反应混合物以形成该钛铝合金。控制该反应动力学使得导致铝化钛的形成的反应被最小化
首项权利要求	一种用于制备含有少于约 15%（质量分数）铝的钛铝合金的方法，该方法包括：一个第一步骤，其中将等于或超过制备该钛铝合金所需的化学计算量的一个量值的次氯化钛用铝还原而形成一种包含元素钛的反应混合物，然后一个第二步骤，其中将该包含元素钛的反应混合物加热以形成该钛铝合金，其中控制该反应动力学，使得导致铝化钛形成的反应被最小化
权利要求数	28
同族专利公开号	JP2016026265A、KR1020120094516A、WO2011072338A1、N102712966A、CN102712966B、EA22818B1、EP2513349A4、JP6129556B2、US8834601B2、EP2513349A1、KR101814219B1、NZ600248A、AU2010333714B2、AU2010333714A1、EA201290377A1、US20130019717A1、IN6068CHENP2012A、CA2784196C、CA2784196A1、ZA201203935A、JP2013514456A
扩展同族公开号	ZA201203935A、IN6068CHENP2012A、AU2010333714B2、JP6129556B2、CN102712966A、NZ600248A、US8834601B2、KR1020120094516A、EP2513349A4、AU2010333714A1、CA2784196A1、JP2013514456A、EA22818B1、CA2784196C、EP2513349A1、US20130019717A1、EA201290377A1、JP2016026265A、WO2011072338A1、KR101814219B1、CN102712966B
引证专利	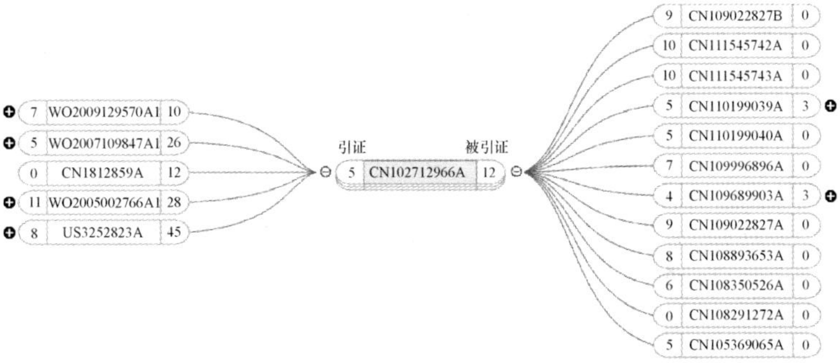 7 WO2009129570A1 10 5 WO2007109847A1 26 0 CN1812859A 12 11 WO2005002766A1 28 8 US3252823A 45 引证 5 CN102712966A 12 被引证 9 CN109022827B 0 10 CN111545742A 0 10 CN111545743A 0 5 CN110199039A 3 5 CN110199040A 0 7 CN109996896A 0 4 CN109689903A 3 9 CN109022827A 0 8 CN108893653A 0 6 CN108350526A 0 0 CN108291272A 0 5 CN105369065A 0

续表 6-5

4	
公开号	DE102011110740A1
发明名称	Forged TiAl-components and methods of making the same
申请人	MTU aero engines gmbh
发明人	Ulrike habel, Dietmar helm, Falko heutling, Wilfried smarsly
当前权利人	MTU aero engines ag
申请日	2011-08-11
公开日	2013-02-14
摘要	Die vorliegende Erfindung betrifft ein Verfahren zur Herstellung von geschmiedeten Bauteilen aus einer TiAl-Legierung, insbesondere Turbinenschaufeln, bei welchem die Bauteile geschmiedet werden und nach dem Schmieden einer zweistufigen Wärmebehandlung unterzogen werden, wobei die erste Stufe der Wärmebehandlung ein Rekristallisationsglühen für 50 bis 100 Minuten bei einer Temperatur unterhalb der γ/α-Umwandlungstemperatur und die zweite Stufe der Wärmebehandlung ein Stabilisierungsglühen im Temperaturbereich von 800°C bis 950°C für 5 bis 7 h umfasst, und wobei die Abkühlgeschwindigkeit bei der ersten Wärmebehandlungsstufe im Temperaturbereich zwischen 1300°C bis 900°C größer oder gleich 3°C/s ist. Die Erfindung betrifft ferner ein Bauteil aus einer TiAl-Legierung, insbesondere Bauteil einer Gasturbine, mit einem Triplex-Gefüge aus einer globulitischen γ-Phase, einer B2-Phase und einer lamellaren α_2- und γ-Phase, bei welcher der Anteil der γ-Phase 2 bis 20 Vol. %, der Anteil der B2-Phase 1 bis 20 Vol. % und der Anteil der γ-Phase zusammen mit der B2-Phase 5 bis 25 Vol. % beträgt
首项权利要求	Method for producing a tial alloy forged components, especially turbine blades, where the components may be forged and a two-stage heat treatment after the forging, wherein the first stage of the thermal treatment for 50 to 100 minutes at a temperature recrystalization annealing under the heat treatment and the second stage γ/α transformation temperature in the range from 800℃ to 950℃ of a stabilizing heat treatment for 5 to 7 comprises, and the cooling rate in the first heat treatment step at a temperature from 1300℃ to 900℃, more preferably 1200℃ to 1300℃ between cooling temperature recrystalization, 3℃/s or more
权利要求数	10
同族专利公开号	WO2013020548A8、WO2013020548A1、US2014202601A1、US20140202601A1、ES2553439T3、EP2742162B1、EP2742162A1、DE102011110740B4
扩展同族公开号	WO2013020548A1、US20140202601A1、WO2013020548A8、DE102011110740B4、DE102011110740A、EP2742162A1、EP2742162B1、ES2553439T3
引证专利	1 DE102007060587A1 3; 0 DE102007051499A1 25; 8 DE19756354A1 14; 引证; 2 DE102011110740A1 2; 被引证; 6 EP3077557B1 0; 6 WO2015081922A1 2

续表 6-5

5	
公开号	US20130143068A1
发明名称	Process and apparatus for applying layers of material to a workpiece made of TiAl
申请人	MTU aero engines gmbh
发明人	Karl hermann richter, Herbert hanrieder, Sonja dudziak, Albert grueninger
当前权利人	MTU aero engines gmbh
申请日	2011-06-16
公开日	2013-06-06
摘要	A method for depositing material layers on a workpiece made of a material which contains a titanium aluminide includes the steps of preparing the workpiece; heating the workpiece in a localized region by induction to a predefined preheating temperature; and depositing an additive, preferably in powder form, on the heated surface of the workpiece by build-up welding, in particular laser build-up welding, plasma build-up welding, micro-plasma build-up welding, TIG build-up welding or micro-TIG build-up welding; said additive including a titanium aluminide
首项权利要求	1-17. (canceled) 18. A method for depositing at least one layer of material on a workpiece made of a material including a titanium aluminide, the method comprising the steps of: heating the workpiece in a localized region by induction to a predefined preheating temperature, the heating creating a heated surface of the workpiece; anddepositing an additive including titanium aluminide on the heated surface of the workpiece by build-up welding
权利要求数	40
同族专利公开号	DE102010026084A1、EP2590773A2、WO2012069029A3、WO2012069029A2、US9550255B2、US2013143068A1
扩展同族公开号	EP2590773B1、E102010026084A1、EP2590773A2、WO2012069029A2、WO2012069029A3、US20130143068A1、US9550255B2、ES2791711T3
引证专利	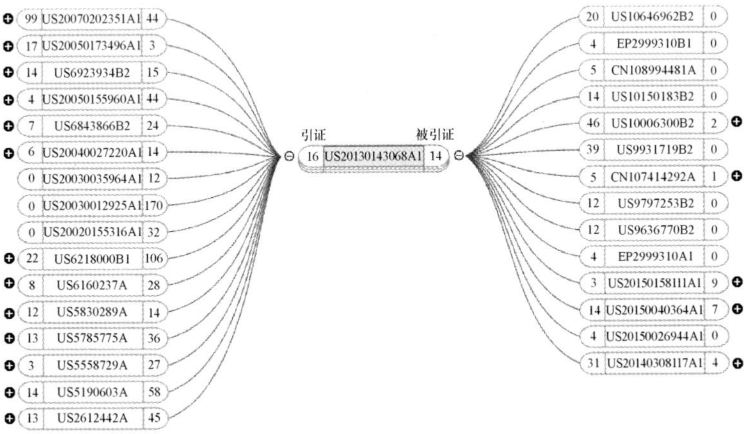 99 US20070202351A1 44 17 US20050173496A1 3 14 US6923934B2 15 4 US20050155960A1 44 7 US6843866B2 24 6 US20040027220A1 14 0 US20030035964A1 12 0 US20030012925A1 170 0 US20020155316A1 32 22 US6218000B1 106 8 US6160237A 28 12 US5830289A 14 13 US5785775A 36 3 US5558729A 27 14 US5190603A 58 13 US2612442A 45 引证 被引证 16 US20130143068A1 14 20 US10646962B2 0 4 EP2999310B1 0 5 CN108994481A 0 14 US10150183B2 0 46 US10006300B2 2 39 US9931719B2 0 5 CN107414292A 1 12 US9797253B2 0 12 US9636770B2 0 4 EP2999310A1 0 3 US20150158111A1 9 14 US20150040364A1 7 4 US20150026944A1 0 31 US20140308117A1 4

续表 6-5

6	
公开号	US20110189026A1
发明名称	Material for a gas turbine component, method for producing a gas turbine component and gas turbine component
申请人	MTU aero engines gmbh
发明人	Wilfried smarsly, Helmut Clemens, Volker guether, Sascha krimmer, Andreas otto, Harald chladil
当前权利人	GfE metalle und materialien gmbh, Boehler schmiede technik gmbh co kg, Montanuniversitaet leoben, MTU aero engines gmbh, MTU aero engines gmbh, Montan universitaet leoben, Boehler schmied
申请日	2008-10-18
公开日	2011-08-04
摘要	A material for a gas turbine component, to be specific a titanium-aluminum-based alloy material, including at least titanium and aluminum. The material has a) in the range of room temperature, the β/B2-Ti phase, the α_2-Ti_3Al phase and the γ-TiAl phase with a proportion of the β/B2-Ti phase of at most 5% by volume, and b) in the range of the eutectoid temperature, the β/B2-Ti phase, the α_2-Ti_3Al phase and the γ-TiAl phase, with a proportion of the β/B2-Ti phase of at least 10% by volume
首项权利要求	1.-14. (canceled) 15. A material for a gas turbine component, comprising: titanium; andaluminum; wherein: a) the material has, in a range of room temperature, a β/B2-Ti phase, a α_2-Ti_3Al phase, and a γ-TiAl phase, with a proportion of the β/B2-Ti phase of at most 5% by volume; b) and the material has, in a range of eutectoid temperature, the β/B2-Ti phase, the α_2-Ti_3Al phase, and the γ-TiAl phase, with a proportion of the β/B2-Ti phase of at least 10% by volume
权利要求数	15
同族专利公开号	CA2703906A1、CA2703906C、DE102007051499A1、EP2227571A2、EP2227571B1、ES2548243T3、JP2011502213A、JP5926886B2、WO2009052792A9、WO2009052792A8、WO2009052792A3、WO2009052792A2、US8888461B2、US2011189026A1
扩展同族公开号	CA2703906A1、US20110189026A1、WO2009052792A8、EP2227571A2、PL2227571T3、JP2011502213A、WO2009052792A9、ES2548243T3、US8888461B2、JP5926886B2、WO2009052792A3、WO2009052792A2、CA2703906C、EP2227571B1、DE102007051499A1

续表 6-5

引证专利	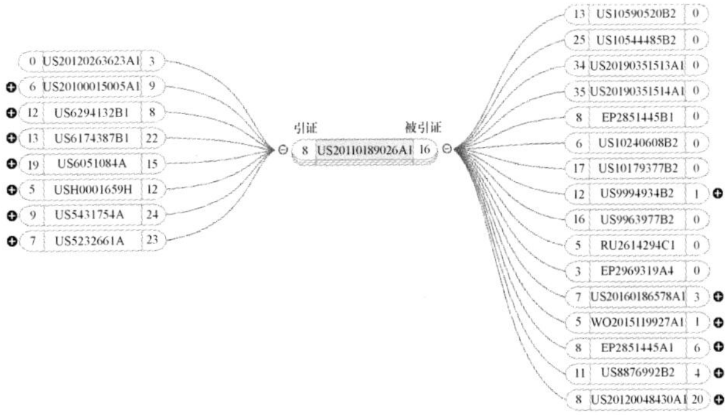 引证 0 US20120263623A1 3 6 US20100015005A1 9 12 US6294132B1 8 13 US6174387B1 22 19 US6051084A 15 5 USH0001659H 12 9 US5431754A 24 7 US5232661A 23 8 US20110189026A1 16 被引证 13 US10590520B2 0 25 US10544485B2 0 34 US20190351513A1 0 35 US20190351514A1 0 8 EP2851445B1 0 6 US10240608B2 0 17 US10179377B2 0 12 US9994934B2 1 16 US9963977B2 0 5 RU2614294C1 0 3 EP2969319A4 0 7 US20160186578A1 3 5 WO2015119927A1 1 8 EP2851445A1 6 11 US8876992B2 4 8 US20120048430A1 20
7	
公开号	EP2742162A1
发明名称	Forged TiAl components, and method for producing same
申请人	MTU aero engines gmbh
发明人	Helm dietmar, Heutling falko, Habel Ulrike, Smarsly wilfried
当前权利人	MTU aero engines gmbh
申请日	2012-08-09
公开日	2014-06-18
摘要	The present invention relates to a method for producing forged components of a TiAl alloy, in particular turbine blades, wherein the components are forged and undergo a two-stage heat treatment after the forging process, the first stage of the heat treatment comprising a recrystallization annealing process for 50 to 100 minutes at a temperature below the γ/α transition temperature, and the second stage of the heat treatment comprising a stabilization annealing process in the temperature range of from 800℃. to 950℃. for 5 to 7 hrs, and the cooling rate during the first heat treatment stage being greater than or equal to 3℃./sec, in the temperature range between 1300℃ to 900℃
首项权利要求	Method for producing forged components from a TiAl alloy, in particular turbine blades, in which the components are forged and subjected to a two-stage heat treatment after forging, wherein the first stage of the heat treatment comprises recrystallization annealing for 50 to 100 minutes at a temperature below the γ/α transformation temperature and the second stage of the heat treatment comprises stabilizing annealing in the temperature range of 800℃ to 950℃ for 5 to 7 hours, and wherein the cooling rate in the first heat treatment step in the temperature range between 1300℃ to 900℃, in particular recrystallization cooling temperature between 1200℃ to 1300℃, is greater than or equal to 3℃/s
权利要求数	0
同族专利公开号	DE102011110740A1、DE102011110740B4、WO2013020548A8、WO2013020548A1、US2014202601A1、US20140202601A1、ES2553439T3、EP2742162B1
扩展同族公开号	WO2013020548A8、DE102011110740A1、DE102011110740B4、WO2013020548A1、US20140202601A1、EP2742162A1、ES2553439T3、EP2742162B1
引证专利	无

续表 6-5

8	
公开号	US20010022946A1
发明名称	TiAl based alloy, production process therefor, and rotor blade using same
申请人	Mitsubishi heavy industries, ltd
发明人	Toshimitsu tetsui, Kentaro shindo, Masao takeyama
当前权利人	Mitsubishi heavy industries ltd
申请日	2001-02-22
公开日	2001-09-20
摘要	A TiAl based alloy having excellent strength as well as an improvement in toughness at room temperature, in particular an improvement in impact properties at room temperature, and a production method thereof, and a blade using the same are provided. This TiAl based alloy has a microstructure in which lamellar grains having a mean grain diameter of from 1 to 50μm are closely arranged. The alloy composition is Ti-(42~48) Al-(5~10) (Cr and/or V) or Ti-(38~43) Al-(4~10) Mn. The alloy can be obtained by subjecting the alloy to high-speed plastic working in the cooling process, after the alloy has been held in an equilibrium temperature range of the α phase or the (α+β) phase
首项权利要求	A TiAl based alloy having a microstructure in which lamellar grains having a mean grain diameter of from 1 to 50μm are closely arranged, with an α_2 phase and a γ phase being laminated therein alternately
权利要求数	19
同族专利公开号	US20010022946A1
扩展同族公开号	US7618504B2、EP1127949A2、US20040055676A1、EP1127949B1、P2001316743A、US6669791B2、DE60110294T2、DE60110294D1、EP1127949A3、JP4287991B2、US20010022946A1
引证专利	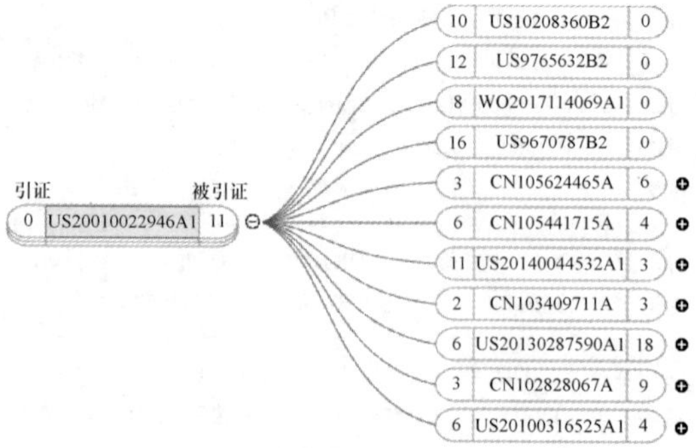 引证 被引证 0 US20010022946A1 11 10 US10208360B2 0 12 US9765632B2 0 8 WO2017114069A1 0 16 US9670787B2 0 3 CN105624465A 6 6 CN105441715A 4 11 US20140044532A1 3 2 CN103409711A 3 6 US20130287590A1 18 3 CN102828067A 9 6 US20100316525A1 4

续表 6-5

9	
公开号	EP3067435A1
发明名称	Method for producing a heacy-duty component made of an alpha+gamma titanium aluminide alloy for piston engines and gas turbines, in particular jet engines
申请人	Leistritz turbinentechnik gmbh
发明人	Baumgärtner Marianne, Janschek Peter
当前权利人	Leistrite turbinentechnik gmbh
申请日	2016-01-29
公开日	2016-09-14
摘要	Verfahren zur Herstellung eines hochbelastbaren Bauteils aus einer $\alpha+\gamma$-Titanaluminid-Legierung für Kolbenmaschinen und Gasturbinen, insbesondere Flugtriebwerke, dadurch gekennzeichnet, dass als Legierung eine TiAl-Legierung folgender Zusammensetzung verwendet wird (in Atom%): 40%~48% Al, 2%~8% Nb, 0.1%~9% wenigstens eines die β-Phase stabilisierenden Elements, gewählt aus Mo, V, Ta, Cr, Mn, Ni, Cu, Fe, Si, 0~0.5% B, sowie einem Rest aus Ti und erschmelzungsbedingten Verunreinigungen, wobei die Umformung einstufig ausgehend von einer Vorform mit über die Längsachse variierender Volumenverteilung erfolgt, wobei das Bauteil im β-Phasenbereich isotherm mit einer logarithmischen Umformgeschwindigkeit von 0.01~0.51/s umgeformt wird
首项权利要求	Verfahren zur Herstellung eines hochbelastbaren Bauteils aus einer $\alpha+\gamma$-Titanaluminid-Legierung für Kolbenmaschinen und Gasturbinen, insbesondere Flugtriebwerke, dadurch gekennzeichnet, dass als Legierung eine TiAl-Legierung folgender Zusammensetzung verwendet wird (in Atom%): 40%~48% Al, 2%~8% Nb, 0.1%~9% wenigstens eines die β-Phase stabilisierenden Elements, gewählt aus Mo, V, Ta, Cr, Mn, Ni, Cu, Fe, Si, 0~0.5% B, sowie einem Rest aus Ti und erschmelzungsbedingten Verunreinigungen, wobei die Umformung einstufig ausgehend von einer Vorform mit über die Längsachse variierender Volumenverteilung erfolgt, wobei das Bauteil im β-Phasenbereich isotherm mit einer logarithmischen Umformgeschwindigkeit von 0.01~0.51/s umgeformt wird
权利要求数	20
同族专利公开号	PL3067435T3、US20160265096A1、DE102015103422B3、JP2016166418A、EP3067435A1、EP3067435B1、JP6200985B2、US10196725B2
扩展同族公开号	DE102015103422B3、JP2016166418A、US20160265096A1、PL3067435T3、US10196725B2、EP3067435B1、JP6200985B2、EP3067435A1
引证专利	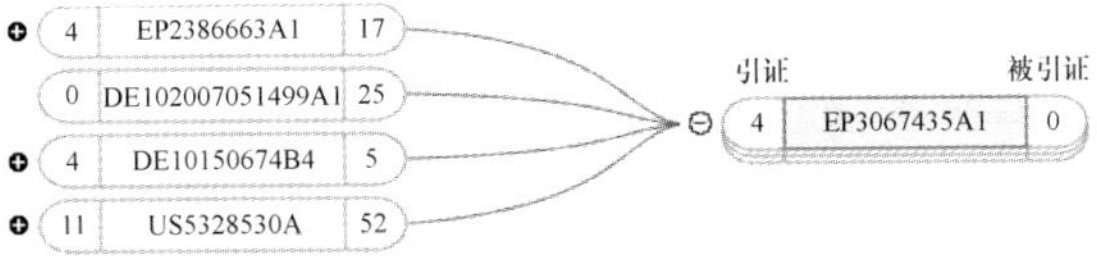 4 EP2386663A1 17 0 DE102007051499A1 25 4 DE10150674B4 5 11 US5328530A 52 引证 被引证 4 EP3067435A1 0

续表 6-5

10	
公开号	CN1660540A
发明名称	含有金属间钛铝合金构件或半成品的制造方法及相应构件
申请人	GKSS；盖斯特哈赫特研究中心有限责任公司
公开日	2005-08-31
发明人	M. 奥林格；J. 保罗；F. 阿佩尔
当前权利人	GKSS；盖斯特哈赫特研究中心有限责任公司
申请日	2005-02-28
摘要	本发明建议了一种用于制造含有金属间钛铝合金的构件（10）或半成品的方法，其方法步骤为：（1）相应于构件或半成品的所希望的最终形状粗形成多个板状体的轮廓，其中这些板状体的一部分或者所有板状体由钛铝合金制成；（2）实施多个相互堆叠的板状体平面连接用于形成总体；（3）形成总体所希望的最终形状，以及一种按照本方法制造的构件，特别用于喷气发动机
首项权利要求	用于制造含有金属间钛铝合金的构件或半成品的方法，其特征在于以下方法步骤：（1）相应于构件或半成品的所希望的最终形状形成多个板状体的粗轮廓，其中这些板状体的一部分或者所有板状体由钛铝合金制成；（2）实施多个相互堆叠的板状体彼此平面连接用于形成总体；（3）形成总体所希望的最终形状
权利要求数	18
同族专利公开号	US2006138200A1、US7870670B2、EP1568486A1、EP1568486B1、DE502004006993D1、JP2005238334A、KR20060042190A、CN1660540B、AT393699T、CA2496093A1、CA2496093C、ES2305593T3、RU2005105411A、RU2306227C2
扩展同族公开号	CA2496093C、CN1660540B、RU2005105411A、AT393699T、US7870670B2、RU2306227C1、EP1568486A1、RU2306227C2、DE502004006993D1、EP1568486B1、JP2005238334A、US20060138200A1、KR1020060042190A、IN255780A1、IN256DEL2005A、CN1660540A、ES2305593T3
引证专利	无

6.5　法律状态

从专利有效性角度看，包括失效专利 1735 件、有效专利 726 件、在审专利 369 件、未确认专利 305 件、PCT-有效期满专利 126 件、授权后失效专利 76 件、部分有效专利 40 件和 PCT-有效期内专利 3 件。失效专利比重较高，建议加以关注，一些重要的失效专利可以考虑二次创新和开发。

从被转让专利角度看，排名前 20 位的机构/个人及其专利数量为：Huang，shyh-chin，专利 20 件；Schloffer，martin，dr，专利 9 件；Smarsly，wilfried，专利 7 件；Gigliotti，michael f. x. jr，专利 6 件；Micron technology，inc，专利 6 件；

Richter，karl-hermann，专利 6 件；Clemens，helmut，专利 5 件；Schloffer，martin，专利5件；Smarsly，wilfried，dr，专利5件；Tetsui，toshimitsu，专利5件；Hanrieder，herbert，专利4件；法国外贸银行作为担保代理人，专利4件；Shindo，kentaro，专利4件；美国国家银行协会作为担保代理人，专利4件；中国中南大学，专利4件；Appel，fritz，专利3件；ABB集团，专利3件；Das，gopal，专利3件；Froes，francis h，专利3件；Hanamura，toshihiro，专利3件。

从专利受让人角度看，排名前20位的机构及其专利数量为：MTU航空发动机公司，专利26件；通用电气公司，专利10件；联合技术公司，专利8件；美光科技有限公司，专利7件；三菱重工公司，专利7件；通用电气公司纽约分公司，专利5件；IHI公司，专利5件；MTU航空发动机有限公司，专利5件；博格华纳公司，专利4件；法国外贸银行作为担保代理人，专利4件；新日本制铁公司，专利4件；夏普公司，专利4件；美国银行国家协会作为担保代理人，专利4件；美国空军部长颁发，专利3件；阿尔斯通公司，专利3件；美国银行信托公司，专利3件；大同钢铁有限公司专利，3件；通用电气公司纽约公司，专利3件；豪迈特公司，专利3件。

从专利转让技术角度看，排名前20位的IPC分类及其专利数量为：C22C，专利1232件；C23C，专利542件；C22F，专利460件；B22F，专利305件；B23K，专利241件；F01D，专利228件；H01L，专利206件；B22D，专利191件；B23B，专利129件；B32B，专利100件；C22B，专利100件；B22C，专利86件；B23P，专利75件；C04B，专利68件；B21J，专利60件；B21C，专利55件；B21B，专利54件；F01L，专利51件；F02B，专利51件；B23C，专利50件。其中，C22C占比36.46%、C23C占比16.04%、C22F占比13.61%。

7　钛铝金属间化合物材料中国专利量化分析

7.1　数据来源

以钛铝金属间化合物、钛铝合金、钛铝基合金、钛铝系合金、TiAl、Ti-Al 等为检索词制定检索式，对在我国申请、申请日截止到 2019 年 12 月 31 日的专利进行检索，检索时间为 2020 年 3 月 2 日。结果显示：专利 1065 件，包括发明申请专利 974 件、实用新型专利 71 件和发明授权专利 20 件。

7.2　申请概况

7.2.1　申请趋势

不同时期我国钛铝金属间化合物材料专利申请热度变化情况如图 7-1 所示。2005 年前专利年申请量每年少于 10 件，2005 年后专利申请总体呈上升趋势，2005 年专利数量比 2004 年增长 144%，2015 年的申请量高达 135 件。

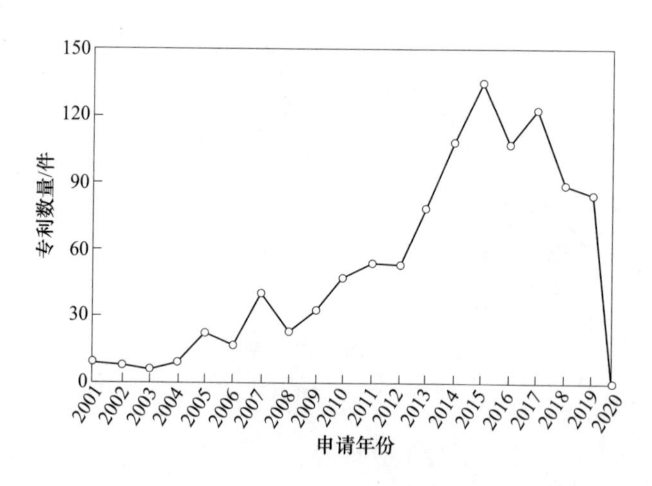

图 7-1　我国钛铝金属间化合物材料专利申请数量变化

7.2.2 技术构成

排名前10位专利的技术构成及专利数量为：C22C合金，专利411件；C23C对金属材料的镀覆/用金属材料对材料的镀覆，表面扩散法、化学转化或置换法的金属材料表面处理，真空蒸发法、溅射法、离子注入法或化学气相沉积法的一般镀覆，专利184件；B22F金属粉末的加工，由金属粉末制造制品，金属粉末的制造，金属粉末的专用装置或设备，专利131件；C22F改变有色金属或有色合金的物理结构，专利109件；B23K钎焊或脱焊，焊接，用钎焊或焊接方法包覆或镀敷，局部加热切割，用激光束加工，专利88件；B22D金属铸造，用相同工艺或设备的其他物质的铸造，专利61件；B22C铸造造型，专利35件；B32B层状产品，专利35件；H01L半导体器件，其他类目中不包括的电固体器件，专利34件；C22B金属的生产或精炼，原材料的预处理，专利30件。其中，C22专利550件、C23专利184件、B22专利227件和B23专利88件，此四大类专利申请居多，且C22大类远高于C23、B22和B23三大类总和，反映出C22技术领域的发展潜力大、成熟程度高。

7.2.3 地区分布

27个省/直辖市/自治区提出专利申请，包括北京市专利150件、黑龙江省专利147件、江苏省专利114件、陕西省专利96件、辽宁省专利70件、山东省专利53件、广东省专利45件、上海市专利43件、浙江省专利36件、湖南省专利31件、河南省专利30件、四川省专利29件、安徽省专利26件、湖北省专利19件、天津市专利18件、山西省专利16件、河北省专利12件、江西省专利10件、云南省专利10件、吉林省专利8件、广西壮族自治区专利7件、贵州省专利7件、宁夏回族自治区专利6件、重庆市专利6件、台湾地区专利6件、甘肃省专利1件和新疆维吾尔自治区专利1件。北京市的专利申请主体及其数量为：北京科技大学，专利45件；北京工业大学，专利20件；中国航发北京航空材料研究院，专利26件；北京工业大学，专利20件。黑龙江省专利申请主体为哈尔滨工业大学，专利138件，占该省该领域专利总数的93.9%。

7.2.4 主要创新主体

专利申请主要创新主体为高校和科研院所，如图7-2所示。前三位机构及其专利数量为：哈尔滨工业大学，专利138件；北京科技大学，专利45件；西北工业大学，专利37件。

专利申请人类型及其专利数量为：大专院校，专利557件；企业，专利354

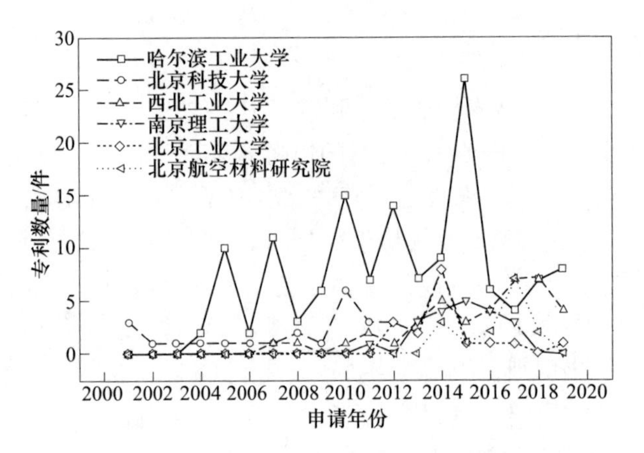

图 7-2 我国钛铝金属间化合物材料专利申请主要创新主体

件；科研单位，专利 130 件；个人，专利 56 件；机关团体，专利 4 件。专利申请主体中缺乏企业身影，建议企业加大与高校和科研院所的合作，如图 7-3 所示。

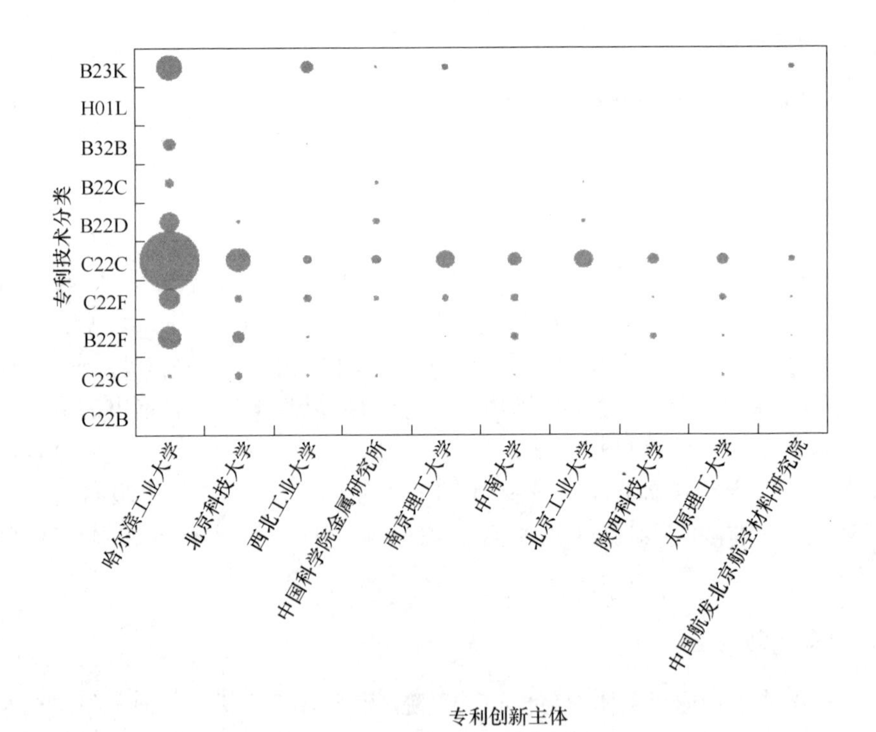

图 7-3 我国钛铝金属间化合物材料专利申请主要创新主体技术构成

专利申请创新主体技术构成可以揭示出创新主体构成及其侧重的技术领域、

技术方向和技术实力。其中，哈尔滨工业大学专利技术构成及专利其数量为：C22C 专利 49 件，B23K 专利 22 件，B22F 专利 20 件，B22D 专利 17 件；北京科技大学专利技术构成及其专利数量为：C22C 专利 21 件，B22F 专利 11 件。西北工业大学专利技术构成及其专利数量为：B23K 专利 11 件，C22C 专利 8 件，C22F 专利 7 件。

7.2.5 来华专利申请

来华专利申请国家以日本、美国和德国为主（见图 7-4），共有专利 65 件，占专利总数的 6.1%，包括发明专利 64 件、实用新型专利 1 件、授权专利 38 件、权利终止专利 9 件、实质审查专利 7 件、撤回专利 7 件、驳回专利 3 件、公开专利 1 件。65 件专利中，包括日本专利 20 件、美国专利 18 件、德国专利 12 件、法国专利 5 件、韩国专利 4 件、英国专利 2 件、澳大利亚专利 1 件、西班牙专利 1 件、意大利专利 1 件和挪威专利 1 件。

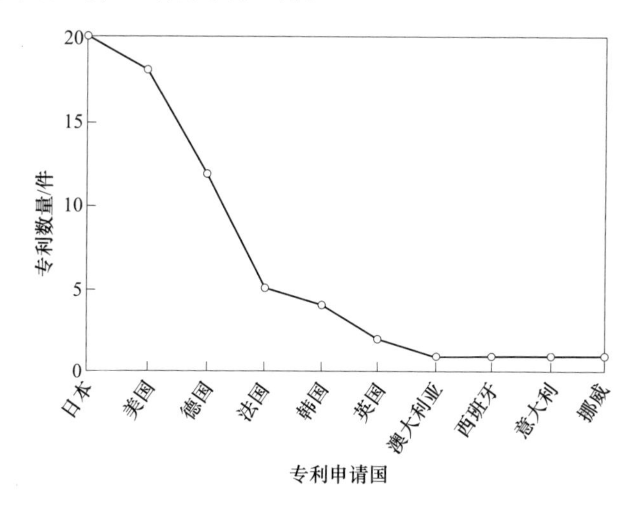

图 7-4 钛铝金属间化合物材料来华专利申请国家

来华专利申请机构及其专利数量为通用电气公司专利 5 件、株式会社 IHI 专利 4 件、OSG 株式会社专利 3 件、三菱综合材料株式会社专利 3 件、三菱重工株式会社专利 3 件、GKSS 盖斯特哈赫特研究中心有限责任公司专利 2 件、VDM 金属国际有限公司专利 2 件、博格华纳公司专利 2 件、法国国家科学研究中心专利 2 件和夏普株式会社专利 2 件，如图 7-5 所示。

国外来华专利申请往往出于以下目的：第一，将专利作为先锋保护产品输出，以对自己不能完全实施的专利进行有偿转让和许可；第二，设置专利陷阱，初期培育市场并在市场成熟后诉讼本土企业侵权以坐收渔人之利；第三，依托技术联盟来设定行业标准、构建专利壁垒；第四，依托本国政府支持，限

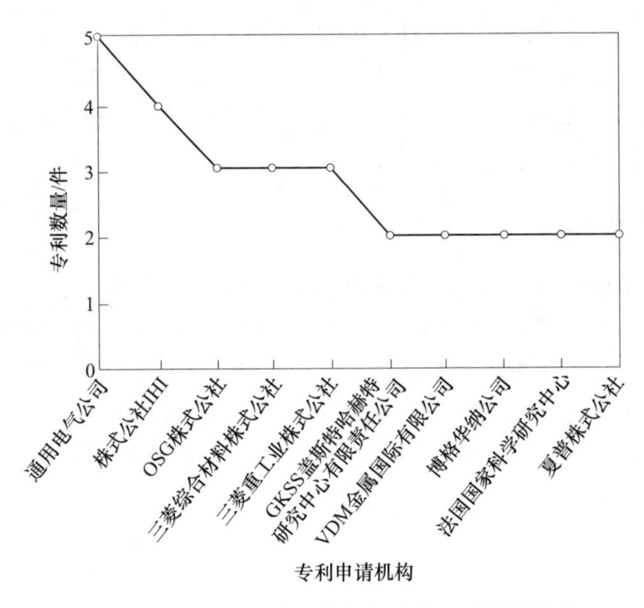

图 7-5　钛铝金属间化合物材料来华专利申请机构

制中国产品海外扩张。另外，统计显示，来华专利申请类型及其专利数量为：C22C 专利 21 件，C23C 专利 15 件，F01D 专利 9 件，B23P 专利 7 件，B22C 专利 6 件，B22D 专利 6 件，B22F 专利 5 件，B23B 专利 5 件，F02B 专利 5 件，H01L 专利 5 件。

7.3　重要专利

数据查找时间更新为 2021 年 4 月 8 日。

7.3.1　哈尔滨工业大学

专利技术领域涉及熔模精密铸造、钛合金复合板材、电子束焊接等多种制备方法。被引证较多的专利及其被引证次数为：专利 CN101462151A，被引证 44 次；专利 CN101011706A，被引证 34 次；专利 CN101011705A，被引证 32 次；专利 CN101104195A，被引证 31 次；专利 CN1695870A，被引证 30 次；专利 CN101564763A，被引证 24 次；专利 CN101112716A，被引证 24 次；专利 CN101972877A，被引证 24 次；专利 CN102019401A，被引证 24 次；专利 CN101011737A，被引证 22 次。被转让专利为专利 CN104759752A，名称为“一种高效率焊接 TiAl 合金的方法”，受让人为哈工大机器人集团股份有限公司，见表 7-1。

表 7-1 哈尔滨工业大学重点专利信息摘录

1	
公开号	CN101462151A
发明名称	一种熔模精密铸造 TiAl 基合金模壳的制备方法
发明人	陈玉勇，陈艳飞，田竞，肖树龙，孔凡涛，徐丽娟，王惠光，刘志光
当前权利人	哈尔滨工业大学
申请日	2009-01-16
公开日	2009-06-24
摘要	一种熔模精密铸造 TiAl 基合金模壳的制备方法，它涉及一种氧化物陶瓷模壳的制备方法。它解决了 TiAl 基合金精铸生产过程存在着制壳干燥慢、铸件生产周期较长及成本高的问题。制备方法：（1）采用 SLS 技术制备熔模；（2）铝矾土表面包覆聚乙烯醇并研磨成粒状；（3）对模壳面层进行涂挂；（4）对模壳背层进行涂挂；（5）对模壳进行脱蜡及焙烧；（6）TiAl 基合金的真空浇铸，得到 TiAl 基合金铸件。本发明从 CAD 设计到获得 TiAl 基合金精铸件仅需 13~15 天，而传统方法需要 45~60 天，节省了近 2/3 的生产制造周期，制造成本也相应的得到了降低
首页权利要求	一种熔模精密铸造 TiAl 基合金模壳的制备方法，其特征在于熔模精密铸造 TiAl 基合金模壳的制备方法按以下步骤实施：（1）采用 SolidWorks 软件设计出三维 CAD 模型，用 magic 软件转换后保存为 STL 文件，再将 STL 文件的数据信息输送到 SLS 快速成型机上，用选择性激光烧结技术逐层烧结直径小于 0.2mm 的聚苯乙烯粉，再浸蜡后制得熔模，而后用工业酒精对熔模表面与内部进行清洗，晾干；（2）将 60 目铝矾土砂和聚乙烯醇 1788 粉末加入蒸馏水中并以搅拌速度为 300~400r/min 搅拌至聚乙烯醇 1788 粉末均匀包裹于铝矾土砂表面，然后在温度为 60~80℃条件下，干燥处理 3~4h 并研磨 1h；（3）将 325 目氧化锆粉与二醋酸锆按（2.5~3.8）：1 的质量比混合后，再加入占二醋酸锆体积 0.02%~0.08%的脂肪醇聚氧乙烯醚和 0.04%~0.07%的正辛醇，在搅拌速度为 300~400r/min 条件下搅拌 1~2h，然后静置 30min，得面层涂料，而后将熔模浸入面层涂料沾浆 10~15s 后取出，在熔模上的面层涂料流动均匀而不再连续下滴后进行面层撒砂、干燥；（4）将 325 目铝矾土粉与硅溶胶按（2.5~3）：1 的质量比混合，得流杯黏度为 60~100s 的背层涂料，然后进行背层 1~7 层涂挂，得模壳；（5）将模壳放入箱式电阻炉中，随炉升温至 200~400℃保温 1~2h，然后升温至 500~700℃保温 1~2h，继续升温至 900~1050℃保温 1~2h，然后随炉冷却至室温，得 TiAl 基合金精铸用氧化物陶瓷模壳；（6）将 TiAl 基合金精铸用氧化物陶瓷模壳放置于水冷铜坩埚真空感应熔炼炉中，抽真空至 10^{-2}mbar 后进行 TiAl 基合金熔炼，在 TiAl 基合金精铸用氧化物陶瓷模壳预热温度为 300~400℃的条件下进行浇铸，得 TiAl 基合金铸件；其中步骤二中按（0.8~1.5）：（0.8~1.5）的质量比称取蒸馏水和铝矾土砂，再称取占蒸馏水质量分数 0.5%~1.2%的聚乙烯醇 1788 粉末；步骤三中面层涂料的流杯黏度为 70~110s，撒砂使用的是粒度在 30~60 目的氧化锆砂；步骤四中第一层到第六层涂挂包括沾浆和撒砂两个步骤，步骤四中所用撒砂材料为步骤二中表面包覆聚乙烯醇 1788 粉末的铝矾土砂和未经处理的铝矾土砂，二者质量比为 1：1，并混合均匀；第七层在涂挂过程中只进行沾浆，不进行撒砂，步骤四中涂挂时层与层涂挂间隔时间为 20min

续表 7-1

权利要求数	10
同族专利公开号	CN101462151B、CN101462151A
扩展同族公开号	CN101462151A、CN101462151B
引证专利	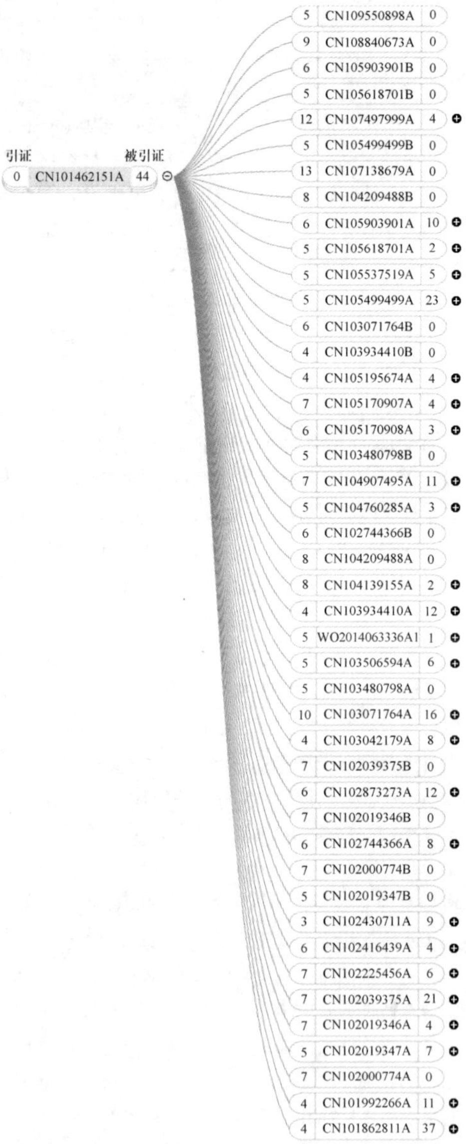 引证 被引证 0 CN101462151A 44 5 CN109550898A 0 9 CN108840673A 0 6 CN105903901B 0 5 CN105618701B 0 12 CN107497999A 4 5 CN105499499B 0 13 CN107138679A 0 8 CN104209488B 0 6 CN105903901A 10 5 CN105618701A 2 5 CN105537519A 5 5 CN105499499A 23 6 CN103071764B 0 4 CN103934410B 0 4 CN105195674A 4 7 CN105170907A 4 6 CN105170908A 3 5 CN103480798B 0 7 CN104907495A 11 5 CN104760285A 3 6 CN102744366B 0 8 CN104209488A 0 8 CN104139155A 2 4 CN103934410A 12 5 WO2014063336A1 1 5 CN103506594A 6 5 CN103480798A 0 10 CN103071764A 16 4 CN103042179A 8 7 CN102039375B 0 6 CN102873273A 12 7 CN102019346B 0 6 CN102744366A 8 7 CN102000774B 0 5 CN102019347B 0 3 CN102430711A 9 6 CN102416439A 4 7 CN102225456A 6 7 CN102039375A 21 7 CN102019346A 4 5 CN102019347A 7 7 CN102000774A 0 4 CN101992266A 11 4 CN101862811A 37

续表 7-1

2	
公开号	CN101011706A
发明名称	叠层轧制-扩散复合制备钛合金/TiAl 合金复合板材的方法
发明人	孔凡涛，陈玉勇
当前权利人	哈尔滨工业大学
申请日	2007-01-31
公开日	2007-08-08
摘要	叠层轧制-扩散复合制备钛合金/TiAl 合金复合板材的方法，它涉及制备钛合金/TiAl 合金复合板材的方法，本发明的目的是为解决现有技术不能获得尺寸大、厚度薄的钛合金/TiAl 合金复合板材的问题。本发明 A（钛箔）与 C（铝箔）叠层放置，叠层中至少一层 B（钛或钛合金箔，钛或钛合金板材），B 或者在叠层的上、下表面，或者放在叠层中间；叠层中，B 的相邻层为 C，最外层为 A 或 B，A、B 和 C 叠放层数为 3 层或 3 层以上；经过包套，先经过在 20~750℃低温轧制，再经过 750~1300℃高温轧制。本发明避开了 TiAl 合金塑性较低、加工性能差的技术缺陷，采用塑性及加工性能较好的钛箔及铝箔反应生成 TiAl 金属间化合物的方法，本发明可以制备大尺寸的钛合金/TiAl 合金复合薄板材
首项权利要求	叠层轧制-扩散复合制备钛合金/TiAl 合金复合板材的方法，其特征在于叠层轧制-扩散复合制备钛合金/TiAl 合金复合板材的方法是按以下步骤实现的：（1）准备原始材料：原始材料为钛箔：以下简称 A、钛或钛合金箔，钛或钛合金板材：以下简称 B、铝箔：以下简称 C，A 的厚度为 0.02~0.3mm，B 的厚度为 0.31~3mm，C 的厚度为 0.02~0.3mm；（2）叠层：A 与 C 叠层放置，叠层中至少一层 B，B 或者在叠层的上、下表面，或者放在叠层中间；叠层中，B 的相邻层为 C，最外层为 A 或 B，A、B 和 C 叠放层数为 3 层或 3 层以上；（3）包套：叠层外采用不锈钢、纯钛或钛合金包套，将叠层放入由不锈钢、纯钛或钛合金板焊接成的立方体容器中，经过抽真空使立方体容器中的真空度小于 1Pa，然后焊接密闭；（4）轧制：经过包套的整体材料，先经过在 20~750℃低温轧制，将整体材料放入加热炉中加热到 20~750℃，并保温 5~40min，然后迅速放入轧机开轧，道次变形量为 2%~20%，道次间回炉 2~25min，轧制总变形量为 30%~70%；再经过 750~1300℃高温轧制，将整体材料放入加热炉中加热到 750~1300℃，并保温 5~40min，然后迅速放入轧机开轧，道次变形量为 2%~20%，道次间回炉 2~25min，轧制总变形量为 30%~80%，轧制后整体材料在 750~1300℃随炉冷却至 400~600℃，再空冷至室温；（5）包套去除：采用机加工的方法去除包套，得到钛合金/TiAl 合金复合板材
权利要求数	10
同族专利公开号	CN101011706A
扩展同族公开号	CN101011706A

续表 7-1

引证专利	引证　被引证 2 CN100400281C 0 0 CN1672918A 15 2 CN101011706A 34 52 US10920300B2 0 7 CN107138527B 0 5 CN106670233B 0 7 CN106623425B 0 8 CN107847994A 6 6 CN107520448A 1 4 CN107460420A 0 6 CN107443868A 3 3 CN107377617A 4 7 CN107138527A 5 3 CN105013821B 0 2 CN104999085B 0 5 CN106670233A 12 7 CN106623425A 8 6 CN105499270A 6 10 CN105436203A 8 7 CN105290739A 1 7 CN105107841A 8 7 CN105080997A 3 7 CN105080998A 2 7 CN105080999A 8 7 CN105013821A 10 5 CN104998903A 5 7 CN104999085A 3 6 CN104624703A 15 3 CN104626676A 6 5 CN102581057B 0 3 CN101994016B 0 7 CN102873097A 0 8 CN102019292B 0 5 CN102581057A 9 8 CN102274851A 17 8 CN102019292A 8 7 CN101219433B 0
3	
公开号	CN101011705A
发明名称	含元素钇的 TiAl 金属间化合物板材的制备方法
发明人	陈玉勇，孔凡涛
当前权利人	哈尔滨工业大学
申请日	2007-01-31
公开日	2007-08-08
摘要	含元素钇的 TiAl 金属间化合物板材的制备方法，它涉及 TiAl 金属间化合物板材的制备。它解决了 TiAl 金属间化合物较脆，属于难变形材料，难以进行变形热加工，板材有裂纹及综合性能差的问题。本发明的方法为：（1）熔铸得到含 0.01%~0.6%（原子数分数）钇元素的 TiAl 金属间化合物锭材；（2）用不锈钢或钛合金制成包套；（3）将步骤一的锭材经热处理后包裹在包套内；（4）将步骤三包套包裹的 TiAl 金属间化合物锭材放入加热炉中加热到 950~1320℃，然后放在热轧机上进行轧制，再空冷至室温；（5）去除包套，即得到含有钇元素的 TiAl 金属间化合物板材。本发明采用在 TiAl 金属间化合物中引入元素钇，改善了 TiAl 金属间化合物的轧制变形能力，本发明制备的板材变形均匀，表面质量良好，没有宏观或微观的裂纹

续表 7-1

首项权利要求	含元素钇的 TiAl 金属间化合物板材的制备方法，其特征在于该方法的步骤为：(1) 将钇含量为 0.01%~0.6%（原子数分数）、铝含量为 35%~55%（原子数分数）、钛含量为 44.9%~64.4%（原子数分数）熔铸得到的含 0.01%~0.6%（原子数分数）钇元素的 TiAl 金属间化合物锭材，锭材需要在 800~1200℃条件下，进行 10~80 小时的退火处理，在 1200~1280℃、150~250MPa 条件下，进行 3.5~4.5h 热等静压处理，然后从锭材上切取方形坯料；或者是从经过热处理、锻造或挤压等热加工处理得到的含钇元素 0.01%~0.6%（原子数分数）的 TiAl 金属间化合物材料上切取的方形坯料；(2) 选用不锈钢、纯钛或钛合金作为包套材料，制成包套，包套的单边厚度为 2~30mm，包套分上下两块，中间为矩形槽；(3) 将步骤一含 0.01%~0.6%（原子数分数）钇元素的 TiAl 金属间化合物方形坯料，包裹在上下两块包套材料中间形成的矩形槽内，上下两包套的连接处用不锈钢或钛合金专用焊丝焊平，形成立方体形状的整体材料；(4) 将 (3) 由不锈钢、纯钛或钛合金包套包裹的含 0.01%~0.6%（原子数分数）钇元素的 TiAl 金属间化合物的整体材料放入加热炉中加热到 950~1320℃，并保温 10~60min，然后放在热轧机上进行轧制，轧制温度为 950~1320℃，轧制压力为 200~600T，轧制速度为 0.1~2m/s，道次变形量为 5%~25%，道次间回炉 5~35min，轧制总变形量为 70%~92%，轧制后回炉，随炉冷却至 300~950℃，再空冷至室温；(5) 去除包套，即得到含有钇元素的 TiAl 金属间化合物板材
权利要求数	5
同族专利公开号	CN101011705A
扩展同族公开号	CN101011705A
引证专利	引证 被引证 0 CN101011705A 32 18 CN110643877A 0 9 CN108787750B 1 9 CN108787750A 1 6 CN108115365A 1 7 CN106077088B 0 7 CN106077088A 0 8 CN104588433B 0 4 CN104646419B 0 6 CN102909217B 0 7 CN105080999A 8 6 CN103695711B 0 4 CN104646419A 3 8 CN104588433A 10 6 CN104588653A 11 7 CN104550956A 5 4 CN104451281A 0 2 CN104388862A 9 6 CN103695711A 7 4 CN101457314B 0 14 EP2145967B1 0 14 EP2423341B1 1 6 CN102909217A 4 6 CN102205486B 0 15 EP2423341A1 3 5 CN101856675B 0 6 CN102205486A 3 5 CN101590591B 0 5 CN101856675A 7 3 CN101831576A 1 4 CN101811137A 4 9 CN101397619B 0 15 EP2145967A2 0

续表 7-1

4	
公开号	CN101104195A
发明名称	铸造钛及钛铝基合金多孔陶瓷型壳的制备方法
发明人	陈玉勇，田竞，卢玉红，孔凡涛，王惠光，刘志光，肖树龙，徐丽娟，陈艳飞，周浩
当前权利人	哈尔滨工业大学
申请日	2007-08-02
公开日	2008-01-16
摘要	铸造钛及钛铝基合金多孔陶瓷型壳的制备方法，涉及熔模精密铸造领域。它解决了现有铸造钛及钛铝基合金型壳的残余强度大、易造成薄壁钛及钛铝基合金铸件在凝固收缩过程中产生裂纹的问题。它的方法为：（1）蜡模压制；（2）涂挂四层面层，每一层的制作过程为涂挂面层涂料、撒氧化锆土砂、室温干燥，然后涂挂下一层；（3）涂挂两层过渡层，与涂挂面层的区别在于每一层涂挂含有高聚物及水乳胶的背层涂料、撒 50~70 目的铝矾土砂；（4）涂挂四至八层加固层，与涂挂过渡层的区别在于撒 30~40 目的铝矾土砂；（5）涂挂一层外层涂料，室温干燥；（6）高压蒸汽脱蜡；（7）焙烧型壳。本发明可以广泛地应用到国防、民用钛及钛铝基合金铸件型壳的制造中
首项权利要求	铸造钛及钛铝基合金多孔陶瓷型壳的制备方法，其特征在于它的方法为：（1）蜡模压制，将蜡料在温度 50~60℃ 的条件下压制成薄片形蜡模，然后用蜡模清洗剂清洗、晾干；（2）型壳面层涂挂：在蜡模的外表面涂挂四层型壳面层，每一层型壳面层的制作过程为：涂挂、撒砂、干燥，其中所述涂挂是将蜡模浸入流杯黏度为 80~100s 的面层涂料中 3~5s 后取出，当蜡模上的涂料流动均匀而不再连续下滴时，进行撒砂，撒砂要均匀、全面；所述撒砂使用的是粒度在 100~150 目（16 目≈1mm）之间的氧化锆土砂，撒砂要均匀、全面；所述干燥是将撒砂后的蜡模在湿度为 60%~65%的室温下干燥 8~24h，保证充分干燥和硬化，然后再进行下一层的涂挂；（3）型壳过渡层的涂挂：在涂挂完面层蜡模的外表面涂挂两层过渡层，每一层的涂挂过程与步骤二所述的过程相同，不同之处有：在涂挂过程使用的是流杯黏度为 60~90s 的背层涂料；撒砂使用的粒度为 50~70 目的铝矾土砂，干燥的时间为 8~32h，所述背层涂料中含有高聚物及水乳胶；（4）型壳加固层的涂挂：在涂挂完过渡层的蜡模外表面涂挂 4~8 层的加固层，每一层的涂挂过程与步骤三所述的过程相同，不同之处在于撒砂使用的是粒度为 30~40 目的铝矾土砂；（5）型壳外层的涂挂：在涂挂完加固层的蜡模外表面再涂挂一层外层，将涂挂完加固层的蜡模浸入流杯黏度为 10~20s 的外层涂料中 3~5s 后取出，然后在湿度为 60%~65%的室温下干燥 24~32h；（6）型壳的脱蜡：采用高压蒸汽脱蜡工艺，蒸汽压力为 $(4\sim10)\times10^5$Pa，脱蜡时间为 5~20min；（7）型壳焙烧：将脱蜡之后的型壳放入箱式电阻炉中，随炉升温至 200℃ 保温 1h，然后升温至 400℃ 下保温 1h，然后升温至 1150℃ 下保温 2h，最后，随炉冷却
权利要求数	10
同族专利公开号	CN100528403C、CN101104195A
扩展同族公开号	CN101104195A、CN100528403C

续表 7-1

引证专利	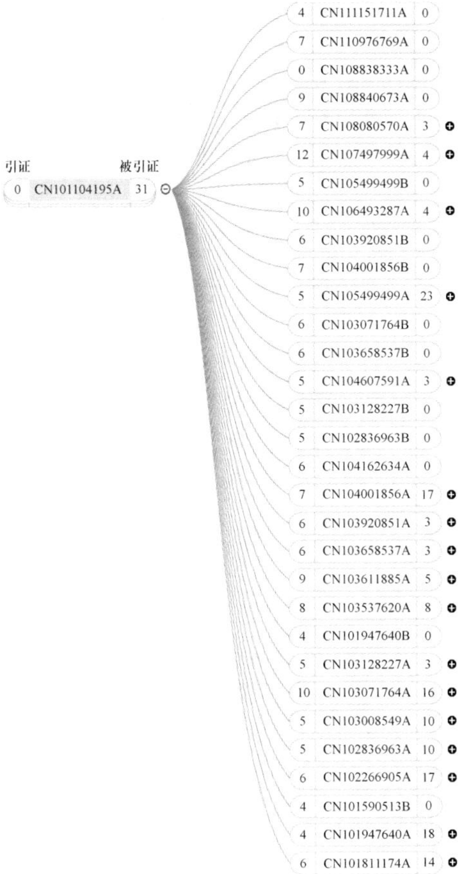 引证 被引证 0 CN101104195A 31 4 CN111151711A 0 7 CN110976769A 0 0 CN108838333A 0 9 CN108840673A 0 7 CN108080570A 3 12 CN107497999A 4 5 CN105499499B 0 10 CN106493287A 4 6 CN103920851B 0 7 CN104001856B 0 5 CN105499499A 23 6 CN103071764B 0 6 CN103658537B 0 5 CN104607591A 3 5 CN103128227B 0 5 CN102836963B 0 6 CN104162634A 0 7 CN104001856A 17 6 CN103920851A 3 6 CN103658537A 3 9 CN103611885A 5 8 CN103537620A 8 4 CN101947640B 0 5 CN103128227A 3 10 CN103071764A 16 5 CN103008549A 10 5 CN102836963A 10 6 CN102266905A 17 4 CN101590513B 0 4 CN101947640A 18 6 CN101811174A 14
5	
公开号	CN1695870A
发明名称	一种加过渡层的钛铝合金金属间化合物电子束焊接方法
发明人	冯吉才，吴会强，何景山，张秉刚，何鹏
当前权利人	哈尔滨工业大学
申请日	2005-06-16
公开日	2005-11-16
摘要	一种加过渡层的钛铝合金金属间化合物电子束焊接方法，它涉及的是钛铝合金金属间化合物的焊接技术领域。本发明解决了现有钛铝合金焊接中，存在焊前需要超高温预热、易产生裂纹、焊后需要热处理、焊接接头强度低的问题。它的焊接方法步骤为：（1）将待焊钛铝合金进行焊前除消应力的热处理；（2）将待焊钛铝合金的焊接处表面、金属箔的表面进行物理清理和化学清理；（3）将金属箔设置在焊缝之间；（4）用电子束对焊缝扫描或散焦预热；（5）用电子束对焊缝进行微量合金化处理；（6）原位自然冷却至室温。本发明在真空条件下用中高温预热（500℃左右）后就能对钛铝合金进行焊接，其焊接接头的内部没有裂纹、焊接接头的机械强度与母材的机械强度相当

续表 7-1

首项权利要求	一种加过渡层的钛铝合金金属间化合物电子束焊接方法，其特征在于它的焊接方法步骤为：（1）将待焊钛铝合金进行焊前除消应力的热处理，加热温度为 600～700℃，保温时间为 1.5～3h；（2）将待焊钛铝合金的焊接处表面、金属箔的表面进行物理清理和化学清理，金属箔的厚度为 30～1000μm；（3）将金属箔设置在焊缝之间，并夹紧；（4）在真空度为 $5\times10^{-2}\sim5\times10^{-4}$Pa 的条件下，用电子束对焊缝扫描预热或散焦预热，预热次数为 1～4 次；（5）在真空度 $5\times10^{-2}\sim5\times10^{-4}$Pa 的条件下，用聚焦电流为 2500～2700mA、加速电压为 40～60kV、加速电流为 10～30mA 的电子束对焊缝进行微量合金化处理；（6）原位自然冷却至室温
权利要求数	5
同族专利公开号	CN100358666C、CN1695870A
扩展同族公开号	CN1695870A、CN100358666C
引证专利	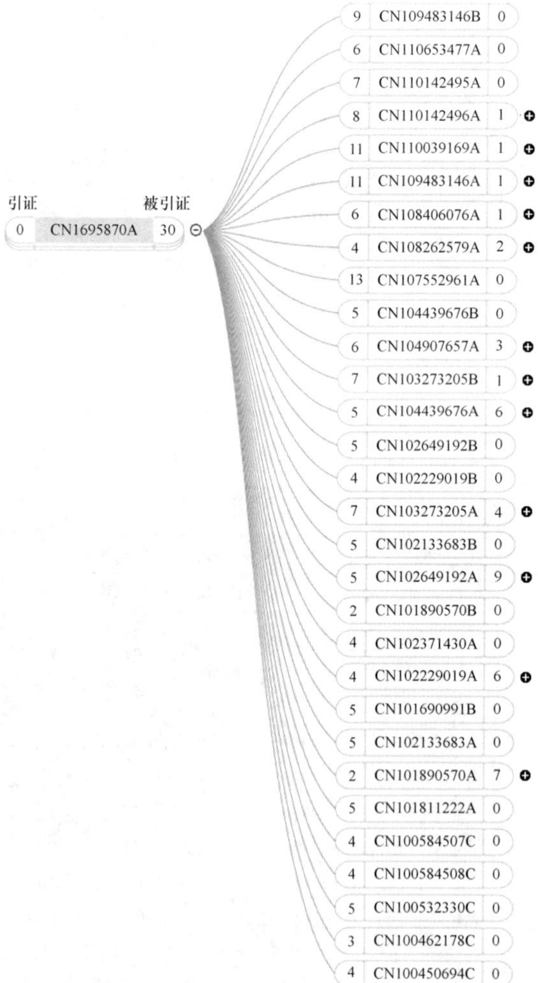 引证 被引证 0 CN1695870A 30 9 CN109483146B 0 6 CN110653477A 0 7 CN110142495A 0 8 CN110142496A 1 11 CN110039169A 1 11 CN109483146A 1 6 CN108406076A 1 4 CN108262579A 2 13 CN107552961A 0 5 CN104439676B 0 6 CN104907657A 3 7 CN103273205B 1 5 CN104439676A 6 5 CN102649192B 0 4 CN102229019B 0 7 CN103273205A 4 5 CN102133683B 0 5 CN102649192A 9 2 CN101890570B 0 4 CN102371430A 0 4 CN102229019A 6 5 CN101690991B 0 5 CN102133683A 0 2 CN101890570A 7 5 CN101811222A 0 4 CN100584507C 0 4 CN100584508C 0 5 CN100532330C 0 3 CN100462178C 0 4 CN100450694C 0

续表 7-1

6	
公开号	CN101972877A
发明名称	TiAl 基合金与 Ni 基高温合金的接触反应钎焊连接方法
发明人	林铁松，何鹏，李海新，刘羽
当前权利人	哈尔滨工业大学
申请日	2010-11-03
公开日	2011-02-16
摘要	TiAl 基合金与 Ni 基高温合金的接触反应钎焊连接方法，它涉及 TiAl 基合金与 Ni 基高温合金的焊接方法。本发明解决了现有的 TiAl 基合金与 Ni 基高温合金扩散连接方法的工艺复杂、成本高、连接热循环周期长、效率低及焊件待焊表面要求高、银钎焊的接头不耐高温及高温钎焊的脆性相易生成聚集长大的问题。本方法：将 Ti 箔片、TiAl 基合金及 Ni 基高温合金的待焊面处理后，再将 Ti 箔片置于 TiAl 基合金与 Ni 基高温合金之间，构成待焊件，待焊件在真空钎焊炉中焊接而成。本发明得到的接头抗剪强度达到 240~300MPa，800℃高温时的抗剪强度为 180~210MPa，可用作高温环境下的航空、航天的热端部件
首项权利要求	TiAl 基合金与 Ni 基高温合金的接触反应钎焊连接方法，其特征在于 TiAl 基合金与 Ni 基高温合金的接触反应钎焊连接方法按以下步骤进行：（1）对 Ti 箔片、TiAl 基合金及 Ni 基高温合金的待焊面进行处理；（2）将 Ti 箔片置于 TiAl 基合金与 Ni 基高温合金之间，构成待焊件；（3）将待焊件置于真空钎焊炉中，以 0.001~0.01MPa 的预压力固定，然后在真空度为 1.0×10^{-3}~7.0×10^{-3}Pa 的条件下，以 5~20℃/min 的速度，升温到 790~810℃，保温 8~12min，再以 5~20℃/min 的速度继续加热到 960~1040℃，保温 1~30min，再以 5~20℃/min 的速度降温到 300~500℃后，随炉冷却至室温，即完成连接
权利要求数	10
同族专利公开号	CN101972877A、CN101972877B
扩展同族公开号	CN101972877B、CN101972877A
引证专利	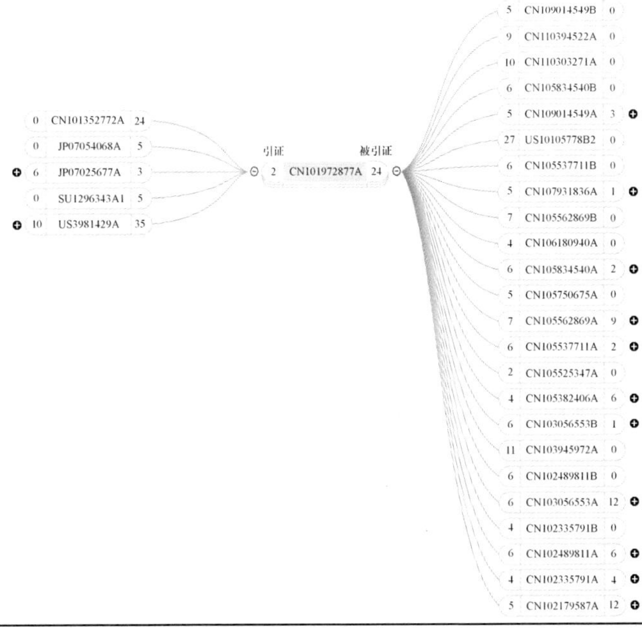 0 CN101352772A 24 0 JP07054068A 5 6 JP07025677A 3 0 SU1296343A1 5 10 US3981429A 35 引证 2 CN101972877A 24 被引证 5 CN109014549B 0 9 CN110394522A 0 10 CN110303271A 0 6 CN105834540B 0 5 CN109014549A 3 27 US10105778B2 0 6 CN105537711B 0 5 CN107931836A 1 7 CN105562869B 0 4 CN106180940A 0 6 CN105834540A 2 5 CN105750675A 0 7 CN105562869A 9 6 CN105537711A 2 2 CN105525347A 0 4 CN105382406A 6 6 CN103056553B 1 11 CN103945972A 0 6 CN102489811B 0 6 CN103056553A 12 4 CN102335791B 0 6 CN102489811A 6 4 CN102335791A 4 5 CN102179587A 12

续表 7-1

7	
公开号	CN101112716A
发明名称	制备 TiAl 基合金方坯的一种定向凝固装置
发明人	丁宏升，陈瑞润，郭景杰，毕维生，傅恒志
当前权利人	哈尔滨工业大学
申请日	2007-08-29
公开日	2008-01-30
摘要	制备 TiAl 基合金方坯的一种定向凝固装置，本发明涉及一种制备 TiAl 基合金坯的定向凝固装置。它解决了现有技术无法制造横截面为正方形的 TiAl 基合金方坯的问题。它包括封闭的炉体、炉体内的母料棒的上端部固定在送料杆的下端部上，母料棒的下端部伸在水冷铜坩埚内，终料棒设置在水冷铜坩埚下方的结晶器内且终料棒与结晶器之间填充有冷却剂材料，移料杆承接在终料棒的下端，水冷铜坩埚的外部环绕有感应线圈用于激发交变磁场并通过水冷铜坩埚向其内部扩散从而产生加工过程所需要的热区，所述水冷铜坩埚内腔的水平横截面为正方形，正方形的任意两条边之间设置为圆角过渡
首项权利要求	制备 TiAl 基合金方坯的一种定向凝固装置，它包括封闭的炉体、送料杆、水冷铜坩埚、结晶器、移料、感应线圈、冷却剂材料、母料棒和终料棒，位于炉体内的母料棒的上端部固定在送料杆的下端部上，母料棒的下端部伸在水冷铜坩埚中，终料棒设置在水冷铜坩埚下方的结晶器内且终料棒与结晶器之间填充有冷却剂材料，移料杆承接在终料棒的下端，水冷铜坩埚的外部环绕有感应线圈用于激发交变磁场并通过水冷铜坩埚向其内部扩散从而产生加工过程所需要的热区，其特征在于所述水冷铜坩埚内腔的水平横截面为正方形，正方形的任意两条边之间设置为圆角过渡
权利要求数	7
同族专利公开号	CN101112716A
扩展同族公开号	CN101112716A
引证专利	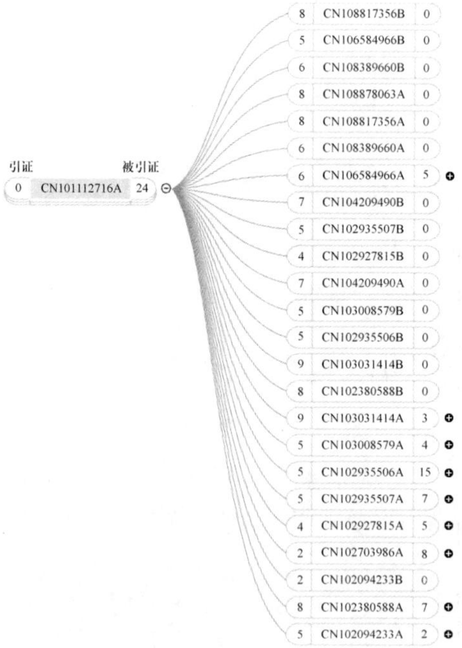 引证 被引证 0 CN101112716A 24 8 CN108817356B 0 5 CN106584966B 0 6 CN108389660B 0 8 CN108878063A 0 8 CN108817356A 0 6 CN108389660A 0 6 CN106584966A 5 7 CN104209490B 0 5 CN102935507B 0 4 CN102927815B 0 7 CN104209490A 0 5 CN103008579B 0 5 CN102935506B 0 9 CN103031414B 0 8 CN102380588B 0 9 CN103031414A 3 5 CN103008579A 4 5 CN102935506A 15 5 CN102935507A 7 4 CN102927815A 5 2 CN102703986A 8 2 CN102094233B 0 8 CN102380588A 7 5 CN102094233A 2

续表 7-1

8	
公开号	CN101972877A
发明名称	TiAl 基合金与 Ni 基高温合金的接触反应钎焊连接方法
发明人	林铁松，何鹏，李海新，刘羽
当前权利人	哈尔滨工业大学
申请日	2010-11-03
公开日	2011-02-16
摘要	TiAl 基合金与 Ni 基高温合金的接触反应钎焊连接方法，它涉及 TiAl 基合金与 Ni 基高温合金的焊接方法。本发明解决了现有的 TiAl 基合金与 Ni 基高温合金扩散连接方法的工艺复杂、成本高、连接热循环周期长、效率低及焊件待焊表面要求高、银钎焊的接头不耐高温及高温钎焊的脆性相易生成聚集长大的问题。本方法：将 Ti 箔片、TiAl 基合金及 Ni 基高温合金的待焊面处理后，再将 Ti 箔片置于 TiAl 基合金与 Ni 基高温合金之间，构成待焊件，待焊件在真空钎焊炉中焊接而成。本发明得到的接头抗剪强度达到 240~300MPa，800℃高温时的抗剪强度为 180~210MPa，可用作高温环境下的航空、航天的热端部件
首项权利要求	TiAl 基合金与 Ni 基高温合金的接触反应钎焊连接方法，其特征在于 TiAl 基合金与 Ni 基高温合金的接触反应钎焊连接方法按以下步骤进行：（1）对 Ti 箔片、TiAl 基合金及 Ni 基高温合金的待焊面进行处理；（2）将 Ti 箔片置于 TiAl 基合金与 Ni 基高温合金之间，构成待焊件；（3）将待焊件置于真空钎焊炉中，以 0.001~0.01MPa 的预压力固定，然后在真空度为 1.0×10^{-3}~7.0×10^{-3}Pa 的条件下，以 5~20℃/min 的速度，升温到 790~810℃，保温 8~12min，再以 5~20℃/min 的速度继续加热到 960~1040℃，保温 1~30min，再以 5~20℃/min的速度降温到 300~500℃后，随炉冷却至室温，即完成连接
权利要求数	10
同族专利公开号	CN101972877A、CN101972877B
扩展同族公开号	CN101972877B、CN101972877A
引证专利	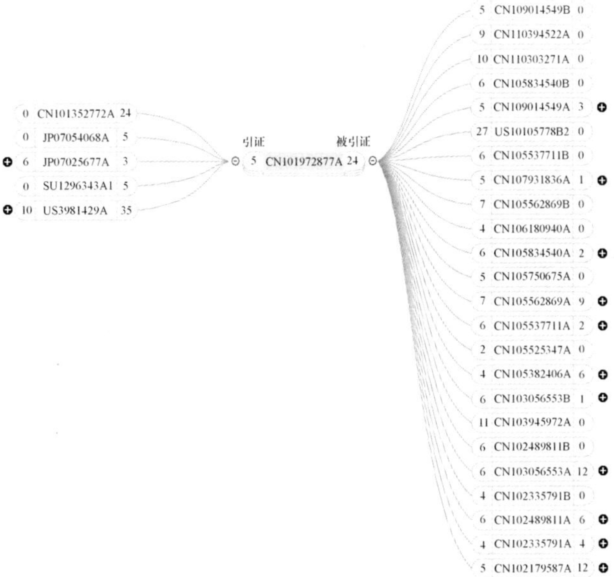 引证：0 CN101352772A 24；0 JP07054068A 5；6 JP07025677A 3；0 SU1296343A1 5；10 US3981429A 35 5 CN101972877A 24 被引证：5 CN109014549B 0；9 CN110394522A 0；10 CN110303271A 0；6 CN105834540B 0；5 CN109014549A 3；27 US10105778B2 0；6 CN105537711B 0；5 CN107931836A 1；7 CN105562869B 0；4 CN106180940A 0；6 CN105834540A 2；5 CN105750675A 0；7 CN105562869A 9；6 CN105537711A 2；2 CN105525347A 0；4 CN105382406A 6；6 CN103056553B 1；11 CN103945972A 0；6 CN102489811B 0；6 CN103056553A 12；4 CN102335791B 0；6 CN102489811A 6；4 CN102335791A 4；5 CN102179587A 12

续表 7-1

9	
公开号	CN102019401A
发明名称	一种小型钛合金或钛铝合金复杂铸件的铸造成形方法
发明人	苏彦庆，骆良顺，刘卫强，董福宇，叶喜葱，郭景杰，李新中，傅恒志
当前权利人	哈尔滨工业大学
申请日	2010-12-30
公开日	2011-04-20
摘要	一种小型钛合金或钛铝合金复杂铸件的铸造成形方法，它涉及钛合金或钛铝合金铸件的铸造方法。本发明要解决现有的钛合金构件的重力铸造难于使其顺利充型、离心铸造方法工艺复杂、材料利用率低及金属型底漏式真空吸铸方法的不能铸造成形形状复杂的薄壁零件的技术问题。本方法：（1）制备透气型壳；（2）制备底漏式真空吸铸容器；（3）将型壳固定在容器中，再将容器固定在熔炼炉的吸铸室内；（4）将钛合金或钛铝合金原料电弧熔炼得到纽扣锭；（5）将纽扣锭翻转到吸铸坩埚熔炼，得到过热熔体；（6）吸铸充型，降温后得到铸件。该方法的成品率≥90%，为一种简单的近净成形方法，可用于制备钛及钛铝合金叶片、涡轮、工艺品等小型复杂铸件
首项权利要求	一种小型钛合金或钛铝合金复杂铸件的铸造成形方法，其特征在于小型钛合金或钛铝合金复杂铸件的铸造成形方法按以下步骤进行：（1）利用现有技术熔模铸造的方法制备钛合金或钛铝合金铸件的透气型壳；（2）制备底漏式真空吸铸容器，该容器由腔体与上盖组成，在腔体的侧壁开有通气孔，上盖开有浇口，上盖的上表面开有环形密封凹槽，浇口位于密封凹槽的环形内；（3）将步骤一制备的型壳用透气的充填物固定在步骤二制备的容器里，盖好容器上盖，把密封圈安装在容器上盖的密封凹槽内，再将容器固定在熔炼炉的吸铸室内，使石墨吸口、容器上盖浇口和型壳的直浇道对准；（4）将钛合金或钛铝合金原料放入真空电弧熔炼炉的熔炼坩埚内，再将熔炼室抽真空至 $0.2\times10^{-2}\sim6\times10^{-2}$ Pa，接着通入保护气体至压力为 40~60kPa，然后通电进行电弧熔炼，将原料熔炼 3~6 次，每次熔炼时间 2~5min，熔炼电流为 100~300A，得到纽扣锭；（5）将步骤四得到的纽扣锭翻转到真空电弧熔炼炉的吸铸坩埚内，将纽扣锭重新熔炼，熔炼电流为 100~300A，熔炼 1~5min 后，增大电弧电流至 300~500A，并保持 1~3min，得到过热熔体；（6）开启真空电弧熔炼炉的吸铸室真空系统，开启吸铸按钮，步骤四得到的过热熔体在真空压力差和自身重力的压力综合作用下，迅速充满型腔，待型腔内的铸件冷却至室温后，将吸铸室释放真空，清理型壳，得到铸件
权利要求数	10
同族专利公开号	CN102019401B、CN102019401A
扩展同族公开号	CN102019401B、CN102019401A

续表 7-1

引证专利	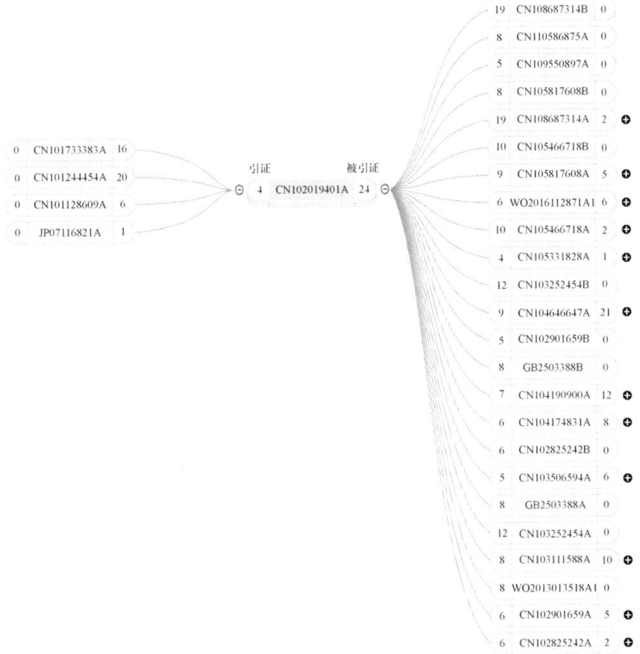 0 CN101733383A 16 0 CN101244454A 20 0 CN101128609A 6 0 JP07116821A 1 引证 4 CN102019401A 24 被引证 19 CN108687314B 0 8 CN110586875A 0 5 CN109550897A 0 8 CN105817608B 0 19 CN108687314A 2 10 CN105466718B 0 9 CN105817608A 5 6 WO2016112871A1 6 10 CN105466718A 2 4 CN105331828A 1 12 CN103252454B 0 9 CN104646647A 21 5 CN102901659B 0 8 GB2503388B 0 7 CN104190900A 12 6 CN104174831A 8 6 CN102825242B 0 5 CN103506594A 6 8 GB2503388A 0 12 CN103252454A 0 8 CN103111588A 10 8 WO2013013518A1 0 6 CN102901659A 5 6 CN102825242A 2
10	
公开号	CN101011737A
发明名称	三维网状结构 Ti_2AlC 增强的 TiAl 基复合材料及其制备方法
发明人	孔凡涛，陈玉勇，杨非
当前权利人	哈尔滨工业大学
申请日	2007-01-31
公开日	2007-08-08
摘要	三维网状结构 Ti_2AlC 增强的 TiAl 基复合材料及其制备方法，本发明涉及一种 TiAl 基复合材料及其制备方法。它为了解决现有 TiAl 基复合材料室温塑性差及强度低的问题。三维网状结构 Ti_2AlC 增强的 TiAl 基复合材料按原子比由 45%~50%（原子数分数）的 Ti 粉、40%~49%（原子数分数）的 Al 粉和 1%~15%（原子数分数）的 Nb、Cr、Mn、V、Ni、W、Ta、Mo、Zr、Si、B 元素粉末中的一种或几种以及为 Ti 粉、Al 粉和元素粉末总质量 0.05%~20%的碳纳米管制成，其中 Nb、Cr、Mn、V、Ni、W、Ta、Mo、Zr、Si、B 元素粉末为 2 种或 2 种以上时，元素粉末之间为任意原子比。TiAl 基复合材料的制备方法通过以下步骤实现：（1）球磨；（2）添加碳纳米管后继续混粉；（3）等离子烧结，得到三维网状结构 Ti_2AlC 增强的 TiAl 基复合材料
首项权利要求	三维网状结构 Ti_2AlC 增强的 TiAl 基复合材料，其特征在于三维网状结构 Ti_2AlC 增强的 TiAl 基复合材料按原子比由 45%~50%（原子数分数）的 Ti 粉、40%~49%（原子数分数）的 Al 粉和 1%~15%（原子数分数）的 Nb、Cr、Mn、V、Ni、W、Ta、Mo、Zr、Si、B 元素粉末中的一种或几种以及占 Ti 粉、Al 粉和元素粉末总质量 0.05%~20%的碳纳米管制成，其中 Nb、Cr、Mn、V、Ni、W、Ta、Mo、Zr、Si 或 B 元素粉末为 2 种或 2 种以上时，元素粉末之间为任意原子比

续表 7-1

权利要求数	10
同族专利公开号	CN101011737A、CN100496815C
扩展同族公开号	CN101011737A、CN100496815C
引证专利	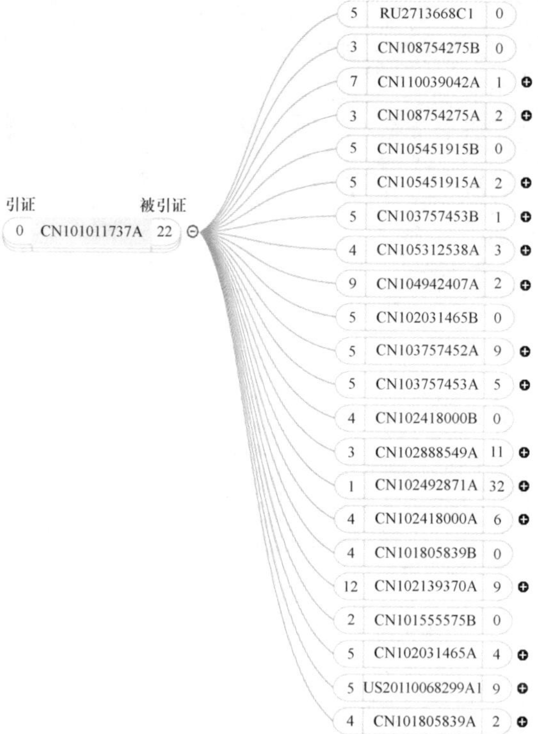 引证　被引证 0　CN101011737A　22 5　RU2713668C1　0 3　CN108754275B　0 7　CN110039042A　1 3　CN108754275A　2 5　CN105451915B　0 5　CN105451915A　2 5　CN103757453B　1 4　CN105312538A　3 9　CN104942407A　2 5　CN102031465B　0 5　CN103757452A　9 5　CN103757453A　5 4　CN102418000B　0 3　CN102888549A　11 1　CN102492871A　32 4　CN102418000A　6 4　CN101805839B　0 12　CN102139370A　9 2　CN101555575B　0 5　CN102031465A　4 5　US20110068299A1　9 4　CN101805839A　2

11

公开号	CN104759752A
发明名称	一种高效率焊接 TiAl 合金的方法
发明人	李卓然，冯广杰，王世宇，冯士诚，刘羽
当前权利人	哈工大机器人集团股份有限公司
申请日	2015-04-28
公开日	2015-07-08
摘要	一种高效率焊接 TiAl 合金的方法，它涉及一种焊接 TiAl 合金的方法。本发明的目的是为了解决现有钎焊 TiAl 合金造成接头高温软化，扩散焊和电子束焊接 TiAl 合金效率低下的问题。制备方法：(1) 制备混合粉末；(2) 制备中间层压坯；(3) 表面处理；(4) 激光引燃，完成 TiAl 合金的焊接。本发明提出了一种高效率焊接 TiAl 合金的方法，操作简单，用时短，并能克服 TiAl 合金焊接接头高温软化问题，获得高温性能优良的接头；本发明中间层压坯与两侧母材达到了良好的冶金结合，接头质量好，强度可达 207.8MPa。本发明可获得一种高效率焊接 TiAl 合金的方法

续表 7-1

首项权利要求	一种高效率焊接 TiAl 合金的方法，其特征在于一种高效率焊接 TiAl 合金的方法是按以下步骤完成的：（1）制备混合粉末：按重量分数称取 25～30 份铝粉、55～60 份镍粉和 10～20 份铌粉；将称取的 25～30 份铝粉、55～60 份镍粉和 10～20 份铌粉混合均匀，然后置于球磨罐内，按球料质量比为 10∶1 的比例放入磨球，再在氩气气氛和球磨速度为 200～300r/min 的条件下球磨 1～2h，得到混合粉末；（2）制备中间层压坯：把步骤（1）得到的混合粉末压制成相对密度为 85%～95% 且厚度为 1～2mm 的中间层压坯，密封保存；（3）表面处理：将 TiAl 合金表面分别使用 200 号砂纸、400 号砂纸、600 号砂纸和 800 号砂纸逐层打磨至 TiAl 合金表面光滑平整，得到打磨后的 TiAl 合金；将打磨后的 TiAl 合金放入丙酮中超声清洗 5min，取出后用电吹风吹干，得到处理后的 TiAl 合金；（4）将步骤（2）得到的相对密度为 85%～95% 且厚度为 1～2mm 的中间层压坯置于两块步骤（3）得到的处理后的 TiAl 合金中间，得到装配件；再在装配件的上下表面分别施加 4～6MPa 压力，同时将激光的光斑对准中间层压坯进行引燃，待中间层压坯引燃后，立即关闭激光器，利用中间层压坯自身放出的热量，即完成 TiAl 的焊接
权利要求数	10
同族专利公开号	CN104759752A、CN104759752B
扩展同族公开号	CN104759752A、CN104759752B
引证专利	6 CN103600169A 10 7 CN103586582A 7 4 CN103173657A 7 0 CN101653884A 26 1 US4883640A 19 引证 被引证 5 CN104759752A 0
转让信息	执行日 20190619 受让人 哈工大机器人集团股份有限公司

7.3.2 北京科技大学

专利技术领域涉及定向凝固高铌钛铝合金、梯度孔多孔高铌钛铝合金、高温高性能高铌钛铝合金、高铌 TiAl 合金大尺寸饼材、高铌钛铝合金球形微粉等多种制备方法。被引用次数较多的有：专利 CN101875106A，被引证 30 次；专利 CN101850424A，被引证 27 次；专利 CN101967578A，被引证 23 次；专利 CN102011195A，被引证 21 次；专利 CN101089209A，被引证 21 次；专利 CN101279367A 被引证 18 次；专利 CN1352318A，被引证 17 次；专利 CN1352315A，被引证 16 次；专利 CN102717086A，被引证 15 次；专利 CN103801581A，被引证 12 次。被转让专利 CN102825259A，名称为“一种用氢化钛粉制备 TiAl 金属间化合物粉末的方法”，受让人为江苏金物新材料有限公司。被许可专利 CN1752265A，名称为“一种细化 TiAl 合金铸锭显微组织的热加工工艺”，被许可人为秦皇岛开发区美铝合金有限公司，见表7-2。

表7-2　北京科技大学重点专利信息摘录

1	
公开号	CN101875106A
发明名称	一种定向凝固高铌钛铝基合金的制备方法
发明人	林均品，丁贤飞，王皓亮，张来启，王艳丽，叶丰，陈国良
当前权利人	北京科技大学
申请日	2009-11-20
公开日	2010-11-03
摘要	一种定向凝固高铌钛铝基合金的制备方法，属于金属材料制备领域。高铌钛铝基合金由Ti、Al、Nb、W、Mn、C、B、Y组成，其原子数分数为：(43%～49%)Ti-(45%～46%)Al-(6%～9%)Nb-(0～0.5%)(W、Mn)-(0～0.5%)(C、B)-(0～0.5%)Y，采用等离子电弧或真空悬浮熔炼的铸态母合金棒为原料，以氧化钇为主要成分涂层后的高纯氧化铝陶瓷管为坩埚，以Ga-In-Sn合金液为冷却液，利用改进后的区熔与定向凝固系统，成功制备了定向凝固高铌钛铝基合金。该加工工艺简单可靠，定向凝固效果显著，具有普遍适用性。利用该定向凝固方法制备的高铌钛铝基合金具有综合好的高温性能和室温塑性，在高温结构材料方面具有广阔的应用前景
权利要求数	6
首项权利要求	一种定向凝固高铌钛铝基合金的制备方法，其特征在于合金成分原子数分数为：(43%～49%)Ti-(45%～46%)Al-(6%～9%)Nb-(0～0.5%)(W、Mn)-(0～0.5%)(C、B)-(0～0.5%)Y。生产工艺为：(1)母合金熔炼：用等离子电弧或真空感应悬浮炉进行熔炼，并浇铸成锭；(2)制备内壁涂层的高纯氧化铝陶瓷坩埚，氧化铝坩埚尺寸为：$\phi(7\sim25)\times120$mm，涂层组成成分的体积分数为：(87%～93%)氧化钇+(2%～3%)磷酸盐+(5%～10%)膨润土；(3)将铸态母合金原料线切割成圆柱体($\phi(6\sim20)$mm×100mm)试样，放入上述坩埚并将其装入改进后的区熔与定向凝固系统，抽真空至3×10^{-3}Pa，再往系统内充入高纯氩气至380Pa，打开系统电源进行加热，直至超过合金熔点20～500K为止，即1930～2410K，加热速度为15～20K/min，到温后保温15～30min使合金充分熔化均匀；(3)开始定向凝固，通过区域与定向凝固系统上的PLC面板控制定向凝固速度为1～100μm/s；(4)定向凝固完成后，通入空气，取出坩埚并轻轻将外层陶瓷敲碎，取出试样并将其表面打磨抛光即得到定向凝固高铌钛铝基合金
同族专利公开号	CN101875106B、CN101875106A
扩展同族公开号	CN101875106A、CN101875106B

续表 7-2

引证专利	引证 被引证 0 CN101875106A 30 18 CN110643877A 0 7 CN110578169A 0 7 CN110512116A 0 7 CN110039032A 0 5 CN110042460A 0 2 CN107739209A 1 11 CN105088329B 0 5 CN107052282A 0 4 CN104328501B 0 6 CN106676324A 0 4 CN104646647B 0 0 CN106041037A 0 3 CN103993356B 1 6 WO2016112871A1 6 7 CN105603533A 0 11 CN105088329A 0 9 CN104646647A 21 5 CN102935506B 0 6 CN102997661B 0 3 CN103993356A 4 5 CN103343238A 5 3 CN103225033A 2 6 CN102997661A 6 5 CN102935506A 15 6 CN102921929A 5 4 CN102672150A 9 3 CN102493853A 4 2 CN102400074A 12 3 CN102153334A 13 4 CN102011078A 3
2	
公开号	CN101850424A
发明名称	一种大量制备微细球形钛铝基合金粉的方法
发明人	何新波，王述超，路新，盛艳伟，朱郎平，曲选辉
当前权利人	北京科技大学
申请日	2010-05-26
公开日	2010-10-06

续表 7-2

摘要	本发明提供一种大量制备微细球形钛铝基合金粉的方法，属于粉末制备的技术领域。以高纯铝和海绵钛为主要原料，以 Al-Nb 中间合金、Ti-B 合金、钨粉、高纯度的钇屑为辅助原料，在真空自耗电极电弧凝壳炉或真空感应炉中熔炼成合金铸锭，然后经粗破碎、涡流气流磨研磨制成不规则微细合金粉末，最后经射频（RF）等离子体球化处理后制备出微细球形钛铝基合金粉。所制备合金粉末具有纯度高、粒度细小、粒度分布窄、均匀性好、球形度高、流动性好等优点，可满足注射成形、凝胶注模成形及热喷涂等技术工业生产的需要
首项权利要求	一种大量制备微细球形钛铝基合金粉的方法，其特征在于：以纯度为 99.99%的高纯铝和海绵钛为主要原料，以 Al-Nb 中间合金、Ti-B 合金、钨粉、以纯度为 99.99%的高纯度钇屑为辅助原料，在真空自耗电极电弧凝壳炉或真空感应炉中熔炼成合金铸锭，其中合金铸锭的成分为：Al 原子数分数为 43%~49%，Nb 原子数分数为 4%~9%，B、W、Y 均为 0.1%~0.2%，其余为 Ti 的原子数分数；将合金铸锭通过粗破碎方式，破碎成为粒度为 0.5~2mm 的粉料；将粉料通过涡流气流磨研磨制成不规则微细合金粉末，其中涡流气流磨的研磨气体压力为 0.50~0.80MPa，分选机转数为 2500~8000 转；将不规则微细合金粉末经射频等离子体球化处理后制备出微细球形钛铝基合金粉，所述的射频等离子体球化处理主要工艺参数为：功率 30~100kW，氩气工作气流量 20~30slpm，氩气保护气流量 40~100slpm，系统负压 80~200mm 汞柱，粉末携带气流量 2~8slpm，送粉速率为 20~60g/min
权利要求数	1
同族专利公开号	CN101850424A、CN101850424B
扩展同族公开号	CN101850424A、CN101850424B
引证专利	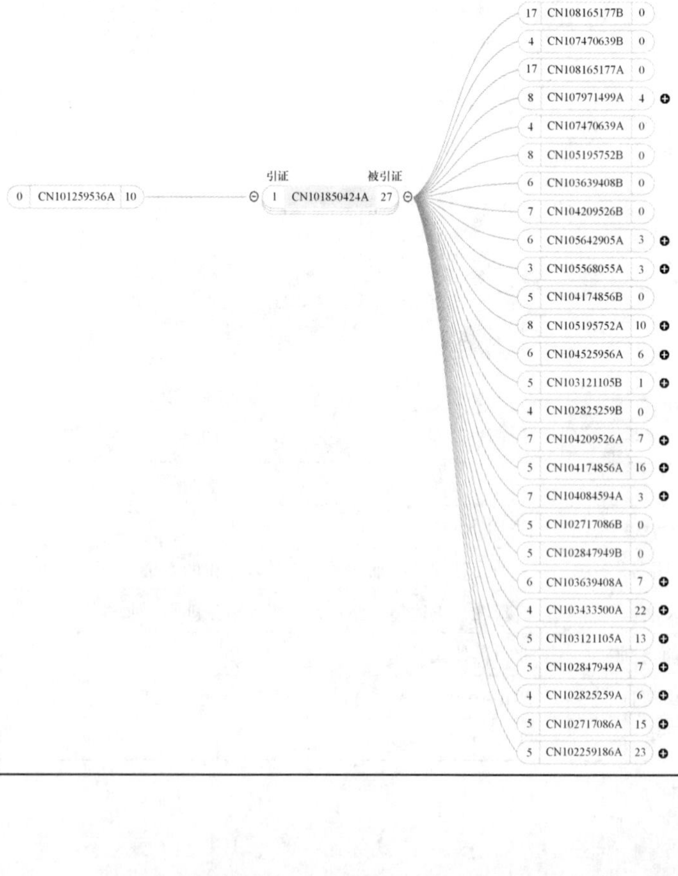 0 CN101259536A 10 引证 1 CN101850424A 27 被引证 17 CN108165177B 0 4 CN107470639B 0 17 CN108165177A 0 8 CN107971499A 4 4 CN107470639A 0 8 CN105195752B 0 6 CN103639408B 0 7 CN104209526B 0 6 CN105642905A 3 3 CN105568055A 3 5 CN104174856B 0 8 CN105195752A 10 6 CN104525956A 6 5 CN103121105B 1 4 CN102825259B 0 7 CN104209526A 7 5 CN104174856A 16 7 CN104084594A 3 5 CN102717086B 0 5 CN102847949B 0 6 CN103639408A 7 4 CN103433500A 22 5 CN103121105A 13 5 CN102847949A 7 4 CN102825259A 6 5 CN102717086A 15 5 CN102259186A 23

续表 7-2

3	
公开号	CN101967578A
发明名称	一种梯度孔多孔高铌钛铝合金的制备方法
发明人	王辉，吕昭平，杨帆，林均品，贺跃辉，陈国良
当前权利人	北京科技大学
申请日	2010-11-02
公开日	2011-02-09
摘要	本发明属于多孔金属材料领域，特别涉及一种梯度孔多孔高铌钛铝合金的制备方法。利用 Kerkendill 效应反应造孔和造孔剂物理造孔两种方法，采用纯钛粉、纯铝粉和纯铌粉混合烧结，添加多种配料，先将多个含不同造孔剂、不同含量的配料分别紧实成单坯，再将不同造孔剂含量的多个单坯混合组坯轧制成总坯，然后通过真空干燥脱酯造孔和高温烧结反应造孔工艺，最终获得一种具有梯度孔结构特征、孔隙率可调的多孔高铌钛铝合金材料。该材料具有孔隙率梯度变化且任意调整的孔结构特征，具有可调整的应力受力截面，兼具轻质、比刚度高和优良的隔热性能，同时具备优异的材料设计灵活性，可广泛应用于高温隔热、过滤分离以及催化等工业领域
首项权利要求	一种梯度孔多孔高铌钛铝合金的制备方法，其特征在于，具体步骤如下：（1）将纯钛粉按照质量分数为 50%~55%、纯铝粉按照质量分数为 30%和纯铌粉按照质量分数为 10%~15%均匀混合，得到粉末 1，其中，所述钛粉的粒径为 10~150μm，所述铝粉的粒径为 5~150μm，所述铌粉的粒径为 2~25μm；（2）分别将 NH_4HCO_3 和聚乙二醇粉研磨成粉，备用；所述粒径 NH_4HCO_3 和聚乙二醇粉为 20~180μm；（3）将已得到粉末 1 成若干份，每份分别掺入占质量分数为 1%~51%的 NH_4HCO_3 粉并混匀；（4）将聚乙二醇粉体加入上述步骤中分成若干份的混合粉末中，混合均匀；其中，所述聚乙二醇的添加量与相应钛铝铌粉和 NH_4HCO_3 粉混合粉中 NH_4HCO_3 粉的比例为 25∶1；（5）采用模压成型方式将添加聚乙二醇的钛铝铌粉与 NH_4HCO_3 粉分别压制成若干相应成分的片状坯，其中每个片状坯随着钛铝铌粉含量的减少，NH_4HCO_3 粉和聚乙二醇粉的含量相应增加，轧制压力为 50~80MPa；（6）按照钛铝铌粉量的比例大小将多个片状坯依次叠压规整后二次轧压，压制压力为 120~200MPa，得到总坯；（7）将总坯放入真空干燥箱中加热至 100~120℃，保温 1~2h 使 NH_4HCO_3 和聚乙二醇挥发后取出；（8）将总坯放入真空高温烧结炉中，保持真空度不低于 10^{-3}Pa，加热至 1400℃，其中分别在 120℃、620℃和 1400℃保温 1h、2h 和 3h，随炉冷却后取出即获得梯度孔多孔高铌钛铝合金材料
权利要求数	1
同族专利公开号	CN101967578A、CN101967578B
扩展同族公开号	CN101967578A、CN101967578B

续表 7-2

引证专利	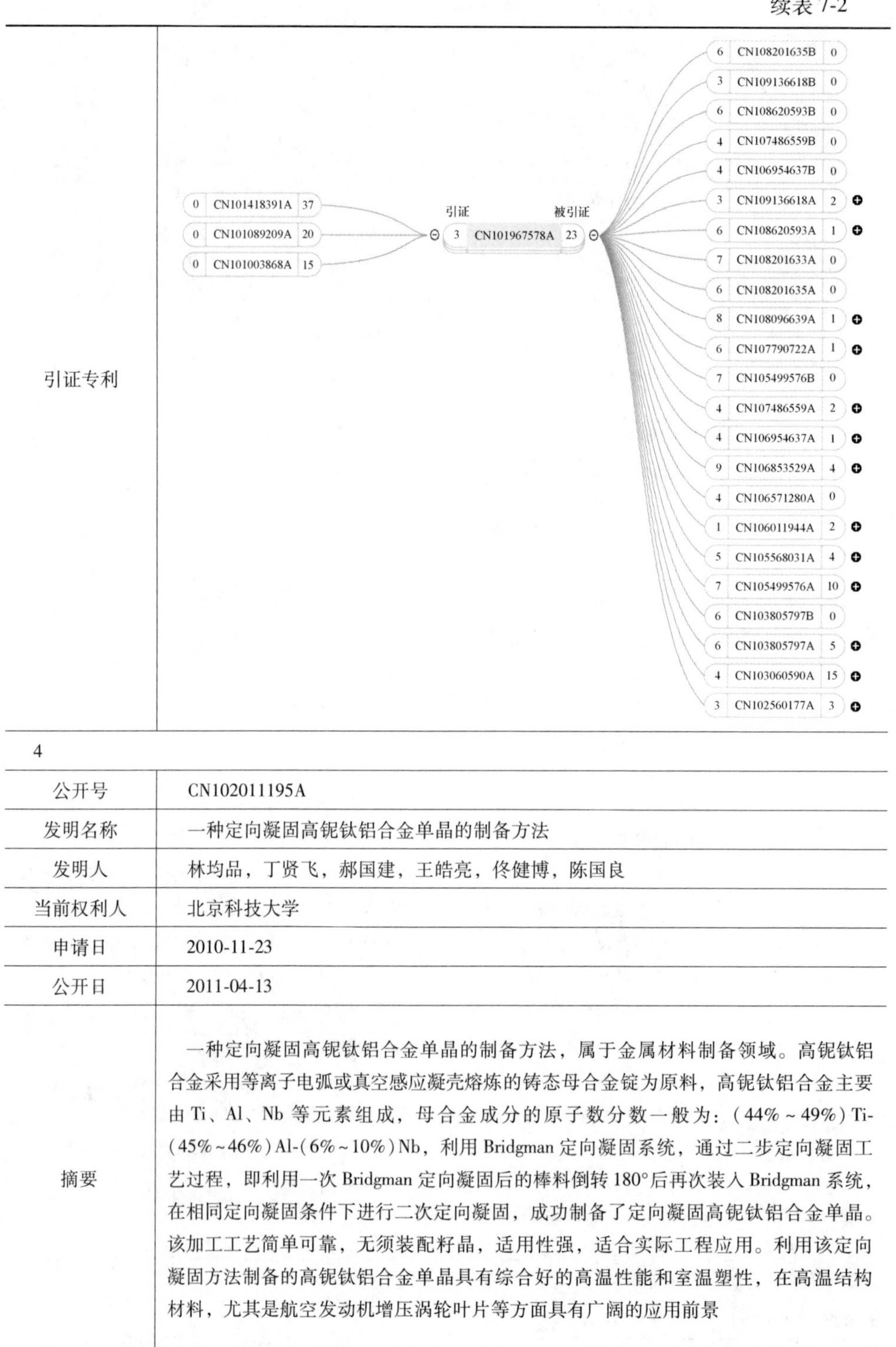

4

公开号	CN102011195A
发明名称	一种定向凝固高铌钛铝合金单晶的制备方法
发明人	林均品，丁贤飞，郝国建，王皓亮，佟健博，陈国良
当前权利人	北京科技大学
申请日	2010-11-23
公开日	2011-04-13
摘要	一种定向凝固高铌钛铝合金单晶的制备方法，属于金属材料制备领域。高铌钛铝合金采用等离子电弧或真空感应凝壳熔炼的铸态母合金锭为原料，高铌钛铝合金主要由 Ti、Al、Nb 等元素组成，母合金成分的原子数分数一般为：（44%～49%）Ti-（45%～46%）Al-（6%～10%）Nb，利用 Bridgman 定向凝固系统，通过二步定向凝固工艺过程，即利用一次 Bridgman 定向凝固后的棒料倒转 180°后再次装入 Bridgman 系统，在相同定向凝固条件下进行二次定向凝固，成功制备了定向凝固高铌钛铝合金单晶。该加工工艺简单可靠，无须装配籽晶，适用性强，适合实际工程应用。利用该定向凝固方法制备的高铌钛铝合金单晶具有综合好的高温性能和室温塑性，在高温结构材料，尤其是航空发动机增压涡轮叶片等方面具有广阔的应用前景

续表 7-2

首项权利要求	一种定向凝固高铌钛铝合金单晶的制备方法，其特征在于：所述定向凝固高铌钛铝合金单晶成分的原子数分数为：(44%～49%)Ti-(45%～46%)-Al(6%～10%)Nb，制备工艺包括以下步骤：（1）母合金熔炼：用等离子电弧或真空感应凝壳对原子比为（44%～49%)Ti-(45%～46%)-Al(6%～10%)Nb 成分的原料合金进行熔炼，并浇铸成母合金锭；（2）将铸态母合金锭电火花切割成 $\phi(3\sim50)\,mm\times(50\sim1000)\,mm$ 的圆柱体料棒，并装入有高纯氩气保护的 Bridgman 定向凝固系统中进行首次定向凝固，定向凝固过程中控制生长速度为 5～200μm/s，温度梯度为 1～10K/mm；（3）首次定向凝固完成后，取出料棒，并对其表面进行打磨处理，而后将一次定向凝固合金棒倒转 180°，再次装入有高纯氩气保护的 Bridgman 定向凝固系统中进行定向凝固，二次定向凝固过程的生长速度和温度梯度均与首次定向凝固相同；（4）取出二次定向凝固后的高铌钛铝合金，表面再次进行打磨处理，即可得到高铌钛铝合金单晶
权利要求数	5
同族专利公开号	CN102011195B、CN102011195A
扩展同族公开号	CN102011195B、CN102011195A
引证专利	 0 CN101619405A 6 0 CN101259536A 10 0 CN101139674A 2 0 CN1432659A 15 0 CN1352318A 17 1 EP1211335A1 2 1 US4461659A 30 4 US3902900A 18 引证 被引证 8 CN102011195A 21 9 EP3205753B1 0 8 JP2017536327A 0 5 CN104646633B 0 4 CN104328501B 0 4 CN105803255A 3 7 CN105603533A 0 7 WO2016055013A1 0 4 CN103572082B 0 5 CN104646633A 13 4 CN104404614A 4 6 CN104278173A 10 5 CN103572082A 2 4 WO2013170585A1 3 5 CN102517528B 0 9 CN103071780A 1 6 CN102921929A 5 9 CN102847917A 3 4 CN102672150A 9 5 CN102517528A 8 2 CN102400074A 12 6 CN102229018A 15

5

公开号	CN101089209A
发明名称	一种制备高铌钛铝多孔材料的方法
发明人	林均品，王衍行，贺跃辉，王艳丽，叶丰，孙刚，陈国良
当前权利人	北京科技大学
申请日	2007-07-12
公开日	2007-12-19

续表 7-2

摘要	一种高铌钛铝多孔金属间化合物的制备方法，属于金属间化合物技术领域。采用Ti、Al和Nb元素粉末，用模压成型的方式，压制成坯。采用低温预反应和高温反应两阶段合成工艺烧结，低温预反应阶段的温度为500~800℃，时间为50~150分钟；高温反应阶段的温度为1300~1400℃，时间为60~180分钟。烧结方式采用真空微压烧结，真空度为$1\times10^{-1}\sim1\times10^{-3}$Pa，压强为0.5~10kPa，获得高铌钛铝多孔金属间化合物。优点在于，有利于控制多孔体的孔径分布，适应不同的应用要求。制备过程不需添加造孔剂，节能环保，操作简单，可重复性强
首项权利要求	一种制备高铌钛铝多孔材料的方法，其特征在于：首先成分配比为（原子数分数）35%~55%Ti粉、35%~55%Al粉和5%~30%Nb粉进行均匀的混合；采用模压成型的方式，压制成片状坯，压制压力为50~500MPa；随后，采用低温预反应和高温反应合成工艺烧结，低温预反应阶段的温度为500~800℃，保温时间为50~150min；高温反应阶段的温度为1300~1400℃，保温时间为60~180min；烧结方式采用真空微压烧结，真空度为$1\times10^{-1}\sim1\times10^{-3}$Pa，压强为0.5~10kPa；反应完成后，控制冷却速率，按10~40℃/min降温，获得高铌钛铝多孔金属间化合物
权利要求数	2
同族专利公开号	CN100465311C、CN101089209A
扩展同族公开号	CN100465311C、CN101089209A
引证专利	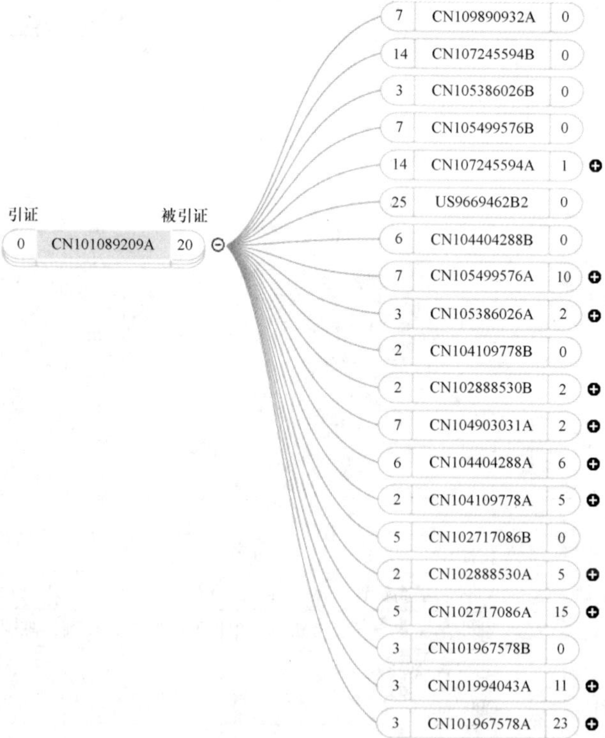 引证　被引证 0　CN101089209A　20 7　CN109890932A　0 14　CN107245594B　0 3　CN105386026B　0 7　CN105499576B　0 14　CN107245594A　1 25　US9669462B2　0 6　CN104404288B　0 7　CN105499576A　10 3　CN105386026A　2 2　CN104109778B　0 2　CN102888530B　2 7　CN104903031A　2 6　CN104404288A　6 2　CN104109778A　5 5　CN102717086B　0 2　CN102888530A　5 5　CN102717086A　15 3　CN101967578B　0 3　CN101994043A　11 3　CN101967578A　23

续表 7-2

6	
公开号	CN101279367A
发明名称	注射成形制备高铌钛铝合金零部件的方法
发明人	何新波，张昊明，曲选辉，赵丽明
当前权利人	北京科技大学
申请日	2008-05-28
公开日	2008-10-08
摘要	一种制备复杂形状和高尺寸精度高铌钛铝合金零部件的方法，属于高铌钛铝金属间化合物材料成形技术领域。工艺是将氩气雾化高铌钛铝粉末与不同质量配比的石蜡 PW，低密度聚乙烯 LDPE，聚丙烯 PP，硬脂酸 SA 组成的聚合物黏接剂以 63%~69%的装载量混炼、制粒，注射成形，随后采用溶剂脱脂和真空气氛中热脱脂脱除黏接剂，并在 600~1000℃进行预烧结，最后在真空气氛中 1460~1480℃进行烧结制得高 Nb-TiAl 合金零部件。优点在于：可直接制备出具有复杂形状、高尺寸精度和性能优良的高 Nb-TiAl 合金零部件，实现较低成本高 Nb-TiAl 合金零部件的批量生产
首项权利要求	一种制备复杂形状和高尺寸精度高铌钛铝合金零部件的方法，其特征在于，制备工艺为：（1）黏接剂的配制：所配制的黏接剂为多聚合物组元石蜡 PW 基黏接剂，以低密度聚乙烯 LDPE、聚丙烯 PP 作为增塑剂，以硬脂酸 SA 为表面活性剂，各组元质量分数为 PW：LDPE：PP：SA=(63%~68%)：(18%~22%)：(10%~15%)：(2%~5%)，将四种组元加入转矩流变仪或双螺杆挤出机中进行共混，并达到成分均匀；（2）混炼：将所选用的高 Nb-TiAl 预合金粉末与所配制的黏接剂按比例在开放式炼胶机上混炼 1~1.5h，混炼温度为 140~150℃，再在双螺杆混炼挤出机上制粒，使喂料进一步均匀，粉末装载量按体积分数计为 63%~69%；（3）注射成形：将制粒后所得喂料在注射温度 140~150℃，注射压力 90~100MPa 的条件下注射，得到复杂形状的高 Nb-TiAl 合金预成形坯；（4）脱脂：采用溶剂脱脂+后续热脱脂的两步脱脂法，首先将预成形坯浸于三氯乙烯中进行溶剂脱脂 10~20h，脱脂温度为 30~40℃，脱脂完成后取出坯体在恒温干燥箱内烘干，再在管式真空炉中进行热脱脂，脱脂温度在 30~600℃之间，时间为 6~12h，并进一步将脱脂坯加热至 600~1000℃之间进行预烧结 1~1.5h；（5）烧结：将预烧结坯置于真空烧结炉中于 1460~1480℃烧结，保温 1~2h，升温速率为 6~8℃/min，烧结体经后续精整处理，得到高 Nb-TiAl 合金零部件
权利要求数	2
同族专利公开号	CN100581690C、CN101279367A
扩展同族公开号	CN100581690C、CN101279367A

续表 7-2

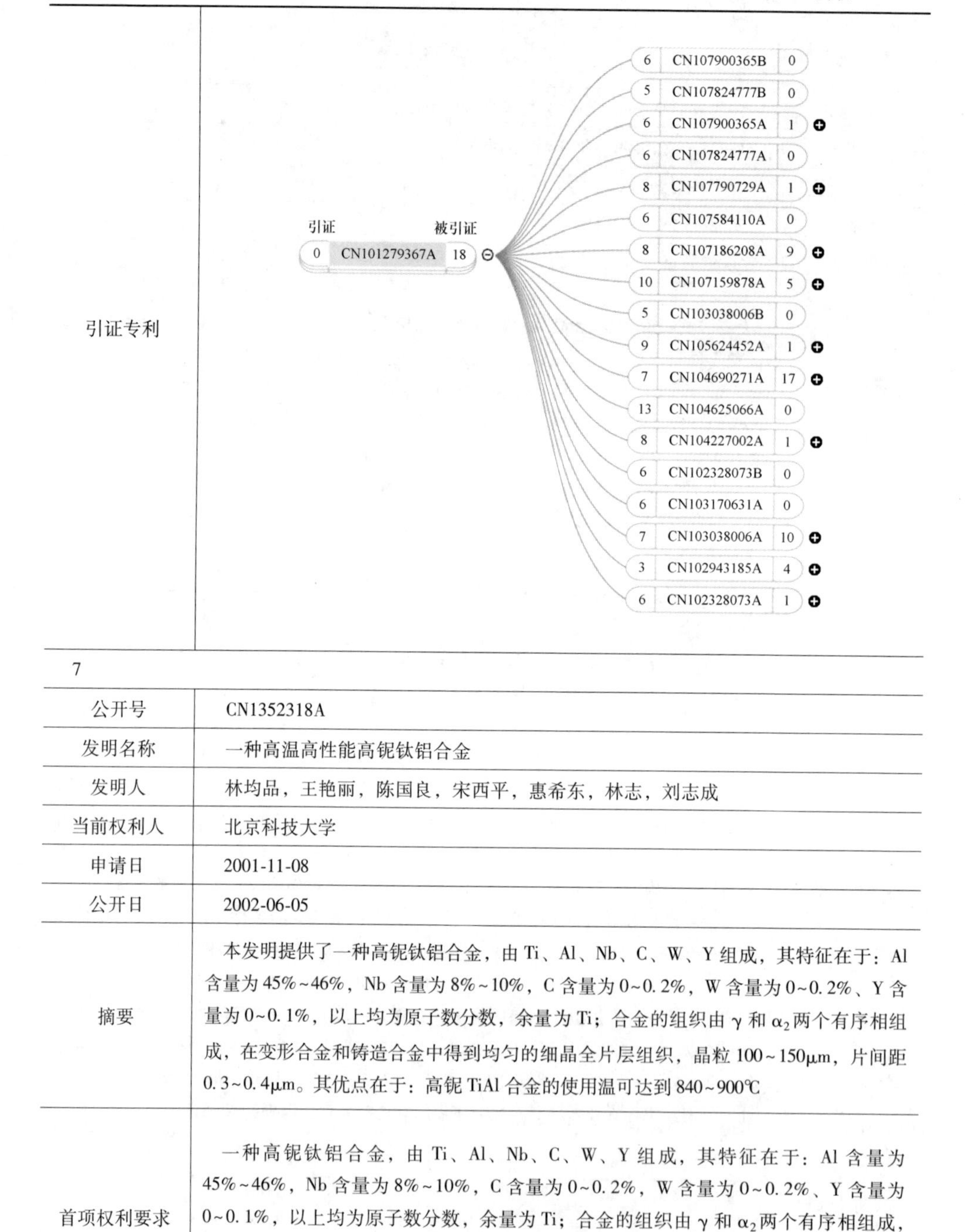

引证专利	
7	
公开号	CN1352318A
发明名称	一种高温高性能高铌钛铝合金
发明人	林均品，王艳丽，陈国良，宋西平，惠希东，林志，刘志成
当前权利人	北京科技大学
申请日	2001-11-08
公开日	2002-06-05
摘要	本发明提供了一种高铌钛铝合金，由 Ti、Al、Nb、C、W、Y 组成，其特征在于：Al 含量为 45%~46%，Nb 含量为 8%~10%，C 含量为 0~0.2%，W 含量为 0~0.2%、Y 含量为 0~0.1%，以上均为原子数分数，余量为 Ti；合金的组织由 γ 和 α_2 两个有序相组成，在变形合金和铸造合金中得到均匀的细晶全片层组织，晶粒 100~150μm，片间距 0.3~0.4μm。其优点在于：高铌 TiAl 合金的使用温可达到 840~900℃
首项权利要求	一种高铌钛铝合金，由 Ti、Al、Nb、C、W、Y 组成，其特征在于：Al 含量为 45%~46%，Nb 含量为 8%~10%，C 含量为 0~0.2%，W 含量为 0~0.2%、Y 含量为 0~0.1%，以上均为原子数分数，余量为 Ti；合金的组织由 γ 和 α_2 两个有序相组成，在变形合金和铸造合金中得到均匀的细晶全片层组织，晶粒 100~150μm，片间距 0.3~0.4μm

续表 7-2

权利要求数	1
同族专利公开号	CN1352318A、CN1142305C
扩展同族公开号	CN1142305C、CN1352318A
引证专利	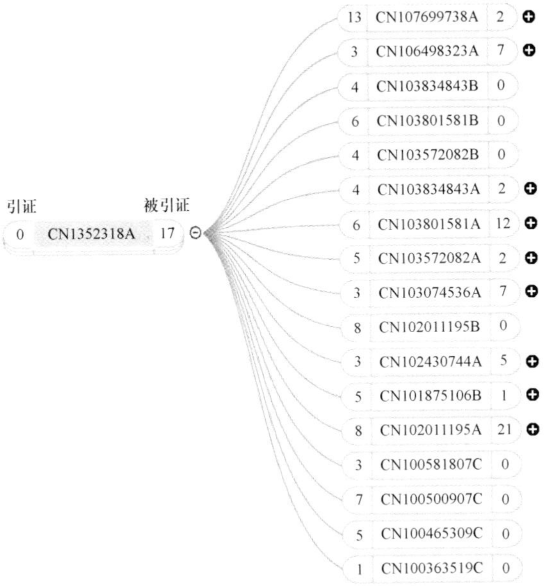 引证 被引证 0 CN1352318A 17 13 CN107699738A 2 3 CN106498323A 7 4 CN103834843B 0 6 CN103801581B 0 4 CN103572082B 0 4 CN103834843A 2 6 CN103801581A 12 5 CN103572082A 2 3 CN103074536A 7 8 CN102011195B 0 3 CN102430744A 5 5 CN101875106B 1 8 CN102011195A 21 3 CN100581807C 0 7 CN100500907C 0 5 CN100465309C 0 1 CN100363519C 0
8	
公开号	CN1352315A
发明名称	一种高铌 TiAl 合金大尺寸饼材制备方法
发明人	林均品，王艳丽，陈国良，宋西平，惠希东，林志，刘志成
当前权利人	北京科技大学
申请日	2001-11-08
公开日	2002-06-05
摘要	本发明提供了一种高铌 TiAl 合金大尺寸饼材制备方法，工艺流程为：熔炼→均热化处理→车削加工→包套→锻造→缓慢冷却，其特征在于：熔炼包括第一次自耗+自耗凝壳+第二次自耗；在 1100～1300℃保温 24～48h，进行均热化处理然后将铸锭的表面氧化皮去除；采用外径 150～300mm 壁厚 2～6mm 纯不锈钢管作为包套，将铸锭放置钛管中央，采用氩弧焊用 2～6mm 厚不锈钢的管两端封顶，不锈钢管外再加一层 1～3mm 厚的不锈钢板包上；随炉加热到 1250～1300℃保温 40～60min，出炉；将经过 6～10h 预热的锻件移到 3000～5000t 油压机上进行锻造，形变温度为 1200～130℃，形变速率为 $1\times10^{-3}\sim10^{-1}/s$，变形量为 60%～80%；锻造后进行低温回火。其优点在于：晶粒尺寸细小，具有优良的综合力学性能

续表 7-2

首项权利要求	一种高铌 TiAl 合金大尺寸饼材制备方法，工艺流程为：熔炼→均热化处理→车削加工→包套→锻造→缓慢冷却，其特征在于：（1）熔炼：第一次自耗+自耗凝壳+第二次自耗；（2）均热化退火：1100～1300℃保温 24～48h，随炉冷却出炉；（3）车削加工：将退火后的铸锭的表面氧化皮车削去除，表面粗糙度达到 *Ra*6.3～1.6；（4）包套：采用外径 150～300mm 壁厚 2～6mm 纯不锈钢管作为包套，将铸锭放置钛管中央，并采用氩弧焊用 2～6mm 厚不锈钢的管两端封顶，不锈钢管外再加一层 1～3mm 厚的不锈钢板包上，不锈钢管和不锈钢板之间用高温耐火棉塞实；（5）包套加热：随炉加热到 1250～1300℃保温 40～60min，即刻出炉；（6）锻造：将经过 6～10h 预热的锻件迅速移到 3000～5000t 油压机上进行锻造，形变温度为 1200～1350℃，形变速率为 $1\times10^{-3}\sim10^{-1}$/s，变形量为 60%～80%；（7）锻造完成后将锻件放置在 600～800℃的低温炉内，进行低温回火，防止锻件由于内部高残余应力而造成锻件开裂
权利要求数	1
同族专利公开号	CN1352315A、CN1132953C
扩展同族公开号	CN1352315A、CN1132953C
引证专利	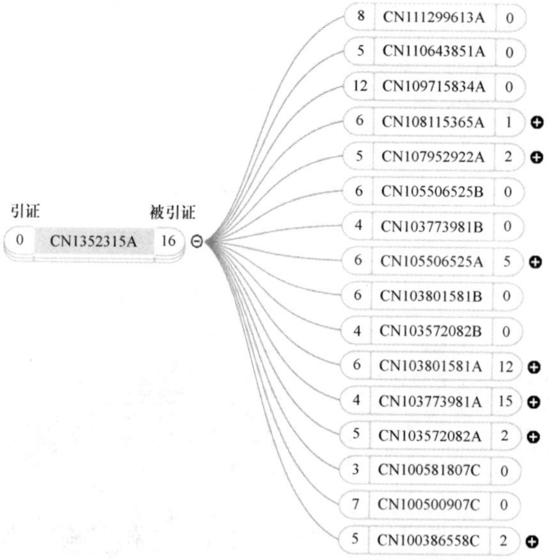 引证 0 CN1352315A 16 被引证 8 CN111299613A 0 5 CN110643851A 0 12 CN109715834A 0 6 CN108115365A 1 5 CN107952922A 2 6 CN105506525B 0 4 CN103773981B 0 6 CN105506525A 5 6 CN103801581B 0 4 CN103572082B 0 6 CN103801581A 12 4 CN103773981A 15 5 CN103572082A 2 3 CN100581807C 0 7 CN100500907C 0 5 CN100386558C 2

9	
公开号	CN102717086A
发明名称	一种短流程制备高铌钛铝合金球形微粉的方法
发明人	路新，佟健博，曲选辉，何新波，秦明礼
当前权利人	北京科技大学
申请日	2012-07-04

续表 7-2

公开日	2012-10-10
摘要	本发明提供一种短流程制备高铌钛铝合金球形微粉的方法，属于粉末制备技术领域。采用 TiH_2、Al、NbAl 中间合金三种金属粉末为主要原料，在氩气保护气氛下进行高能球磨，再将球磨粉末进行脱氢及合金化热处理，最后经过射频等离子球化制备高铌钛铝合金球形微粉。该方法的优点在于：缩短了高铌钛铝合金粉末制备工艺流程、提高了生产效率、节约了能源、降低了生产成本。同时所制备粉末具有致密、粒度细小、粒度分布窄、成分均匀、球形度高、流动性好、纯度高等优点，可满足注射成形、凝胶注模成形及热喷涂等工业生产的技术要求
首项权利要求	一种短流程制备高铌钛铝合金球形微粉的方法，其特征在于：以 TiH_2、Al、NbAl 中间合金三种金属粉末为主要原料，将混合粉末进行高能球磨，之后将球磨粉末进行热处理，以实现球磨复合粉末的脱氢及合金化，得到不规则高铌钛铝合金微粉，最后经射频 RF 等离子体球化处理后制备出高铌钛铝合金球形微粉；所制备的高铌钛铝合金粉末的成分为 Al 原子数分数为 43%~49%，Nb 原子数分数为 5%~10%，余量为 Ti 和其他微量合金元素；所制备合金微细球粉的平均粒度小于 30μm
权利要求数	5
同族专利公开号	CN102717086A、CN102717086B
扩展同族公开号	CN102717086B、CN102717086A
引证专利	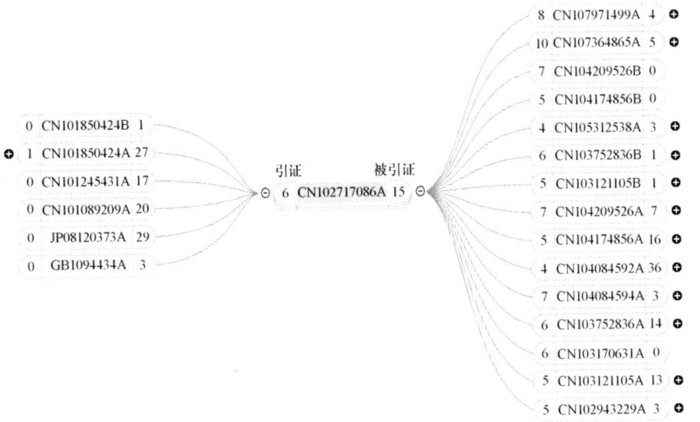 0 CN101850424B 1 1 CN101850424A 27 0 CN101245431A 17 0 CN101089209A 20 0 JP08120373A 29 0 GB1094434A 3 引证 6 CN102717086A 15 被引证 8 CN107971499A 4 10 CN107364865A 5 7 CN104209526B 0 5 CN104174856B 0 4 CN105312538A 3 6 CN103752836B 1 5 CN103121105B 1 7 CN104209526A 7 5 CN104174856A 16 4 CN104084592A 36 7 CN104084594A 3 6 CN103752836A 14 6 CN103170631A 0 5 CN103121105A 13 5 CN102943229A 3

10

公开号	CN103801581A
发明名称	一种高铌钛铝基合金板材的制备方法
发明人	林均品，沈正章，梁永锋，张来启，郝国建
当前权利人	北京科技大学
申请日	2014-01-24
公开日	2014-05-21

续表 7-2

摘要	本发明属于高温结构材料板材制备技术领域，涉及一种高铌钛铝基合金板材的制备方法。本发明所采用的技术方案为，直接从铸锭上切取合金坯料，经均匀化热处理后，放入三明治式的结构包套中，在坯料与包套间添加剥离剂，将包套在保护性气氛中加热，进行热轧后，去除包套，得到大尺寸高铌钛铝基合金板材。本发明设计出一条新型的冶金铸锭包套热轧制备高铌钛铝基合金板材工艺路线，工艺路线简单经济。与目前普遍的热等静压+等温锻造/等温挤压预处理相比，流程大幅度缩短，适合工业化大规模生产；本方法在普通轧机上制备，较之等温轧机、等温锻造等相比，设备要求大幅度降低，可普遍应用
首项权利要求	一种高铌钛铝基合金板材的制备方法，其特征在于，此制备方法直接从铸锭上切取合金坯料，经均匀化热处理后，放入三明治式的结构包套中，在坯料与包套间添加剥离剂，将包套在保护性气氛中加热，进行热轧后，去除包套，得到大尺寸高铌钛铝基合金板材
权利要求数	9
同族专利公开号	CN103801581B、CN103801581A
扩展同族公开号	CN103801581A、CN103801581B
引证专利	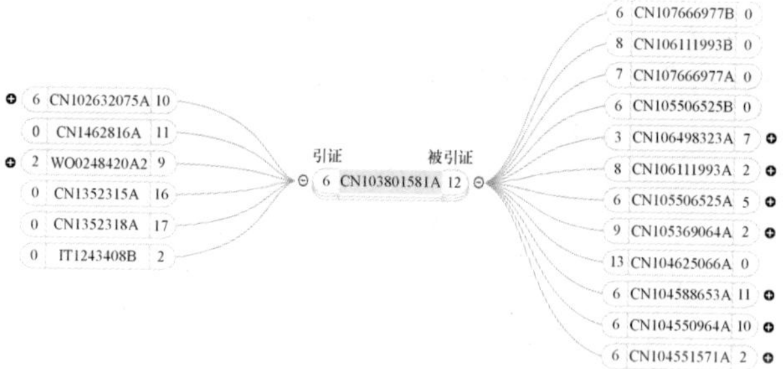 6 CN102632075A 10 0 CN1462816A 11 2 WO0248420A2 9 0 CN1352315A 16 0 CN1352318A 17 0 IT1243408B 2 引证 6 CN103801581A 12 被引证 6 CN107666977B 0 8 CN106111993B 0 7 CN107666977A 0 6 CN105506525B 0 3 CN106498323A 7 8 CN106111993A 2 6 CN105506525A 5 9 CN105369064A 2 13 CN104625066A 0 6 CN104588653A 11 6 CN104550964A 10 6 CN104551571A 2
11	
公开号	CN102825259A
发明名称	一种用氢化钛粉制备 TiAl 金属间化合物粉末的方法
发明人	邵慧萍，王志，林涛，郭志猛，叶青，王军，孙森，吕绍元
当前权利人	江苏金物新材料有限公司
申请日	2012-09-21
公开日	2012-12-19
摘要	本发明属于粉末冶金技术领域，涉及一种用氢化钛粉制备 TiAl 金属间化合物粉末的方法。其制备步骤如下：按照 Ti、Al 原子比为 1∶1 称量氢化钛粉和铝粉，经高能球磨机球磨混合均匀，其过程添加甲苯为控制剂防止氧化，然后在真空度为 $4.0\times10^{-2}\sim4.0\times10^{-3}$Pa 的快速升温管式电炉中以一定的工艺进行烧结，随炉冷却后得到 TiAl 金属间化合物。本发明工艺过程简单，原料较便宜的氢化钛粉，温度较低的情况下扩散与烧结后，经过简单研磨即得到纯度非常高的 TiAl 金属间化合物粉末，其粉末可以通过粉末冶金常用方法进行成形等后续加工

续表 7-2

首项权利要求	一种用氢化钛粉制备 TiAl 金属间化合物粉末的方法，其特征在于：（1）按照 Ti、Al 原子比为 1∶1 称量氢化钛粉和铝粉，在高能球磨机中球磨 1~24h 进行均匀化；其过程添加甲苯为控制剂防止氧化。（2）将上述混合均匀后的物料放入真空度为≤ 4.0×10^{-2}Pa 的快速升温管式电炉中，在 100~650℃进行脱氢处理，升温速率为 2~4℃/min，保温时间为 10min~4h；然后直接加热到高温，在 750~1000℃进行保温 1~5h 进行合金化；低速率升温扩散反应目的是铝粉的扩散反应以及氢化钛粉的脱氢，较高温度保温是为了钛和铝之间的合金化。（3）加热结束后随炉冷却，经研磨后即得 TiAl 金属间化合物粉末
权利要求数	3
同族专利公开号	CN102825259A、CN102825259B
扩展同族公开号	CN102825259B、CN102825259A
引证专利	引证：5 CN102248178A 6；1 CN101850424A 27；0 CN101245431A 17；0 JP04210401A 3 4 CN102825259A 6 被引证：10 CN111545742A 0；10 CN111545743A 0；7 CN105499576B 0；7 CN105499576A 10；11 CN104550963A 8；7 CN104325150A 0
转让信息	执行日 2017-07-06 转让人 北京科技大学 受让人 北京金物科技发展有限公司 执行日 2019-12-12 转让人 北京金物科技发展有限公司 受让人 江苏金物新材料有限公司
12	
公开号	CN1752265A
发明名称	一种细化 TiAl 合金铸锭显微组织的热加工工艺
发明人	宋西平，张蓓，王艳丽，陈国良
当前权利人	北京科技大学
申请日	2005-10-26
公开日	2006-03-29
摘要	一种细化 TiAl 合金铸锭显微组织的热加工工艺，属于金属材料领域，适用于 Al 含量为 45%~48%（原子数分数）的 TiAl 合金和铌含量范围为 6%~8%（原子数分数）的高铌 TiAl 合金。本发明具体来讲，就是对经过浇注或凝壳或提拉成型的 TiAl 合金铸锭，首先进行一次或多次盐浴淬火+时效的热处理工艺，然后再进行一次中等变形量的高温锻造工艺使原始粗大的铸造组织得到有效的细化，而且，显微组织的均匀性也较高，其室温塑性（延伸率）可以达到并且可以稳定在 2%以上

续表 7-2

首项权利要求	一种细化 TiAl 合金铸锭显微组织的热加工工艺，其特征在于本工艺的基本过程为：首先进行一道或多道盐浴淬火+时效的热处理工艺，然后再进行一次高温锻造
权利要求数	8
同族专利公开号	CN1752265A、CN1329549C
扩展同族公开号	CN1752265A、CN1329549C
引证专利	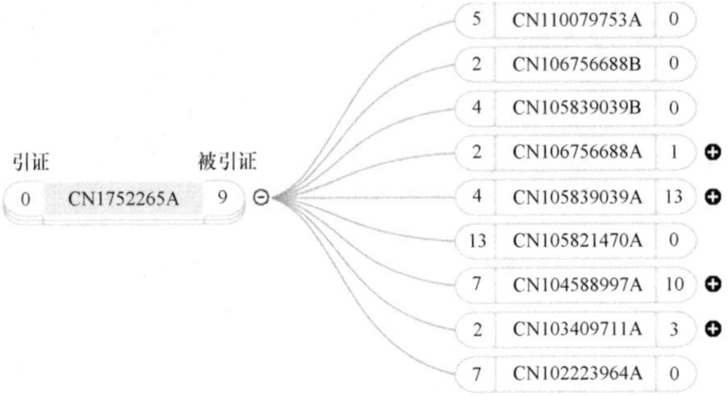 引证 0 CN1752265A 9 被引证 5 CN110079753A 0 2 CN106756688B 0 4 CN105839039B 0 2 CN106756688A 1 4 CN105839039A 13 13 CN105821470A 0 7 CN104588997A 10 2 CN103409711A 3 7 CN102223964A 0
转让信息	许可合同备案号：2008990000562 许可合同备案日期：2008-10-07 许可人：北京科技大学 被许可人：秦皇岛开发区美铝合金有限公司

7.3.3　西北工业大学

专利技术领域涉及摩擦焊接、扩散焊、晶粒细化等多种制备方法。被引用次数较多的有：专利 CN101844271A，被引证 26 次；专利 CN101352772A，被引证 24 次；专利 CN106808079A，被引证 14 次；专利 CN103785944A，被引证 12 次；专利 CN102758169A，被引证 11 次；专利 CN103498065A，被引证 9 次；专利 CN107745178A，被引证 8 次；专利 CN102495438A，被引证 6 次；专利 CN102689000A，被引证 6 次；专利 CN104651650A，被引证 4 次，详见表 7-3。

表 7-3　西北工业大学重点专利信息摘录

1	
公开号	CN101844271A
发明名称	钛铝合金涡轮与 42CrMo 调质钢轴的摩擦焊接方法
发明人	杜随更，傅莉，王剑，汪志斌
当前权利人	西北工业大学

续表 7-3

申请日	2010-05-20
公开日	2010-09-29
摘要	本发明公开了一种钛铝合金涡轮与42CrMo调质钢轴的摩擦焊接方法，其目的是解决现有方法在连接钛铝合金涡轮转子与调质钢轴时，接头拉伸强度低的技术问题。技术方案是在钛铝合金涡轮一侧加工回转体形状的嵌入槽，焊接过程中涡轮轴的焊接端面与钛铝合金涡轮的嵌入槽焊接面摩擦，通过控制摩擦缩短量，使得涡轮轴侧形成的飞边填充满嵌入槽。从而达到焊接面的冶金结合与机械连接的双重效果，连接件接头室温拉伸强度由背景技术的390MPa提高到480~537MPa
首项权利要求	一种钛铝合金涡轮与42CrMo调质钢轴的摩擦焊接方法，其特征在于包括下述步骤：（1）将钛铝合金涡轮加热到600~700℃，保温1.5~3h，进行去应力热处理；（2）在钛铝合金涡轮一侧加工出回转体形状的嵌入槽；（3）将钛铝合金涡轮和42CrMo调质钢轴待焊接表面进行打磨，并用丙酮清理；（4）将钛铝合金涡轮和42CrMo调质钢轴分别夹持在旋转摩擦焊机的移动夹具和旋转夹具中，42CrMo调质钢轴的轴心对准钛铝合金涡轮一侧嵌入槽的中心；（5）摩擦焊机上的主轴电机通过主轴、旋转夹具驱动42CrMo调质钢轴高速旋转，施力油缸通过滑台、移动夹具驱动钛铝合金涡轮逐渐靠近并压在高速旋转的42CrMo调质钢轴上，摩擦压力为330~500MPa；（6）旋转夹具停止旋转，施力油缸施加顶锻压力，顶锻压力590~800MPa，保压时间4~6s；（7）焊后缓冷并回火处理，加热温度600~650℃，保温时间为1.5~2h
权利要求数	4
同族专利公开号	CN101844271A
扩展同族公开号	CN101844271A
引证专利	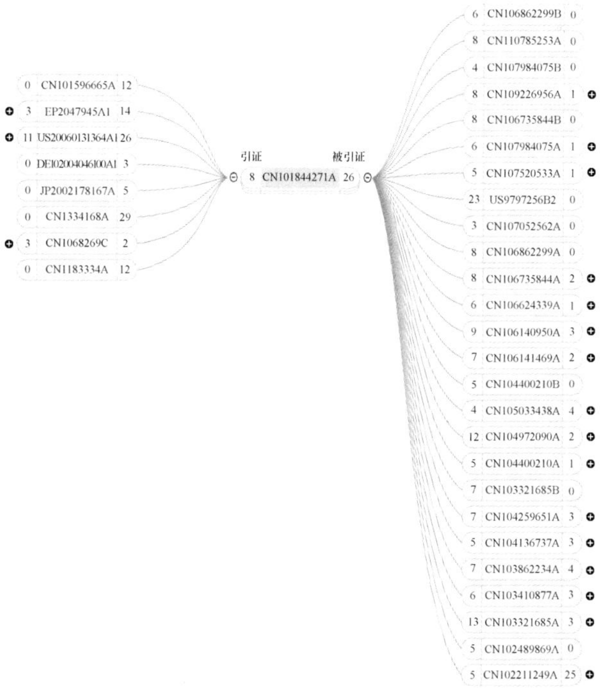 0 CN101596665A 12 3 EP2047945A1 14 11 US20060131364A1 26 0 DE102004046100A1 3 0 JP2002178167A 5 0 CN1334168A 29 3 CN1068269C 2 0 CN1183334A 12 引证 被引证 8 CN101844271A 26 6 CN106862299B 0 8 CN110785253A 0 4 CN107984075B 0 8 CN109226956A 1 8 CN106735844B 0 6 CN107984075A 1 5 CN107520533A 1 23 US9797256B2 0 3 CN107052562A 0 8 CN106862299A 0 8 CN106735844A 2 6 CN106624339A 1 9 CN106140950A 3 7 CN106141469A 2 5 CN104400210B 0 4 CN105033438A 4 12 CN104972090A 2 5 CN104400210A 1 7 CN103321685B 0 7 CN104259651A 3 5 CN104136737A 3 7 CN103862234A 4 6 CN103410877A 3 13 CN103321685A 3 5 CN102489869A 0 5 CN102211249A 25

续表 7-3

2	
公开号	CN101352772A
发明名称	TiAl/Nb 基合金与 Ni 基高温合金的扩散焊方法
发明人	熊江涛，张赋升，李京龙
当前权利人	西北工业大学
申请日	2008-08-13
公开日	2009-01-28
摘要	本发明公开了一种 TiAl/Nb 系合金与 Ni 基高温合金的扩散焊方法，首先将经过处理的 Nb 箔与 Ni 箔叠合构成的中间层置于经过表面处理的 TiAl/Nb 系合金与 Ni 基高温合金之间，其中 Nb 箔与 TiAl/Nb 系合金接触，Ni 箔与 Ni 基高温合金接触，构建被焊工件；将被焊工件放置于真空扩散焊炉内上压头与下压头之间，在上压头与 TiAl/Nb 系合金、下压头与 Ni 基高温合金之间放置阻焊层；在真空扩散焊炉中完成 TiAl/Nb 系合金与 Ni 基高温合金的扩散焊接。由于采用了添加 Nb-Ni 复合中间层的扩散焊方法，使得连接界面上无硬脆相产生，接头的抗拉强度由现有技术的 183MPa 提高到 516~750MPa；接头的剪切强度由现有技术的 359MPa 提高到 372~528MPa
首项权利要求	一种 TiAl/Nb 系合金与 Ni 基高温合金的扩散焊方法，其特征在于包括下述步骤：（1）取厚度为 10~30μm、纯度为 99.9wt.%的 Nb 箔和厚度为 10~20μm、纯度为 99.9wt.%的 Ni 箔，放入丙酮中，超声波清洗 10~20s 后，晾干；（2）处理 TiAl/Nb 系合金与 Ni 基高温合金的待焊接面，两合金待焊接面的表面粗糙度 Ra 值小于 1.6 后，放入丙酮中，超声波清洗 5~10min 后，晾干；（3）将 Nb 箔与 Ni 箔叠合构成的中间层置于 TiAl/Nb 系合金与 Ni 基高温合金之间，其中 Nb 箔与 TiAl/Nb 系合金接触，Ni 箔与 Ni 基高温合金接触，构建被焊工件；（4）将被焊工件放置于真空扩散焊炉内上压头与下压头之间，在上压头与 TiAl/Nb 系合金、下压头与 Ni 基高温合金之间放置阻焊层；对被焊工件施加 0.5~1MPa 预压力，当真空度达到 4.0×10^{-3} ~ 6.0×10^{-3}Pa 时，以 10℃/min 加热速率，使真空扩散焊炉内温度升至 950~1100℃ 时施加 15~30MPa 的轴向压力，并保温 60~120min，随炉冷却，冷却过程中施加的轴向压力保持不变
权利要求数	1
同族专利公开号	CN101352772A
扩展同族公开号	CN101352772A

续表 7-3

引证专利

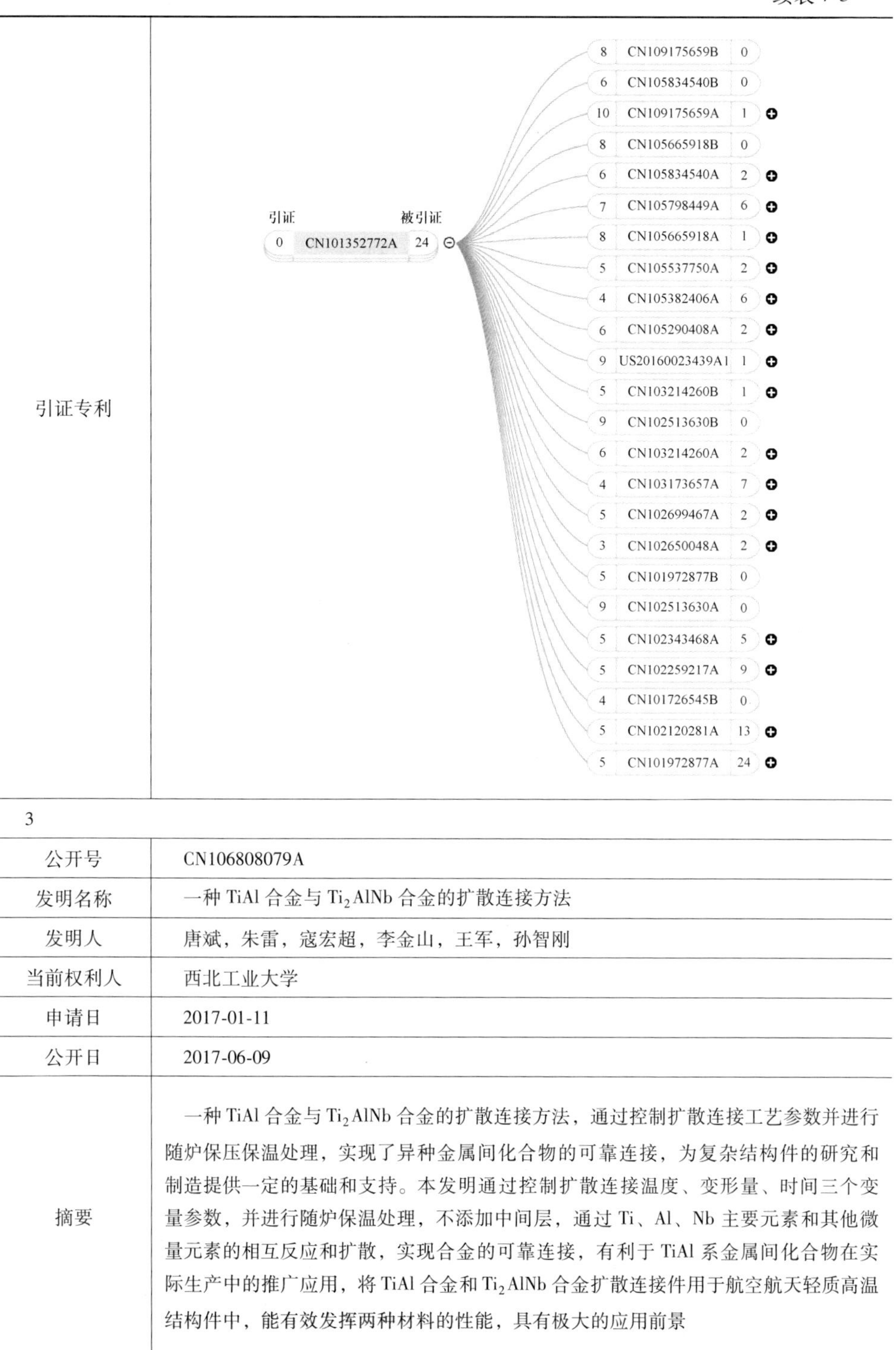

3	
公开号	CN106808079A
发明名称	一种 TiAl 合金与 Ti_2AlNb 合金的扩散连接方法
发明人	唐斌，朱雷，寇宏超，李金山，王军，孙智刚
当前权利人	西北工业大学
申请日	2017-01-11
公开日	2017-06-09
摘要	一种 TiAl 合金与 Ti_2AlNb 合金的扩散连接方法，通过控制扩散连接工艺参数并进行随炉保压保温处理，实现了异种金属间化合物的可靠连接，为复杂结构件的研究和制造提供一定的基础和支持。本发明通过控制扩散连接温度、变形量、时间三个变量参数，并进行随炉保温处理，不添加中间层，通过 Ti、Al、Nb 主要元素和其他微量元素的相互反应和扩散，实现合金的可靠连接，有利于 TiAl 系金属间化合物在实际生产中的推广应用，将 TiAl 合金和 Ti_2AlNb 合金扩散连接件用于航空航天轻质高温结构件中，能有效发挥两种材料的性能，具有极大的应用前景

续表 7-3

首项权利要求	一种 TiAl 合金与 Ti_2AlNb 合金的扩散连接方法，其特征在于，具体过程是：（1）切割试样；（2）表面处理；（3）制作装配件；（4）焊接：将得到的装配件放置在真空扩散焊机内，将真空扩散焊机炉腔真空度抽至为 5×10^{-3}Pa 并保持；以阶梯升温的方式将所述真空扩散焊机炉温度升至 930～1000℃；通过真空扩散焊机的石墨压头对连接试样施加 30MPa 的轴向压力并保持 60～120min，使得试样总变形量达到 2%～5%；以阶梯降温的方式保压随炉冷却，冷却至室温，完成了 TiAl 合金和 Ti_2AlNb 合金的扩散连接，获得了 TiAl 合金和 Ti_2AlNb 合金的扩散连接接头
权利要求数	4
同族专利公开号	CN106808079A、CN106808079B
扩展同族公开号	CN106808079A、CN106808079B
引证专利	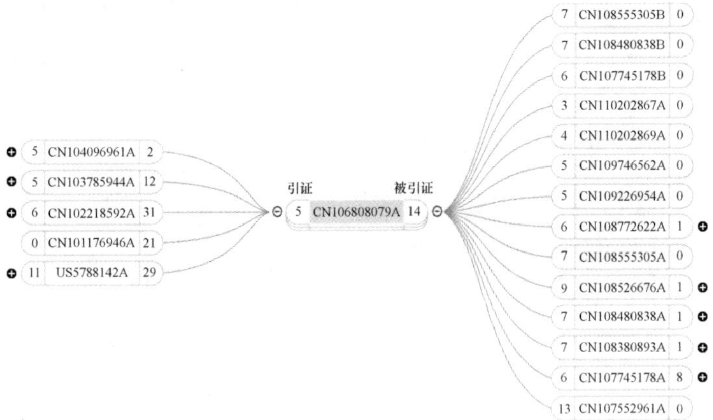 5 CN104096961A 2 5 CN103785944A 12 6 CN102218592A 31 0 CN101176946A 21 11 US5788142A 29 引证　被引证 5 CN106808079A 14 7 CN108555305B 0 7 CN108480838B 0 6 CN107745178B 0 3 CN110202867A 0 4 CN110202869A 0 5 CN109746562A 0 5 CN109226954A 0 6 CN108772622A 1 7 CN108555305A 0 9 CN108526676A 1 7 CN108480838A 1 7 CN108380893A 1 6 CN107745178A 8 13 CN107552961A 0

4	
公开号	CN103785944A
发明名称	一种高 Nb-TiAl 合金扩散连接方法
发明人	唐斌，李金山，齐先胜，寇宏超，孙智刚，胡锐，张铁邦
当前权利人	西北工业大学
申请日	2014-02-28
公开日	2014-05-14
摘要	一种高 Nb-TiAl 合金扩散连接方法，首先在较低温度下对锻态高 Nb-TiAl 合金进行真空扩散连接，随后对扩散连接试样进行真空退火处理。本发明有效利用了高 Nb-TiAl 合金真空扩散连接与真空退火处理的组合，显著提高了高 Nb-TiAl 合金扩散连接接头质量，并可控制焊件的显微组织结构。同时，扩散连接工艺过程中施加了低于合金流变应力的轴向压应力，避免了材料在扩散连接过程中的变形。本发明所得到的扩散连接接头显微组织无未闭合孔洞，且焊缝界面完全消失，组织演化完全，扩散连接接头质量高

续表 7-3

首项权利要求	一种高 Nb-TiAl 合金扩散连接方法，其特征在于，具体过程是：（1）试样连接表面的处理。（2）真空扩散连接。将待连接试样按连接要求组合后放入真空扩散焊机内实施扩散连接；在实施扩散连接时，将真空扩散焊机炉腔抽真空至 5×10^{-3} Pa；以 10℃/min 的升温速率使真空扩散焊机炉腔温度升至 900～950℃；对连接试样施加 30～40MPa 的轴向压力并保温保压 45～60min；当保温保压结束后，连接试样随炉冷却至室温；完成对连接试样的真空扩散连接，得到无未闭合孔洞的高 Nb-TiAl 合金扩散连接试样。（3）真空退火处理：对得到的无未闭合孔洞的高 Nb-TiAl 合金扩散连接试样实施真空退火。具体过程是：将连接好的高 Nb-TiAl 合金试样放入真空热处理炉中，并对真空热处理炉抽真空至 5×10^{-2} Pa，真空热处理炉抽真空达到 5×10^{-2} Pa 时开始对真空热处理炉梯度加热至 1135～1300℃；在所述对真空热处理炉梯度加热过程中，保持对真空热处理炉的真空度；当真空热处理炉的炉温升至 1135℃时，保温 2～12h；保温结束后，所述高 Nb-TiAl 合金试样随炉冷却至室温，获得经过优化的扩散连接的高 Nb-TiAl 合金试样
权利要求数	2
同族专利公开号	CN103785944B、CN103785944A
扩展同族公开号	CN103785944A、CN103785944B
引证专利	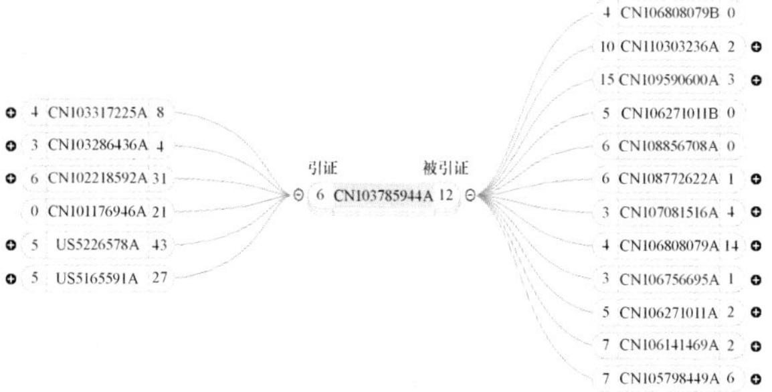 引证 4 CN103317225A 8 3 CN103286436A 4 6 CN102218592A 31 0 CN101176946A 21 5 US5226578A 43 5 US5165591A 27 6 CN103785944A 12 被引证 4 CN106808079B 0 10 CN110303236A 2 15 CN109590600A 3 5 CN106271011B 0 6 CN108856708A 0 6 CN108772622A 1 3 CN107081516A 4 4 CN106808079A 14 3 CN106756695A 1 5 CN106271011A 2 7 CN106141469A 2 7 CN105798449A 6
5	
公开号	CN102758169A
发明名称	TiAl 合金表面包埋共渗 Al-Si-Y 的工艺方法
发明人	谢发勤，李涌泉，吴向清
当前权利人	西北工业大学
申请日	2012-07-31
公开日	2012-10-31
摘要	本发明提供了一种 TiAl 合金表面包埋共渗 Al-Si-Y 的工艺方法，先将试样打磨后清洗、吹干；然后将配制好的渗剂置于球磨机中充分混合、烘干；把试样埋入渗剂中并用硅溶胶及 Al_2O_3 密封，置于高温电阻炉中加热、保温后空冷至室温；将包埋渗后的试样清洗、烘干，结束。本发明无须真空炉及充氩气保护，即可获得结合力好，均匀、致密的渗层，提高 TiAl 合金抗高温氧化性能，并且具有工艺简单、操作方便、成本低廉、易于实现、效率高等优点，适于生产和应用

续表 7-3

首项权利要求	一种 TiAl 合金表面包埋共渗 Al-Si-Y 的工艺方法，其特征在于包括下述步骤：（1）试样经 400 号砂纸打磨后超声清洗、吹干；（2）配制渗剂，渗剂各组分按照质量分数为 5%～10% Si，2%～10% Al，0.5%～5% Y_2O_3，1%～10% $AlCl_3 \cdot 6H_2O$，余量为 Al_2O_3；（3）将配制好的渗剂置于球磨机中研磨，使其充分混合；（4）将渗剂置于温度为 100℃的烘箱中保温 1h 进行烘干；（5）把烘干过的渗剂装入坩埚，并把试样埋入渗剂中，相邻平行试样之间的距离不小于 8mm；（6）将装有试样的坩埚加盖并用硅溶胶及 Al_2O_3 按照每 1L 硅溶胶加入 1～1.2kg Al_2O_3 的比例混合后密封，置于高温电阻炉中；（7）高温电阻炉升温 1h 至 1050℃，在 1050℃保温 1～3h 后空冷至室温；（8）将包埋渗后的试样使用流动水冲洗，然后用酒精清洗，再进行烘干，结束
权利要求数	2
同族专利公开号	CN102758169A、CN102758169B
引证专利	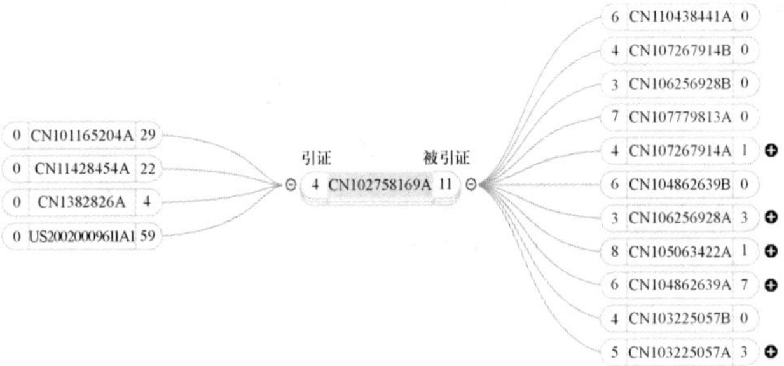 0 CN101165204A 29 0 CN11428454A 22 0 CN1382826A 4 0 US20020009611A1 59 引证 4 CN102758169A 11 被引证 6 CN110438441A 0 4 CN107267914B 0 3 CN106256928B 0 7 CN107779813A 0 4 CN107267914A 1 6 CN104862639B 0 3 CN106256928A 3 8 CN105063422A 1 6 CN104862639A 7 4 CN103225057B 0 5 CN103225057A 3
6	
公开号	CN103498065A
发明名称	一种 TiAl 合金晶粒细化方法
发明人	寇宏超，杨光，王军，李金山，胡锐，薛祥义
当前权利人	重庆两航金属材料有限公司
申请日	2013-09-05
公开日	2014-01-08
摘要	一种 TiAl 合金晶粒细化方法，通过在固液两相区循环处理，使粗大的柱状晶发生重熔，熔断的枝晶可作为新的形核质点形核并长大，从而使晶粒得到细化。本发明对于以 Ti48Al2Cr2Nb 合金为代表的包晶凝固路径、以 Ti50Al 合金为代表的 α 凝固路径以及以 Ti45Al8Nb0.2W0.2B 合金为代表的 β 凝固路径均进行了处理，并取得了显著的细化效果，具有适用范围广泛，可用于多种 TiAl 合金的晶粒细化的特点

续表 7-3

首项权利要求	一种 TiAl 合金晶粒细化方法，其特征在于，具体步骤过程是：（1）原材料准备：对 TiAl 合金试棒进行打磨，并超声波清洗；将氧化钇粉与醋酸锆溶胶按（3.5：1）~（4.5：1）重量比配制成面层材料，均匀涂敷于刚玉坩埚内表面，自然干燥 48h 后在 950℃下烧结两小时；烧结后炉冷至室温；在丙酮溶液中对所述刚玉坩埚进行超声波清洗；（2）洗炉：将放置有 TiAl 合金试棒的刚玉坩埚放入感应加热炉内；对所述感应加热炉抽真空至（3.0~1.0）×10^{-1}Pa，抽真空结束后向感应加热炉中充氩气至 0.05MPa 进行洗炉；洗炉过程结束后，将感应加热炉抽高真空至 8.7×10^{-3}~6.6×10^{-4} Pa，并充入氩气至 0.1MPa，进入步骤 3，对 Ti48Al2Cr2Nb 合金试棒进行熔体循环处理；（3）循环过热处理：通过感应加热炉将 TiAl 合金试棒升温至液相线以上 50~80℃后保温 10~30s，得到 TiAl 合金试棒熔化后合金熔体；保温结束后，将所述 TiAl 合金熔体降温至该合金的固相线上 5~10℃，降温结束后直接将所述 TiAl 合金熔体升温至液相线以下 5~10℃；重复上述升温→降温过程 10~20 次，对 TiAl 合金熔体反复处理，得到合金过热熔体；（4）凝固：循环过热处理后，关闭感应加热炉电源，使 TiAl 合金熔体随炉冷却，得到晶粒细化 TiAl 合金
权利要求数	2
同族专利公开号	CN103498065A、CN103498065B
扩展同族公开号	CN103498065B、CN103498065A
引证专利	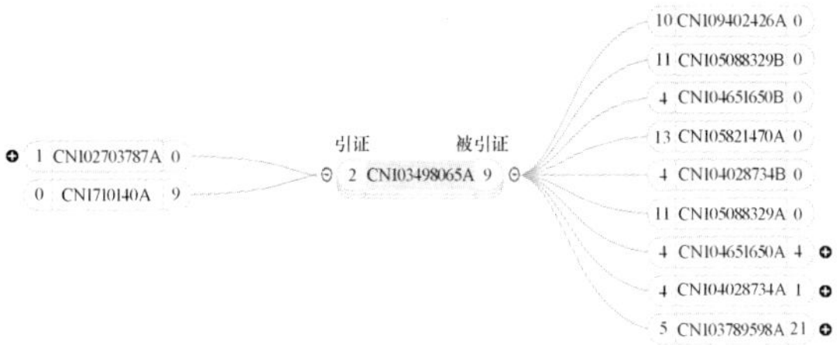 1 CN102703787A 0 0 CN1710140A 9 引证 被引证 2 CN103498065A 9 10 CN109402426A 0 11 CN105088329B 0 4 CN104651650B 0 13 CN105821470A 0 4 CN104028734B 0 11 CN105088329A 0 4 CN104651650A 4 4 CN104028734A 1 5 CN103789598A 21
7	
公开号	CN107745178A
发明名称	高温 TiAl 合金与 Ti_2AlNb 合金环形件的扩散连接方法
发明人	唐斌，张晓强，李金山，朱雷，寇宏超，王军，孙智刚
当前权利人	重庆两航金属材料有限公司
申请日	2017-10-17
公开日	2018-03-02
摘要	一种高温 TiAl 合金与 Ti_2AlNb 合金环形件的扩散连接方法，利用夹具材料与待连接材料的膨胀压差来提供压应力，在阶梯升温过程中即开始扩散连接。因高温 TiAl 盘缘扩散系数大于 Ti_2AlNb 盘芯，在阶梯降温过程中，连接界面上仍存在一定的连接压力，扩散连接仍在继续。冷却到 800℃过程中，保温过程中存在的连接压力逐渐减小，在此时进行保温处理有利于获得优异的接头性能。从 800℃冷却到室温过程中，连接压力又逐渐增大，在 600℃进行保温处理，避免接头残余应力过大。本发明通过夹具同时控制扩散连接工艺参数，实现了异种金属间化合物环形件的可靠连接，为其他合金复杂环形件提供了研究和制造基础

续表 7-3

首项权利要求	一种高温 TiAl 合金与 Ti_2AlNb 合金环形件的扩散连接方法，其特征在于，具体过程是：（1）切割试样；根据设计加工得到高温 TiAl 合金的盘缘和 Ti_2AlNb 合金的盘芯；所述盘缘与盘芯之间的连接界面的倾角为 10°～20°；（2）表面处理；（3）装夹装配；（4）扩散连接；对真空扩散焊机炉腔抽真空度至 5×10^{-3}Pa；以 10℃/min 的升温速率使所述真空扩散焊机炉温度升至 300℃，并保温 30min；保温结束后继续以 10℃/min的升温速率使该真空扩散焊机炉温度升至 600℃，并保温 20～120min；保温结束后继续以 10℃/min 的升温速率使该真空扩散焊机炉温度升至 900～1000℃，并保持 60min
权利要求数	4
同族专利公开号	CN107745178B、CN107745178A
扩展同族公开号	CN107745178A、CN107745178B
引证专利	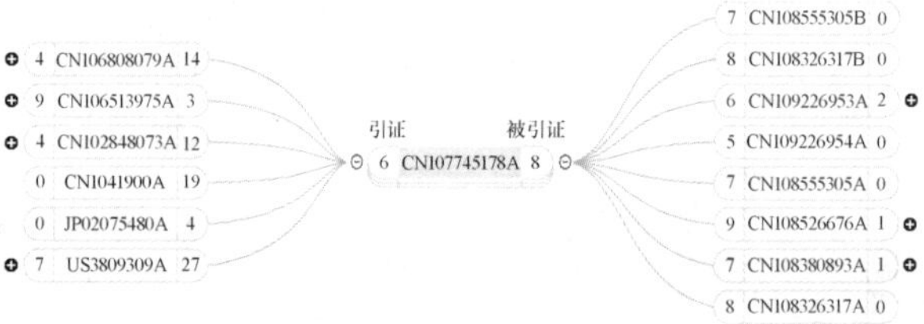 引证：4 CN106808079A 14；9 CN106513975A 3；4 CN102848073A 12；0 CN1041900A 19；0 JP02075480A 4；7 US3809309A 27 6 CN107745178A 8 被引证：7 CN108555305B 0；8 CN108326317B 0；6 CN109226953A 2；5 CN109226954A 0；7 CN108555305A 0；9 CN108526676A 1；7 CN108380893A 1；8 CN108326317A 0
8	
公开号	CN102495438A
发明名称	一种轻质反射镜镜坯及其制备方法
发明人	罗贤，杨延清，李嘉伟，霍欣凯，王悦存
当前权利人	威海蓝谷材料分析研究院有限公司
申请日	2011-10-27
公开日	2012-06-13
摘要	本发明公开了一种轻质反射镜镜坯及其制备方法，对 γ-TiAl 合金基底表面进行打磨，将厚度为 300μm 的 TC4 箔材置于 γ-TiAl 合金基底上，置入真空热压烧结炉中进行扩散连接后随炉冷却至室温，将制备好的 TiAl/TC4 连接件放入箱式电阻炉中，加热并保温，得到均匀的 TC4 表面氧化层；将 K9 玻璃放在氧化后的 TiAl/TC4 连接件上，置于 TC4 表面氧化层一面，整体置入箱式电阻炉中施加压力并加热后随炉冷却到室温，最终得到镜坯。本发明重量轻，强度大，具有良好的抗热震性能，能满足实际应用的要求
首项权利要求	一种轻质反射镜镜坯，包括基底、钛合金过渡层和光学玻璃，其特征在于：基底材料为 γ-TiAl 金属间化合物，钛合金过渡层与基底紧密结合，钛合金过渡层上封接光学玻璃
权利要求数	6

续表 7-3

同族专利公开号	CN102495438A、CN102495438B
扩展同族公开号	CN102495438A、CN102495438B
引证专利	引证 被引证 0 CN202305855U 3 4 CN100420966C 0 0 CN101021580A 4 3 CN102495438A 6 2 CN107298535B 0 8 CN109202079A 7 12 CN108623192A 0 2 CN107298535A 1 9 CN105506708A 1 4 CN105174720A 6
9	
公开号	CN102689000A
发明名称	制备钛铝基合金定向全片层组织的电磁成形装置及方法
发明人	杜玉俊，沈军，熊义龙
当前权利人	西北工业大学
申请日	2012-05-22
公开日	2012-09-26
摘要	一种制备钛铝基合金定向全片层组织的电磁成形装置及方法，屏蔽罩安放在位于水冷结晶器上表面的绝缘板上；在屏蔽罩的上表面安放有定位板，成形感应器位于所述定位板的上表面；保温套位于所述成形感应器的内环中；卡子固定在成形感应器的外圆周表面；所述屏蔽罩的中心孔、成形感应器的中心孔与保温套的中心孔同轴；籽晶位于所述屏蔽罩的中心孔内，该籽晶的下端与真空室内的抽拉杆连接，母材位于保温套内，该母材的上端与真空室内的同步杆连接，并且所述籽晶与母材合金均与成形感应器的中心孔同轴。本发明能够彻底消除坩埚污染对合金成分和组织的影响，制备出较理想的定向全片层组织，并提高了成形感应器的定位精度
首项权利要求	一种制备钛铝基合金定向全片层组织的电磁成形装置，其特征在于，包括保温套、成形感应器、定位板、屏蔽罩、绝缘板和卡子；屏蔽罩安放在位于水冷结晶器上表面的绝缘板上；在屏蔽罩的上表面安放有定位板，成形感应器位于所述定位板的上表面；保温套位于所述成形感应器的内环中；卡子固定在成形感应器的外圆周表面；所述屏蔽罩的中心孔、成形感应器的中心孔与保温套的中心孔同轴；籽晶位于所述屏蔽罩的中心孔内，该籽晶的下端与真空室内的抽拉杆连接，母材位于保温套内，该母材的上端与真空室内的同步杆连接，并且所述籽晶与母材合金均与成形感应器的中心孔同轴
权利要求数	4
同族专利公开号	CN102689000A、CN102689000B
扩展同族公开号	CN102689000B、CN102689000A
引证专利	引证 被引证 0 CN102689000A 6 11 CN105088329B 0 4 CN104651650B 0 11 CN105088329A 0 5 CN102935507B 0 4 CN104651650A 4 5 CN102935507A 7

续表 7-3

10	
公开号	CN104651650A
发明名称	一种制备 TiAl 基合金定向全片层组织的方法
发明人	杜玉俊，沈军，韩军龙，熊义龙
当前权利人	西北工业大学
申请日	2015-02-02
公开日	2015-05-27
摘要	一种制备 TiAl 基合金定向全片层组织的方法，在加热及保温中，以快速加热的方式使 TiAl 合金的片层组织在加热过程中保持稳定，实现控制定向凝固过程中 α 相的生长方向的目的，从而制备出平行于生长方向的定向全片层组织。本发明减小传统籽晶法中对籽晶材料的苛刻要求，使得那些由于组织不稳定而不适合作为籽晶的片层组织，可以作为一个合格的准籽晶用于控制定向凝固过程中的片层组织，简化了 TiAl 基合金定向全片层组织的制备工艺
首项权利要求	一种制备 TiAl 基合金定向全片层组织的方法，其特征在于，具体过程是：（1）试样制备。从已经制备好的 TiAl 合金定向全片层试样中切取试样作为准籽晶，且保证该准籽晶内的片层方向平行于试样轴向；从 TiAl 合金铸锭中切取试样作为母材。（2）安装试样。将制备的准籽晶安装在电磁约束成形定向凝固装置抽拉杆上；将母材安装在电磁约束成形定向凝固装置送料杆上，同时确保母材下端面与准籽晶上端面的间隙为 2mm；调节准籽晶和母材的高度，使准籽晶上端面位于电磁约束成形定向凝固装置成形感应器的中部；所述电磁约束成形定向凝固装置采用现有技术。（3）抽真空。关闭电磁约束成形定向凝固装置的真空室门并抽真空至 6×10^{-3}Pa，随后充入高纯氩气作为保护气体。（4）加热及保温。将 30kHz 的交变电流通入成形感应器中，并将所述交变电流的电压从 0V 开始，以 20V/5min 的速率增加至 160V 并保压 10min，使位于成形感应器中的准籽晶合金和母材合金的温度均达到 900℃；保压结束后将升至 160V 的交变电压继续以 5~50V/min 的速率增加至 260V 并保压 10min，使准籽晶合金和母材合金的温度升至 1450℃；继续将所述交变电流的电压从 260V 以 5V/min 的速率增加直至位于成形感应器中的准籽晶合金和母材合金同时熔化，并使熔化后形成的熔体在电磁力的作用下约束成为熔区。（5）抽拉。待所述熔区高度稳定后保温 0~30min，以 5~30μm/s 的速度从上至下抽拉，进行电磁成形定向凝固，最终获得 TiAl 基合金定向全片层组织
权利要求数	2
同族专利公开号	CN104651650A、CN104651650B
扩展同族公开号	CN104651650A、CN104651650B
引证专利	5 CN103789598A 21 0 CN103498065A 9 0 CN102689000A 6 0 JP2000199025A 18 引证 4 CN104651650A 4 被引证 4 CN109280809A 1 3 CN107354331B 0 3 CN109022906A 1 3 CN107354331A 0

7.3.4 中国航发北京航空材料研究院

专利技术领域涉及精密成型、热等静压、热处理、氩弧焊、钎焊等方面。被引用次数较多的有：专利 CN1695877A，被引证 29 次；专利 CN105499499A，被引证 23 次；专利 CN102513537A，被引证 22 次；专利 CN102229018A，被引证 15 次；专利 CN108559872A，被引证 15 次；专利 CN102974761A，被引证 13 次；专利 CN102922172A，被引证 9 次；专利 CN102744366A，被引证 8 次；专利 CN103537620A，被引证 8 次；专利 CN102776413A，被引证 7 次，详见表 7-4。

表 7-4 中国航发北京航空材料研究院重点专利信息摘录

1	
公开号	CN1695877A
发明名称	钛基合金钎料粉末制备方法
发明人	郭万林，李天文，毛唯，程耀永，淮军锋
当前权利人	中国航空工业第一集团公司北京航空材料研究院
申请日	2005-06-27
公开日	2005-11-16
摘要	本发明涉及一种用于各领域中多种钛合金、钛-铝系金属间化合物、陶瓷材料、复合材料等先进材料的钎焊及扩散连接的钛基合金钎料粉末制备方法。主要合金元素成分（质量分数）为：Ti 余、Zr 9%~42%、Cu 12%~26%、Ni 7%~16%；采用真空-氩气保护快淬分散和真空晶化处理与研磨分筛。本发明采用对合金锭坯进行重熔、快淬、晶化粉碎的制备工艺，克服了常规雾化制粉工艺的不稳定性、工艺过程的不安全性以及制备过程中分散介质对钎料粉末的污染；又克服了离心雾化对设备、工艺的过高要求。采用该方法制备出的钛基合金钎料粉末内部质量均匀一致，杂质含量极低，工艺性能优越，完全满足各应用领域对高质量钛基合金钎料粉末的技术要求
首项权利要求	一种钛基合金钎料粉末的制备方法，其特征是，钎料的制备步骤为：（1）选配合金钎料元素（质量分数）：Ti 余、Zr 9%~42%、Cu 12%~26%、Ni 7%~16%，预制锭坯；（2）采用电弧连续重熔或感应式重熔；在真空-氩气中将预制的钎料合金锭坯重熔，并采用紫铜或钼轮，以淬速为 5~50 米/秒的淬速进行快淬分散，工作真空度 5×10^{-1} 以上，或再回填氩气至常压后工作，快淬分散可以连续进行，形成薄而细碎的针状、片状或带状快淬体；（3）将这种快淬体以 400~800℃ 温度进行真空晶化处理，晶化真空度 5×10^{-2}Pa 以上，使其脆化；（4）将晶化后的快淬体研磨成钎料粉末
权利要求数	3
同族专利公开号	CN1695877A
扩展同族公开号	CN1695877A

续表 7-4

引证专利	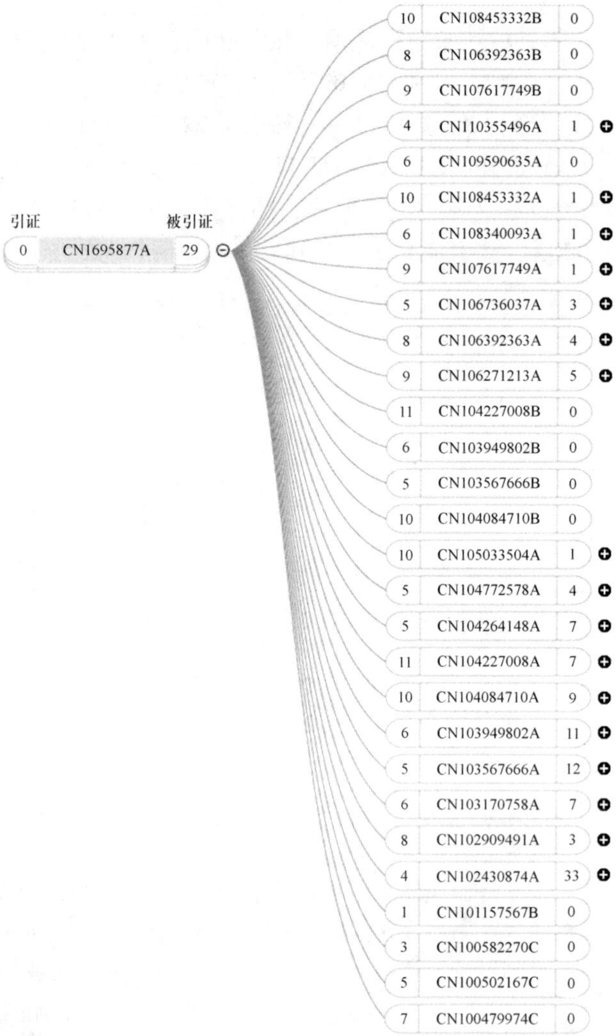 引证 0 CN1695877A 被引证 29 10 CN108453332B 0 8 CN106392363B 0 9 CN107617749B 0 4 CN110355496A 1 6 CN109590635A 0 10 CN108453332A 1 6 CN108340093A 1 9 CN107617749A 1 5 CN106736037A 3 8 CN106392363A 4 9 CN106271213A 5 11 CN104227008B 0 6 CN103949802B 0 5 CN103567666B 0 10 CN104084710B 0 10 CN105033504A 1 5 CN104772578A 4 5 CN104264148A 7 11 CN104227008A 7 10 CN104084710A 9 6 CN103949802A 11 5 CN103567666A 12 6 CN103170758A 7 8 CN102909491A 3 4 CN102430874A 33 1 CN101157567B 0 3 CN100582270C 0 5 CN100502167C 0 7 CN100479974C 0
2	
公开号	CN105499499A
发明名称	一种钛铝系金属间化合物铸件精密成型方法
发明人	魏战雷，黄东，李建崇，赵鹏，朱郎平，南海
当前权利人	中国航空工业集团公司北京航空材料研究院
申请日	2015-12-08
公开日	2016-04-20

续表 7-4

摘要	本发明涉及一种钛铝系金属间化合物铸件精密成型方法。该工艺选用氧化钇粉砂为面层耐火材料制备熔模铸造用陶瓷型壳，结合真空自耗凝壳炉或真空感应水冷铜坩埚炉、离心铸造等工艺，制备出钛铝系金属间化合物铸件。本发明制得的陶瓷型壳惰性高，强度与退让性、溃散性有较好的匹配，适合钛铝系金属间化合物的熔模铸造，制得的铸件成型完整，最薄壁厚可达 1mm，尺寸精度达到 CT7 以下，表面污染层薄，表面粗糙度≤6.3μm，更重要的是不产生裂纹，避免了钛铝合金室温塑性低成型过程容易开裂的问题。该成型方法适用于钛铝系金属间化合物各类结构件的研制以及工程化生产
首项权利要求	一种钛铝系金属间化合物铸件精密成型方法，其特征在于包括以下步骤：（1）蜡模制备选用石蜡-松香，或选用石蜡-树脂基模料作为蜡模制备材料，根据零件结构对蜡模制备材料进行加工，获得蜡模。（2）型壳面层的制备选用硅溶胶、钇溶胶或醋酸锆作为型壳面层制备的液状黏结剂；面层料浆制备：将液状黏结剂倒入氧化钇粉体中，所述氧化钇粉体为 200~325 目（1mm≈16 目），粉液质量比为（1.5~5）：1，进行搅拌混合，时间为 1~4h，料浆黏度控制在 40~80s；将面层料浆涂挂到所述的蜡模上，然后在蜡模上喷撒氧化钇砂，氧化钇砂为 45~160 目，工作环境为 18~28℃，料浆温度为 12~22℃，相对湿度为 40%~90%，撒砂后进行干燥处理，时间为 12~48h。（3）型壳临面层的制备选用硅溶胶、钇溶胶或醋酸锆作为型壳临面层制备的液状黏结剂；临面层料浆制备：将液状黏结剂倒入氧化钇粉体中，所述氧化钇粉体为 200~325 目，粉液重量比为（0.8~2.5）：1，进行搅拌混合，时间为 10~50 分钟，料浆黏度控制在 8~23 秒；将临面层料浆涂挂到所述型壳面层上，然后在所述型壳面层上喷撒氧化钇砂，氧化钇砂为 40~100 目，工作环境为 18~28℃，料浆温度为 12~22℃，相对湿度为 40%~90%，撒砂后进行干燥处理，时间为 12~48 小时。（4）型壳背层涂挂和加固选用莫来石或铝矾土作为背层耐火材料，选用硅溶胶或硅酸乙酯作为背层液状黏结剂；背层料浆制备：将背层耐火材料、丝状的短纤维和液状黏结剂，或背层耐火材料、木屑和黏结剂，或背层耐火材料、丝状的短纤维、木屑和黏结剂的混合物搅拌均匀，所述的背层耐火材料为 160~220 目，粉液重量比为（1.2~3）：1，黏度为 6~18 秒；背层涂挂工序：分多次将背层料浆涂挂到型壳临面层上，每次涂挂后喷洒背层耐火材料、目数为 10~120 目，每次喷撒背层耐火材料后进行干燥处理，干燥时间为 12~72 小时、温度为 18~28℃、相对湿度为 40%~75%；其中，最后一次涂挂后，不喷撒耐火材料。（5）型壳脱蜡采用电阻炉或者红外脱蜡釜进行型壳脱蜡。（6）型壳焙烧型壳脱蜡后，对型壳进行高温焙烧，焙烧温度为（1000±100）℃，并且保温 2~6h，在台车式电阻炉或连续式隧道炉中进行焙烧。（7）熔炼和浇注对型壳进行预热处理，预热温度控制在 200~800℃范围，预热时间为 1~5h；将预热后的型壳放入真空自耗凝壳炉或真空感应水冷铜坩埚炉中；然后对炉中抽真空至 10Pa 以下，之后进行熔炼和浇注。（8）后处理对浇注后的所述铸件进行清壳、吹沙、切割浇冒系统、热等静压、打磨、补焊、热处理；所述的热等静压的工艺温度为 1110~1290℃、压力为（160±50）MPa、时间为 3~6h
权利要求数	5
同族专利公开号	CN105499499A、CN105499499B

续表 7-4

扩展同族公开号	CN105499499B、CN105499499A
引证专利	引领：6 CN102974761A 13；0 CN101462150A 29；0 CN101462151A 44；0 CN101104195A 31；0 JP05038552A 2 5 CN105499499A 23 被引领：6 CN111659855A 0；10 CN111299510A 0；7 CN110947916A 0；2 CN110241318A 0；6 CN107186172B 0；5 CN109550898A 0；4 CN10922666A 0；10 CN109226667A 0；11 CN106270381B 0；3 CN108889903A 1；7 CN108889906A 1；10 CN108526403A 2；5 CN107983914A 2；6 CN105880467B 0；12 CN107497999A 4；5 CN107243602A 2；6 CN107186172A 2；5 CN107159869A 2；7 CN106769279A 1；9 CN106513578A 2；12 CN106270381A 4；6 CN105945221A 0；6 CN105880467A 2
3	
公开号	CN102513537A
发明名称	一种氩气雾化粉末 TiAl 合金板材的制备方法
发明人	刘娜，李周，袁华，许文勇，张勇
当前权利人	中国航空工业集团公司北京航空材料研究院
申请日	2011-12-06
公开日	2012-06-27
摘要	本发明是一种氩气雾化粉末 TiAl 合金板材的制备方法，该方法通过冷壁坩埚纯洁熔炼、高纯氩气雾化，降低了 TiAl 合金粉末中夹杂物的含量，粉末纯净度好，纯净的氩气雾化预合金粉末在温度 1100～1300℃、压力 140～200MPa、时间 2～4h 的条件下热等静压致密化，将热等静压后的合金坯料去除包套后进行表面处理、包套，合金加热后高温包套轧制，然后剥离包套，得到粉末冶金 TiAl 合金板材。该种板材变形均匀，表面质量好，组织细小均匀，氧及杂质含量低，板材的厚度薄，综合力学性能好，具有高的质量和可靠性。该方法解决制约国内 TiAl 合金粉末冶金板材研制和应用的关键问题，为民用工业和航空航天工业的创新与进步提供技术支持

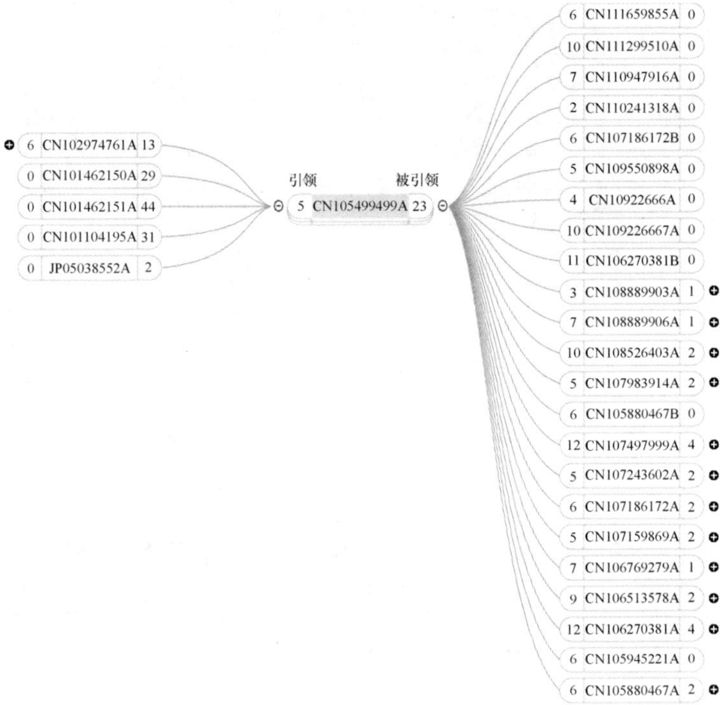

续表 7-4

首项权利要求	一种氩气雾化粉末 TiAl 合金板材的制备方法，其特征在于，该方法的步骤是：（1）原材料准备采用冷壁坩埚真空感应熔炼氩气雾化法制取 TiAl 合金粉末，雾化压力为 6~9MPa 之间，将雾化的粉末进行筛分，获得颗粒尺寸小于 250μm 的纯净 TiAl 合金粉末作为原料，粉末中化学成分及（原子数分数）为：Al 45%~48%，Cr 1%~10%，Nb 1%~10%，W 0~1%，B 0~0.2%，余量为 Ti，粉末的氧含量（质量分数）<0.15%；（2）粉末包套准备包套材料是不锈钢、纯钛或是钛合金，加工、焊接好包套，将包套用酒精清洗后在烘箱中烘干；（3）真空脱气将氩气雾化 TiAl 合金粉末在振动条件下进行加热真空脱气，除气的工艺参数为 400~600℃，$p \leqslant 10^{-3}$Pa，保持 1~12h 后将粉末装入不锈钢、纯钛或是钛合金包套中并且封焊；（4）热等静压处理将封焊后的包套材料进行热等静压处理，热等静压在氩气气氛下进行，热等静压工艺为：温度 1100~1300℃、压力 140~200MPa、时间 2~4h；（5）车削加工采用机加工的方法去除包套，将去除包套后的热等静压坯进行表面光洁处理，表面光洁度达到 6，坯料倒圆角；（6）热等静压坯包套使用 304 不锈钢板经过车加工制备成包套，包套厚度为 5~10mm，将合金坯料放置于中央，坯料与包套之间放一层保温材料，采用氩弧焊封焊好包套；（7）合金加热在氩气气氛保护下将封焊后的包套材料随热处理炉加热到开轧温度，保温 30~40min，出炉轧制；（8）高温包套轧制将轧件迅速转移到轧机上进行轧制，开轧温度为 1250~1280℃，形变速率 0.1~0.3m/min，合金道次变形量为 5%~10%，道次间回炉保温 5~15min，采用一火一道的轧制方法，轧制完成后将轧件放置炉内，随炉冷却到 1000℃，然后取出空冷；（9）剥离包套采用机加工切除包套，得到粉末冶金 TiAl 合金板材
权利要求数	1
同族专利公开号	CN102513537B、CN102513537A
扩展同族公开号	CN102513537B、CN102513537A
引证专利	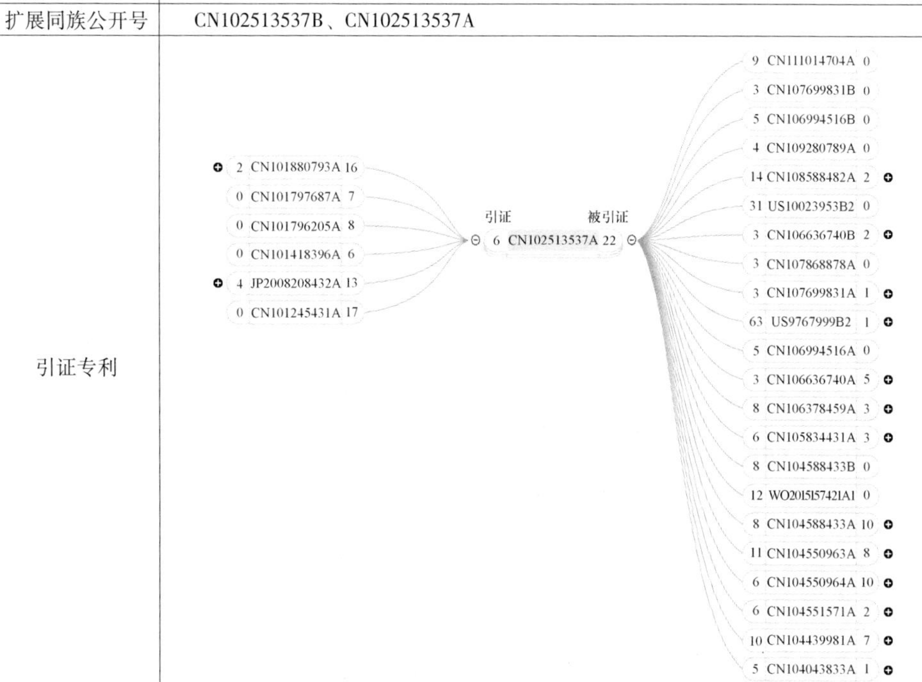

续表 7-4

公开号	CN102229018A
发明名称	一种适合 TiAl 基合金材料自身连接的氩弧焊方法
发明人	刘文慧，熊华平，郭绍庆，张学军，周标，李能
当前权利人	中国航空工业集团公司北京航空材料研究院
申请日	2011-04-28
公开日	2011-11-02
摘要	本发明是一种适合 TiAl 基合金自身连接的氩弧焊方法。本发明中通过焊前热处理改善被焊 TiAl 基合金本身的塑性，从而提高 TiAl 基合金的可焊性，焊前选择的热处理温度为 1310～1350℃。制备 Ti-Al-Nb 系填充材料，Ti-Al-Nb 系填充材料的具体成分为 Al 40%～50%、Nb 0～10%、V 0～3%、Mo 0～2%、Cr 0～4%、Ti 余量。采用感应线圈对焊接部位预热，预热温度 500～800℃，为了避免 TiAl 基合金氧化和吸氢脆化等问题，预热及焊接操作均在充氩箱内完成，焊接完成后，对焊件进行退火去应力处理，退火温度 900℃。与电子束焊、激光焊等方法相比，该发明提供的焊接方法操作简便，成本低，便于推广，可用于对 TiAl 基合金的铸件或锻件进行缺陷的补焊、TiAl 基合金自身的高效连接
首项权利要求	一种适合 TiAl 基合金自身连接的氩弧焊方法，其特征在于：按以下步骤进行：（1）制备 TiAl 基合金氩弧焊用填充材料，成分原子数分数为：Al 40.0%～50.0%、Nb 0～10.0%、V 0～3.0%、Mo 0～2.0%、Cr 0～4.0%、Ti 余量；（2）对待焊的 TiAl 基合金进行焊前热处理，热处理温度为 1310～1350℃；（3）在充氩箱内，采用感应线圈预热待焊试件或待焊部位，测量被焊 TiAl 合金距离焊缝 20mm 以内位置处的温度，预热温度在 500～800℃之间；（4）在充氩箱内进行钨极氩弧焊焊接；（5）焊后充氩条件下对焊件进行退火热处理，热处理温度为：(900±50)℃
权利要求数	5
同族专利公开号	CN102229018B、CN102229018A
扩展同族公开号	CN102229018A、CN102229018B
引证专利	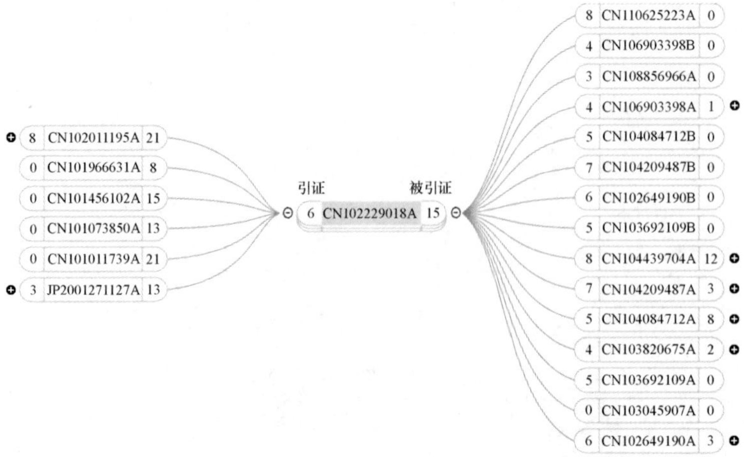 引证： 8 CN102011195A 21 0 CN101966631A 8 0 CN101456102A 15 0 CN101073850A 13 0 CN101011739A 21 3 JP2001271127A 13 6 CN102229018A 15 被引证： 8 CN110625223A 0 4 CN106903398B 0 3 CN108856966A 0 4 CN106903398A 1 5 CN104084712B 0 7 CN104209487B 0 6 CN102649190B 0 5 CN103692109B 0 8 CN104439704A 12 7 CN104209487A 3 5 CN104084712A 8 4 CN103820675A 2 5 CN103692109A 0 0 CN103045907A 0 6 CN102649190A 3

续表 7-4

5	
公开号	CN108559872A
发明名称	一种 TiAl 合金及其制备方法
发明人	李臻熙，高帆，刘宏武
当前权利人	中国航发北京航空材料研究院
申请日	2018-06-05
公开日	2018-09-21
摘要	本发明属于 TiAl 金属间化合物领域，涉及一种主要应用于制造航空发动机叶片，可在 700~800℃长期使用的高塑性、高强度、耐高温、抗疲劳的锻造 TiAl 合金及其制备方法。该 TiAl 合金中加入 Cr、Nb、Ta、W、Mo 等 β 稳定元素，还添加少量 B、Si 等间隙元素。其特征在于 TiAl 合金原子数分数为：42%~47% Al、3%~6% Nb、1%~2% Cr、0.1%~0.5% Ta、0~0.2% W、0~0.2% Mo、0~0.2% B、0~0.2% Si，余量为 Ti 和不可避免的杂质，其中 $w(\mathrm{O})\leq 0.1\%$、$w(\mathrm{N})\leq 0.015\%$、$w(\mathrm{H})\leq 0.01\%$，$w(\mathrm{Fe})\leq 0.08\%$。其中各种 β 稳定元素组合、搭配后的总添加量按［Nb］当量公式计算需控制在 6~11 之间。该 TiAl 合金可以在 700~800℃长期工作，可用于制造航空发动机压气机叶片和低压涡轮叶片等零部件，也可用于制造高超音速飞行器耐高温结构件，在 900~1000℃短时使用
首项权利要求	一种 TiAl 合金，在 TiAl 合金中加入 β 稳定元素 Cr、Nb、Ta、W、Mo，还添加少量 B、Si 间隙元素，其特征在于 TiAl 合金原子数分数为：42%~47% Al、3%~6% Nb、1%~2% Cr、0.1%~0.5% Ta、0~0.2% W、0~0.2% Mo、0~0.2% B、0~0.2% Si，余量为 Ti 和不可避免的杂质，其中 $w(\mathrm{O})\leq 0.1\%$、$w(\mathrm{N})\leq 0.015\%$、$w(\mathrm{H})\leq 0.01\%$，$w(\mathrm{Fe})\leq 0.08\%$，其中各种 β 稳定元素组合、搭配后的总添加量按［Nb］当量公式计算需控制在 6~11 之间，按原子数分数计算的［Nb］当量公式为：$[\mathrm{Nb}]=1\times x(\mathrm{Nb})+2.4\times x(\mathrm{Cr})+2\times x(\mathrm{Ta})+6\times x(\mathrm{W})+6\times x(\mathrm{Mo})$
权利要求数	9
同族专利公开号	CN108559872B、CN108559872A
扩展同族公开号	CN108559872B、CN108559872A
引证专利	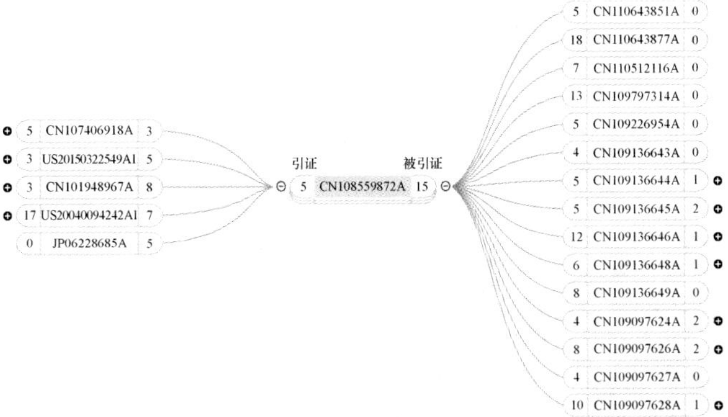 5 CN107406918A 3 3 US20150322549A1 5 3 CN101948967A 8 17 US20040094242A1 7 0 JP06228685A 5 引证 5 CN108559872A 15 被引证 5 CN110643851A 0 18 CN110643877A 0 7 CN110512116A 0 13 CN109797314A 0 5 CN109226954A 0 4 CN109136643A 0 5 CN109136644A 1 5 CN109136645A 2 12 CN109136646A 1 6 CN109136648A 1 8 CN109136649A 0 4 CN109097624A 2 8 CN109097626A 2 4 CN109097627A 0 10 CN109097628A 1

续表 7-4

6	
公开号	CN102974761A
发明名称	一种钛及钛铝基合金熔模精密铸造锆酸钙模壳的制备方法
发明人	黄东，南海，刘晨光，赵鹏，李建崇
当前权利人	中国航空工业集团公司北京航空材料研究院
申请日	2012-12-04
公开日	2013-03-20
摘要	本发明属于熔模精密铸造模壳领域，更进一步说，涉及一种钛及钛铝基合金熔模精密铸造锆酸钙模壳的制备方法。本发明采用锆酸钙作为惰性隔离层，由于锆酸钙原材料丰富、价格低廉，致使所制备的型壳成本较低；锆酸钙和锆溶胶混合制备的料浆和蜡模间的涂敷性较好，料浆性能稳定，易于长期保存，适合铸件的批量化生产；惰性隔离层的化学稳定性高，与钛及钛铝基合金熔体间的界面反应较弱，污染层薄，铸件表面质量好；型壳强度高，铸件冶金质量优异。该发明可以广泛适用于航空航天、能源化工、海洋产业开发等领域的钛及钛铝基合金熔模精密铸件的研制和生产
首项权利要求	一种钛及钛铝基合金熔模精密铸造锆酸钙模壳的制备方法，其特征在于，制备步骤如下：（1）惰性隔离层制备：把锆酸钙粉倒入锆溶胶中充分混合，搅拌均匀，粉液质量比为（3∶1）~（7∶1），并加入润湿剂和烧结助剂，混合均匀，充分润湿，制备成惰性隔离层料浆，其中，润湿剂为锆溶胶总质量的0.01%~0.6‰，烧结助剂的添加量为锆溶胶总质量的0.1%~1%，锆酸钙粉粒度为200~500目，惰性隔离层料浆流杯黏度为30~100s，把该料浆涂挂在蜡模上，撒锆酸钙砂，撒砂粒度为40~150目，干燥；重复上述操作2~4次形成模壳的惰性隔离层；（2）背层强化层制备：把铝矾土粉或煤矸石粉和硅溶胶按粉液质量比（2∶1）~（6∶1）混合均匀，充分润湿，制备成背层强化层料浆，铝矾土或煤矸石粉粒度为200~500目，背层强化层料浆流杯黏度为20~50s，涂挂料浆，撒铝矾土或煤矸石砂，撒砂粒度为30~100目；干燥；重复上述操作3~8次，最后一层涂挂浆料后不撒砂，制成模壳的背层强化层；（3）蜡型脱除，高温烧结
权利要求数	4
同族专利公开号	CN102974761A
扩展同族公开号	CN102974761A
引证专利	引证：6 CN102744366A 8；9 CN102601307A 12；5 CN102294436A 33；0 CN1583317A 42；0 CN1562522A 15；0 JPH11320026A 0 6 CN102974761A 13 被引证：5 CN107983914A 2；5 CN105499499A 0；7 CN106769279A 1；6 CN105081217B 0；5 CN105499499A 23；7 CN103817290B 0；5 CN103934417B 0；6 CN105170908A 3；6 CN105081217A 3；7 CN104907495A 11；5 CN103934417A 9；7 CN103817290A 13；8 CN103537620A 8

续表 7-4

7	
公开号	CN102922172A
发明名称	用于 TiAl 或 Ti_3Al 合金钎焊的钛-锆-铁基钎料
发明人	熊华平，叶雷，李晓红，陈波
当前权利人	中国航空工业集团公司北京航空材料研究院
申请日	2012-10-24
公开日	2013-02-13
摘要	本发明是一种用于 TiAl 或 Ti_3Al 合金钎焊的钛-锆-铁基钎料，其化学成分及质量分数为：Zr，20.0%～30.0%；Fe，13.0%～20.0%；Ti 余量。或 Zr，20.0%～30.0%；Fe，7.0%～12.9%；Cu，2.0%～8.0%；Ni，2.0%～6.0%；Ti 余量。本发明钎料在1030～1070℃的钎焊温度下获得 TiAl/TiAl 及 Ti_3Al/Ti_3Al 合金接头，对应钎焊接头的室温剪切强度达到 300～380MPa，钎焊 TiAl 合金接头 760℃ 剪切强度达到 210～250MPa，Ti_3Al 合金接头 650℃ 剪切强度达到 330～370MPa。本发明钎料适于对 TiAl 合金自身或 Ti_3Al 合金自身的连接
首项权利要求	一种用于 TiAl 或 Ti_3Al 合金钎焊的钛-锆-铁基钎料，其特征在于：该种钎料的化学成分及质量分数为：Zr，20.0%～30.0%；Fe，13.0%～20.0%；Ti 余量。或 Zr，20.0%～30.0%；Fe，7.0%～12.9%；Cu，2.0%～8.0%；Ni，2.0%～6.0%；Ti 余量
权利要求数	5
同族专利公开号	CN102922172A
扩展同族公开号	CN102922172A
引证专利	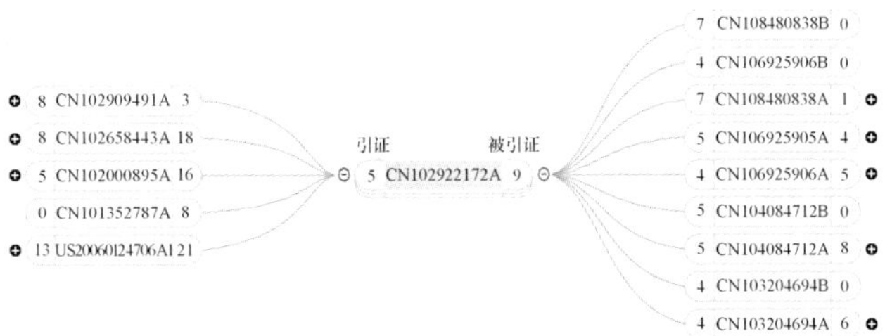 引证：8 CN102909491A 3；8 CN102658443A 18；5 CN102000895A 16；0 CN101352787A 8；13 US20060124706A1 21 5 CN102922172A 9 被引证：7 CN108480838B 0；4 CN106925906B 0；7 CN108480838A 1；5 CN106925905A 4；4 CN106925906A 5；5 CN104084712B 0；5 CN104084712A 8；4 CN103204694B 0；4 CN103204694A 6
8	
公开号	CN102744366A
发明名称	钛铝基及铌硅基合金定向凝固熔模精铸模壳的制备方法
发明人	刘晨光，王红红
当前权利人	北京航空材料研究院有限公司
申请日	2012-06-19
公开日	2012-10-24

续表 7-4

摘要	本发明属于熔模精密铸造模壳技术领域，具体涉及钛铝基及铌硅基合金定向凝固熔模精铸模壳的制备方法。本发明利用聚乙烯醇、聚乙二醇、缩甲基纤维素等用作隔离层黏结剂，以氧化钇、氧化锆等用作高温惰性隔离层及加固层的耐火材料。本发明高温隔热层黏结剂和高温惰性隔离层料浆和蜡型间的涂敷性较好，料浆性能稳定，易于长期保存。高温烧结后高温惰性隔离层黏结剂挥发，不产生降低模壳惰性的杂质元素。烧结助剂的添加及高温惰性隔离层与加固层的工艺组合使模壳有耐高温、抗热震稳定性好、高化学稳定性的特点，可以承受2000℃左右的高温而不变形，在定向凝固大温度梯度下的条件下不开裂，制备出的定向凝固铸件尺寸精度高，表面污染层极薄
首项权利要求	钛铝基及铌硅基合金定向凝固熔模精铸模壳的制备方法，其特征在于，制备步骤如下：（1）隔离层黏结剂制备：用聚乙二醇、聚乙烯醇或缩甲基纤维素中的一种或几种与去离子纯净水按质量比（0.1：1）~（0.5：1）混合搅拌均匀，充分溶解，加入表面润湿剂和烧结助剂备用；（2）料浆配制：配制隔离层料浆，把氧化钇粉倒入隔离层黏结剂中，充分混合，搅拌均匀，粉液比为（4：1）~（8：1）；配制加固层料浆，把氧化钇粉和锆溶胶按粉液比（3：1）~（8：1）混合均匀，充分搅拌备用；（3）隔离层制备：把隔离层料浆涂挂在蜡型件上，撒氧化钇砂，干燥12~48h；重复上述操作2~4次形成隔离层；（4）加固层制备：隔离层制备完成后，涂挂加固层料浆，撒氧化锆砂，干燥8~36h；重复上述操作4~7次，然后，再涂挂一层加固层料浆，干燥24~48h；（5）蜡型脱除，高温烧结
权利要求数	5
同族专利公开号	CN102744366B、CN102744366A
扩展同族公开号	CN102744366B、CN102744366A
引证专利	引证 0 CN102284678A 15 4 CN101947640A 18 0 CN101462151A 44 0 CN1895816A 6 0 JP05200484A 4 0 CN87100343A 22 6 CN102744366A 8 被引证 8 CN111360193A 0 9 CN109909445A 5 9 CN106513578A 2 6 CN105499502A 0 8 CN105413774A 0 8 CN103537620A 8 6 CN102974761A 13 4 CN102950251A 11

9

公开号	CN103537620A
发明名称	一种钛铝基合金定向凝固熔模精密铸造模壳的制备方法
发明人	李建崇，朱郎平，南海，赵嘉琪，黄东
当前权利人	中国航空工业集团公司北京航空材料研究院
申请日	2013-09-30
公开日	2014-01-29

续表 7-4

摘要	本发明是一种钛铝基合金定向凝固熔模精密铸造模壳的制备方法，该方法隔离层料浆以钇溶胶为黏结剂，以硼化钛、硼化锆、高纯钨粉等为填料制备而成。模壳经蜡型制备、涂挂、蜡型脱除、高温烧结制备而成。本发明的模壳系统具有料浆性能稳定，涂敷性能好，易于保存，模壳耐高温、抗热震性好、化学稳定性高等特点，制备的铸件具有表面污染层薄、尺寸精度高等特点。该模壳适用于具有定向凝固组织的涡轮叶片的研制和生产
首项权利要求	一种钛铝基合金定向凝固熔模精密铸造模壳的制备方法，其特征在于：该方法步骤如下：（1）隔离层料浆配制把硼化钛、硼化锆、钨中的一种或几种混合后的粉末与钇溶胶混合，搅拌均匀，待用，所述粉末与钇溶胶的重量比为（3∶1）~（8∶1），钨的质量分数不小于 99.99%；（2）背层料浆配制把氧化锆粉和锆溶胶按重量比（2∶1）~（6∶1）混合，搅拌均匀，待用；（3）模壳隔离层制备把配制好的隔离层料浆涂挂在蜡模上，然后均匀铺撒氧化钇砂，干燥 12~36h，重复上述涂挂、铺撒和干燥操作 2~4 次，形成高温惰性隔离层；（4）模壳背层制备在制备好的高温惰性隔离层上涂挂背层料浆，然后均匀铺撒氧化锆砂，干燥 12~24h，重复上述涂挂、铺撒和干燥操作 4~7 次，最后涂挂的一层背层料浆上不撒砂，形成模壳背层；（5）高温烧结脱除蜡模后的模壳随炉升温至 200~400℃并保温 2~6h，保温过程中，在炉体内通入氧气，保温过程结束后，停止氧气输入，在炉体内通入氢气，并升温至 1000~1800℃并保温 2~6h，随炉冷却到室温，停止氢气输入，模壳出炉
权利要求数	6
同族专利公开号	CN103537620A
扩展同族公开号	CN103537620A
引证专利	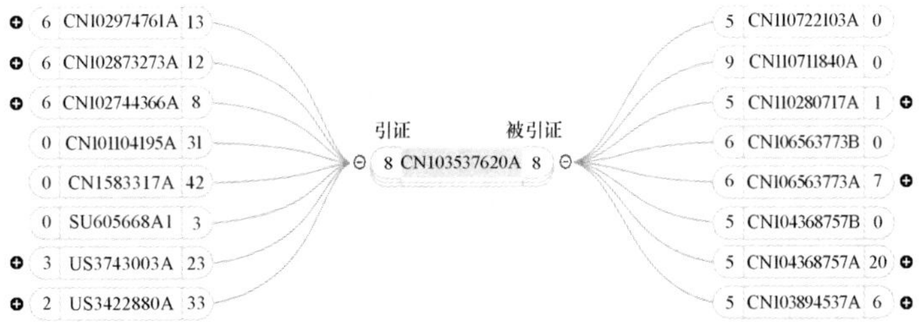 6 CN102974761A 13 6 CN102873273A 12 6 CN102744366A 8 0 CN101104195A 31 0 CN1583317A 42 0 SU605668A1 3 3 US3743003A 23 2 US3422880A 33 引证 被引证 8 CN103537620A 8 5 CN110722103A 0 9 CN110711840A 0 5 CN110280717A 1 6 CN106563773B 0 6 CN106563773A 7 5 CN104368757B 0 5 CN104368757A 20 5 CN103894537A 6

10

公开号	CN102776413A
发明名称	一种新型钛基高温合金的制备方法
发明人	熊华平，王淑云，张敏聪，陈波
当前权利人	中国航空工业集团公司北京航空材料研究院
申请日	2012-07-27
公开日	2012-11-14

续表 7-4

摘要	本发明涉及有色金属材料中钛合金的技术领域，一种新型钛基高温合金的制备方法。本发明以传统的工作温度 500~650℃钛合金为一个组元，以 Ti/Al 系纳米叠层箔带作为另一个组元，两个组元相互混合，混合体中工作温度 500~650℃的钛合金组元占总质量的 25%~75%，将混合体通过热等静压+热压烧结法，或者热压烧结法制备新型钛基高温合金的坯体，后续进行一次或多次锻造变形处理和热处理，制得钛基高温合金的材料。本发明制得的新型钛基高温合金，不仅工作温度可以达到 650~800℃，而且其室温延伸率可达到 5.5%~11.7%，克服了 TiAl 金属间化合物室温塑性太低的缺点
首项权利要求	一种新型钛基高温合金的制备方法，其特征在于，以传统的工作温度 500~650℃的钛合金为一个组元，以 Ti/Al 系纳米叠层箔带作为另一个组元，两个组元相互混合，混合体中工作温度 500~650℃钛合金组元占总质量的 25%~75%，将混合体通过热等静压+热压烧结法，或者热压烧结法制备钛基高温合金
权利要求数	6
同族专利公开号	CN102776413A、CN102776413B
扩展同族公开号	CN102776413A、CN102776413B
引证专利	引证： 3 CN102501457A 12 2 JP2009114542A 3 15 US20060083653A1 11 6 JP2001123233A 2 4 CN102776413A 7 被引证： 4 CN110239194B 0 4 CN110239161A 0 4 CN110239194A 0 5 CN108342601A 2 7 CN103773984B 0 12 CN104493167A 8 7 CN103773984A 6

7.4　关键研发技术

通过从专利的标题和摘要中提取语义关键词，对关键词出现的频次按照文本聚类绘制圆形图，如图 7-6 所示。其中，外层的关键词是内层关键词的进一步分解，关键词扇面大小代表该词出现的频率。由图 7-6 可知，研究主要集中在自润滑材料、化合物材料等技术领域，这些是研发需要解决的关键问题，也是实施专利保护的核心所在。

通过专利数据库筛选出价值度排名前 500 的专利，已去除失效专利和外观专利，结合技术分类与高频关键词，绘制专利地图，如图 7-7 所示。其中，高峰代表钛铝金属间化合物材料的技术聚焦领域，低谷代表钛铝金属间化合物材料的技术盲点。由图 7-7 可知，我国钛铝金属间化合物材料应用主要分布在半导体器件、涡轮叶轮、合金板材等技术领域。

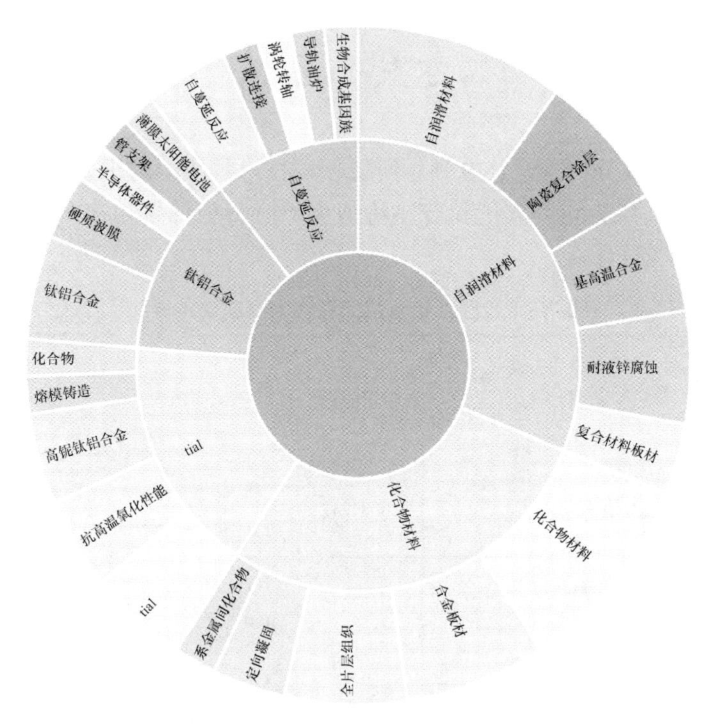

图 7-6 我国钛铝金属间化合物材料专利高频关键词分布

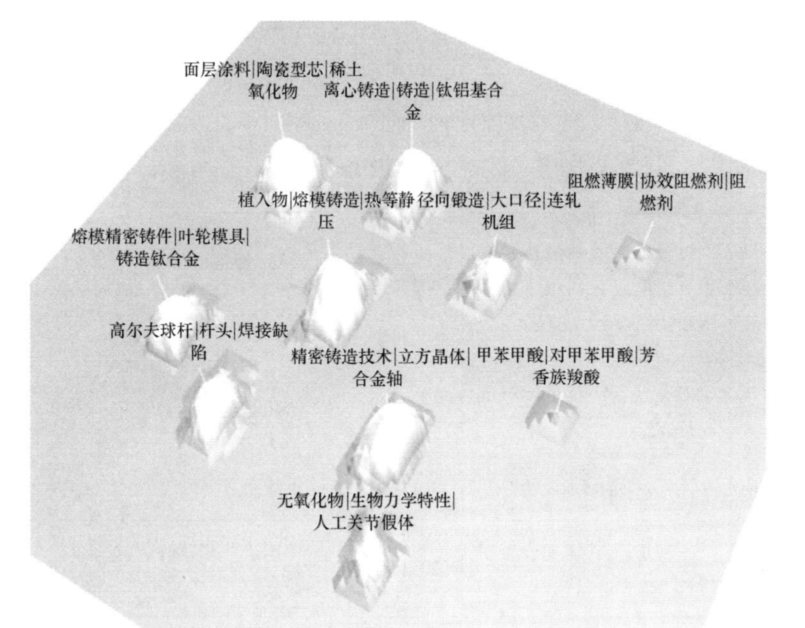

图 7-7 我国钛铝金属间化合物材料专利地图

7.5　重点专利

重点专利可以分析确定某专利在所属领域技术价值中的重要性，根据专利数据库中被引证次数、同族数量和合享价值度综合分析筛选出表 7-5 中的 10 件专利，10 件专利见表 7-6。

表 7-5　我国钛铝金属间化合物材料重点专利

公开号	专利名称	申请时间	申请人	申请人国家	被引证次数	同族数量
CN101457314A	钛铝化物合金	20081212	GKSS 盖斯特哈赫特研究中心有限责任公司	德国	26	23
CN102712966A	制备低铝的钛铝合金的方法	20101217	联邦科学与工业研究组织	澳大利亚	4	21
CN1660540A	含有金属间钛铝合金构件或半成品的制造方法及相应构件生产	20050228	GKSS 盖斯特哈赫特研究中心有限责任公司	德国	0	17
CN102449176A	生产 β-γ-TiAl 基合金的方法	2010092	GfE 金属和材料有限公司；德国钛铝公司	德国	2	13
CN105451915A	钛铝合金工件制造工艺	20140611	国家科学研究中心；国家航天航空研究局	法国	2	14
CN104968451A	包含六铝酸钙的铸模和表面涂层成分和用于铸造钛和钛铝合金的方法	20140121	通用电气公司	美国	0	11
CN101518794A	一种 γ-TiAl 合金棒材的制备方法	20090323	哈尔滨工业大学	中国	6	2
CN102312181A	TiAl 合金的等温锻造方法	20110907	上海交通大学	中国	6	2
CN102229018A	一种适合 TiAl 基合金材料自身连接的氩弧焊方法	20110428	中国航发北京航空材料研究院	中国	13	2
CN102011195A	一种定向凝固高铌钛铝合金单晶的制备方法	20101123	北京科技大学	中国	20	2

表 7-6 我国钛铝金属间化合物材料重点专利信息摘录

1	
公开号	CN101457314A
发明名称	钛铝化物合金
申请人	GKSS 盖斯特哈赫特研究中心有限责任公司
发明人	弗里茨·阿佩尔，乔纳森·保罗，迈克尔·厄林
当前权利人	亥姆霍兹，盖斯特哈赫特研究中心，材料研究中心和海岸研究有限公司
申请日	2008-12-12
公开日	2009-06-17
摘要	本发明涉及钛铝化物合金，特别是应用熔炼冶金或粉末冶金方法制备的钛铝化物基合金，优选γ(TiAl)基合金。根据本发明的合金的组成（原子数分数）为Ti-(38%~42%)Al-(5%~10%)NB，其中所述组成具有复合片层结构，各个片层中具有B19相和B相，其中各个片层中B19相和B相的比率，特别是体积比为0.05~20，特别为0.1至10。所述合金的特征是高刚度和抗蠕变性，同时具有高延性和断裂韧性
首项权利要求	一种钛铝化物基或基于γ(TiAl)的钛铝化物基合金，其具有以下组成（原子数分数）：Ti-(38%~42%)Al-(5%~10%)Nb，其中所述组成具有复合片层结构，各个片层中具有B19相和β相，其中各个片层中B19相和β相的比率或者B19相和β相的体积比为0.05~20或者0.1~10
权利要求数	18
同族专利公开号	EP2145967A2、US20090151822A1、EP2145967A3、CA2645843A1、CN101457314B、CN101457314A、BRPI0806979A2、EP2423341B1、EP2423341A1、US20100000635A1、DE102007060587B4、KR1020090063173A、US20140010701A1、DE102007060587A1、IL195756D0、RU2466201C2、IN2711DEL2008A、JP5512964B2、EP2075349B1、JP2009144247A、EP2075349A2、EP2145967B1、EP2075349A3、RU2008149177A
扩展同族公开号	EP2423341A1、EP2075349B1、US20140010701A1、US20090151822A1、EP2423341B1、US20100000635A1、EP2145967B1、KR1020090063173A、EP2145967A3、BRPI0806979A2、JP5512964B2、IN2711DEL2008A、IL195756D0、EP2145967A2、RU2466201C1、CN101457314B、CA2645843A1、RU2008149177A、RU2466201C2、JP2009144247A、EP2075349A2、DE102007060587B4、DE102007060587A1、CN101457314A、EP2075349A3

续表 7-6

引证专利	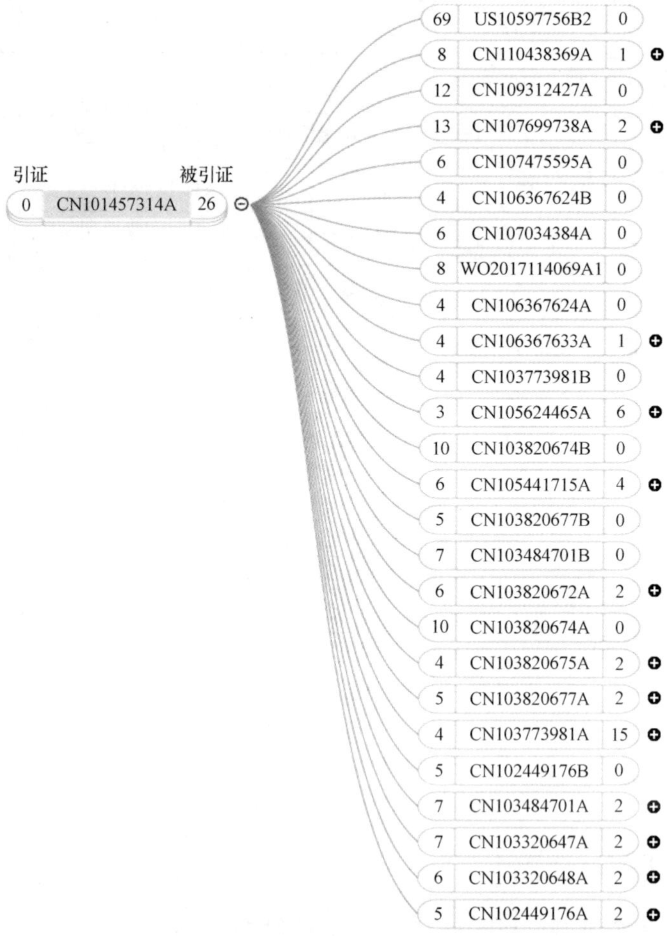 引证　被引证 0　CN101457314A　26 69　US10597756B2　0 8　CN110438369A　1 12　CN109312427A　0 13　CN107699738A　2 6　CN107475595A　0 4　CN106367624B　0 6　CN107034384A　0 8　WO2017114069A1　0 4　CN106367624A　0 4　CN106367633A　1 4　CN103773981B　0 3　CN105624465A　6 10　CN103820674B　0 6　CN105441715A　4 5　CN103820677B　0 7　CN103484701B　0 6　CN103820672A　2 10　CN103820674A　0 4　CN103820675A　2 5　CN103820677A　2 4　CN103773981A　15 5　CN102449176B　0 7　CN103484701A　2 7　CN103320647A　2 6　CN103320648A　2 5　CN102449176A　2
2	
公开号	CN102712966A
发明名称	制备低铝的钛铝合金的方法
申请人	联邦科学与工业研究组织
发明人	贾瓦德 · 海德尔
当前权利人	联邦科学与工业研究组织
申请日	2010-12-17
公开日	2012-10-03

续表 7-6

摘要	在此披露了一种用于制备含有少于约 15wt%铝的钛铝合金的方法。该方法包括一个第一步骤，其中将等于或超过制备该钛铝合金所需的化学计算量的一个量值的次氯化钛由铝还原而形成一种包含元素钛的反应混合物，然后是一个第二步骤，其中加热该包含元素钛的反应混合物以形成该钛铝合金。控制该反应动力学使得导致铝化钛的形成的反应被最小化
首项权利要求	一种用于制备含少于约 15%（质量分数）该钛铝合金所需的化学计算量的一个量值的次氯化钛用铝还原而形成一种包含元素钛的反应混合物，然后一个第二步骤，其中将该包含元素钛的反应混合物加热以形成该钛铝合金，其中控制该反应动力学，使得导致铝化钛形成的反应被最小化
权利要求数	28
同族专利公开号	WO2011072338A1、KR1020120094516A、JP2016026265A、CN102712966A、CN102712966B、EA22818B1、EP2513349A4、JP6129556B2、US8834601B2、EP2513349A1、KR1018-14219B1、NZ600248A、AU2010333714A1、AU2010333714B2、EA201290377A1、US201-30019717A1、IN6068CHENP2012A、CA2784196C、CA2784196A1、ZA201203935A、JP2013514456A
扩展同族公开号	ZA201203935A、IN6068CHENP2012A、AU2010333714B2、JP6129556B2、CN102712966A、NZ600248A、US8834601B2、KR1020120094516A、EP2513349A4、AU2010333714A1、CA2784196A1、JP2013514456A、EA22818B1、CA2784196C、EP2513349A1、US2013-0019717A1、EA201290377A1、JP2016026265A、WO2011072338A1、KR101814219B1、CN102712966B
引证专利	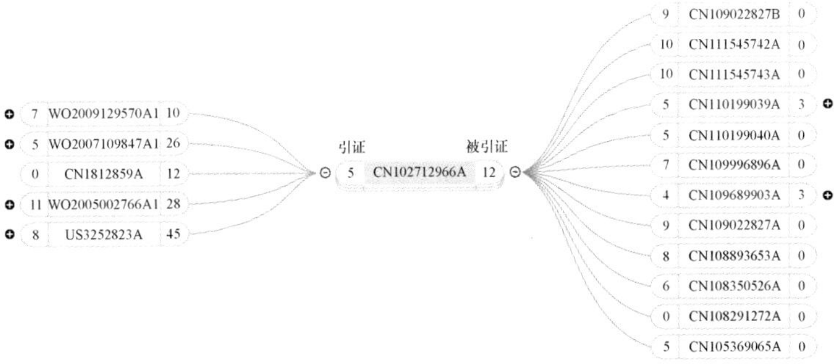 引证 7 WO2009129570A1 10 5 WO2007109847A1 26 0 CN1812859A 12 11 WO2005002766A1 28 8 US3252823A 45 5 CN102712966A 12 被引证 9 CN109022827B 0 10 CN111545742A 0 10 CN111545743A 0 5 CN110199039A 3 5 CN110199040A 0 7 CN109996896A 0 4 CN109689903A 3 9 CN109022827A 0 8 CN108893653A 0 6 CN108350526A 0 0 CN108291272A 0 5 CN105369065A 0

3

公开号	CN1660540A
发明名称	含有金属间钛铝合金构件或半成品的制造方法及相应构件生产
申请人	GKSS-盖斯特哈赫特研究中心有限责任公司
发明人	M. 奥林格，J. 保罗，F. 阿佩尔
当前权利人	GKSS，盖斯特哈赫特研究中心有限责任公司

续表 7-6

申请日	2005-02-28
公开日	2005-08-31
摘要	本发明建议了一种用于制造含有金属间钛铝合金的构件或半成品的方法，其方法步骤为：（1）相应于构件或半成品的所希望的最终形状粗形成多个板状体的轮廓，其中这些板状体的一部分或者所有板状体由钛铝合金制成；（2）施多个相互堆叠的板状体平面连接用于形成总体；（3）形成总体所希望的最终形状，以及一种按照本方法制造的构件，特别用于喷气发动机
首项权利要求	用于制造含有金属间钛铝合金的构件或半成品的方法，其特征在于以下方法步骤：（1）相应于构件或半成品的所希望的最终形状形成多个板状体的粗轮廓，其中这些板状体的一部分或者所有板状体由钛铝合金制成；（2）实施多个相互堆叠的板状体彼此平面连接用于形成总体；（3）形成总体所希望的最终形状
权利要求数	18
同族专利公开号	US20060138200A1、US7870670B2、CN1660540B、CN1660540A、JP2005238334A、KR1020060042190A、RU2005105411A、DE502004006993D1、IN255780A1、IN256DEL2005A、ES2305593T3、AT393699T、EP1568486B1、EP1568486A1、RU2306227C2、CA2496093C、CA2496093A1
扩展同族公开号	CA2496093C、CN1660540B、RU2005105411A、AT393699T、US7870670B2、RU2306-227C1、EP1568486A1、RU2306227C2、DE502004006993D1、EP1568486B1、JP2005238334A、US20060138200A1、KR1020060042190A、IN255780A1、IN256DEL2005A、CN1660540A、ES2305593T3、CA2496093A1
引证专利	无
4	
公开号	CN102449176A
发明名称	生产 β-γ-TiAl 基合金的方法
申请人	GfE 金属和材料有限公司，德国钛铝公司
发明人	M. 埃希特曼，W. 菲尔维特，V. 居特尔，H P. 尼古拉
当前权利人	GfE 金属和材料有限公司，德国钛铝公司
申请日	2010-09-28
公开日	2012-05-09
摘要	本发明涉及通过真空电弧再熔而生产经由 β-相固化的 γ-TiAl 基合金的方法，其具有以下方法步骤：在至少一个第一真空电弧再熔步骤中将与待生产的 β-γ-TiAl 基合金相比具有不足含量的钛和至少一种 β-稳定元素的传统 γ-TiAl 初级合金的基础熔融电极熔融，将一定量的钛和/或 β-稳定元素以在基础熔融电极的长度和周边的均匀分布而分配给基础熔融电极，和在最后真空电弧再熔步骤中将分配量的钛和 β-稳定元素熔合在基础熔融电极中以形成均相 β-γ-TiAl 基合金

续表 7-6

首项权利要求	通过真空电弧再熔生产其中γ-TiAl基合金经由β-相固化的γ-TiAl基合金（β-γ-TiAl基合金）的方法，其特征在于以下方法步骤：在至少一个真空电弧再熔步骤中通过将与待生产的γ-TiAl基合金相比含有不足的钛和/或至少一种β-稳定元素的传统β-γ-TiAl初级合金熔融而形成基础熔融电极；将一定量的钛和/或β-稳定元素以在基础熔融电极的长度和周边的均匀分布而分配给基础熔融电极，所述量相当于钛和/或β-稳定元素的减少量；在最后真空电弧再熔步骤中将分配量的钛和/或β-稳定元素加入基础熔融电极中以形成均相β-γ-TiAl基合金
权利要求数	10
同族专利公开号	JP2012527533A、CN102449176B、CN102449176A、WO2011047937A1、JP5492982B2、RU2490350C2、DE102009050603B3、RU2011143579A、US8668760B2、EP2342365A1、EP2342365B1、US20110219912A1、ES2406904T3
扩展同族公开号	US20110219912A1、EP2342365A1、RU2490350C2、DE102009050603B3、EP2342365B1、US8668760B2、CN102449176B、RU2011143579A、WO2011047937A1、JP2012527533A、CN102449176A、ES2406904T3、JP5492982B2
引证专利	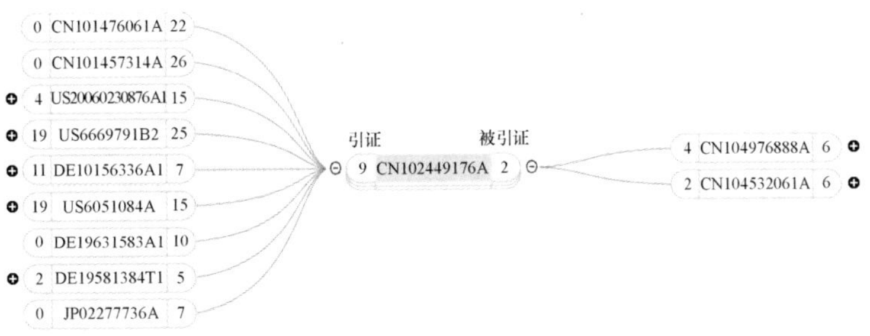 0 CN101476061A 22 0 CN101457314A 26 4 US20060230876A1 15 19 US6669791B2 25 11 DE10156336A1 7 19 US6051084A 15 0 DE19631583A1 10 2 DE19581384T1 5 0 JP02277736A 7 引证 被引证 9 CN102449176A 2 4 CN104976888A 6 2 CN104532061A 6

5

公开号	CN105451915A
发明名称	钛铝合金工件制造工艺
申请人	国家科学研究中心，国家航天航空研究局
发明人	阿兰·库雷特，菲利普·蒙乔克斯，马克·托马斯，托马斯·沃西恩
当前权利人	国家科学研究中心，国家航天航空研究局
申请日	2014-06-11
公开日	2016-03-30
摘要	本发明涉及一种通过火花等离子烧结制造金属合金工件（PF）的工艺，包含在模具（M）内对粉末状构成材料同时应用单轴压力和电流，所述材料具有如下成分组成：42%~49%的铝；0.05%~1.5%的硼；从钨、铼和锆中选择至少一种元素，含量最少为0.2%；可选地，从铬、铌、钼、硅和碳中选择一种或多种元素，含量为0~5%；用于平衡的钛元素，除铝和钛之外的元素总量为0.25%~12%

续表 7-6

首项权利要求	通过火花等离子烧结制造金属合金工件（PF）的工艺，包含对含有粉末状构成材料的设备同时应用单轴压力和电流，所述材料具有如下成分组成（用原子数分数表示）：42%～49%的铝；0.05%～1.5%的硼；从钨、铼和锆中选择至少一种元素，含量最少为0.2%；可选地，从铬、铌、钼、硅和碳中选择一种或多种元素，含量为0～5%；用于平衡的钛元素，除铝和钛之外的元素总量为0.25%～12%
权利要求数	12
同族专利公开号	US20160121400A1、JP2016526602A、PL3007844T3、MX2015017070A、JP6445542B2、WO2014199082A1、KR1020160033096A、CN105451915A、FR3006696A1、CN105451915B、US10183331B2、EP3007844A1、FR3006696B1、EP3007844B1
扩展同族公开号	CN105451915A、JP2016526602A、KR1020160033096A、WO2014199082A1、EP3007844B1、FR3006696A1、FR3006696B1、EP3007844A1、CN105451915B、JP6445542B2、US20160121400A1、MX2015017070A、US10183331B2、PL3007844T3
引证专利	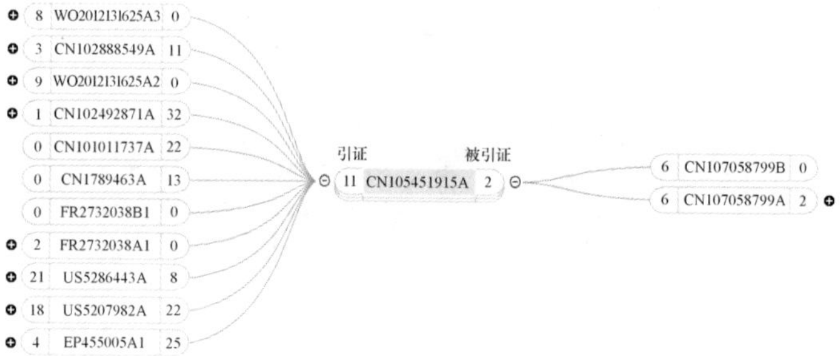 8 WO2012131625A3 0 3 CN102888549A 11 9 WO2012131625A2 0 1 CN102492871A 32 0 CN101011737A 22 0 CN1789463A 13 0 FR2732038B1 0 2 FR2732038A1 0 21 US5286443A 8 18 US5207982A 22 4 EP455005A1 25 引证　被引证 11 CN105451915A 2 6 CN107058799B 0 6 CN107058799A 2
6	
公开号	CN104968451A
发明名称	包含六铝酸钙的铸模和表面涂层成分和用于铸造钛和钛铝合金的方法
申请人	通用电气公司
发明人	B. P. 贝拉伊，B. M. 埃利斯，S. F. 班彻里，M. J. 维梅，J. 麦基伊维
当前权利人	通用电气公司
申请日	2014-01-21
公开日	2015-10-07
摘要	本公开大体涉及铸模成分和模制的方法以及由此模制的物品。更具体而言，本公开涉及铸模成分、固有表面涂层成分和用于铸造含钛物品的方法，以及由此模制的含钛物品，其中，该铸模包括六铝酸钙
首项权利要求	一种用于铸造含钛物品的铸模，包括：主体，其包括六铝酸钙和铝酸钙接合剂，所述铝酸钙接合剂包括单铝酸钙、二铝酸钙、和钙铝石；和腔，其用于在其中铸造含钛物品

续表 7-6

权利要求数	33
同族专利公开号	CN104968451B、CN104968451A、WO2014120512A3、WO2014120512A2、US9592548B2、IN4607CHENP2015A、CA2898454A1、US20140209268A1、BRPI1516958A2、EP2950943A2、JP2016504202A
扩展同族公开号	BRPI1516958A2、JP6431853B2、CN104968451A、US20140209268A1、US9592548B2、JP2016504202A、CA2898454A1、IN4607CHENP2015A、WO2014120512A2、EP2950943A2、CN104968451B、WO2014120512A3
引证专利	6 US20110203761A1 16 0 CN101349619A 4 15 US20080175990A1 10 5 JP2005060203A 14 2 GB2372038A 18 1 EP1178023A1 19 0 CN1121328A 15 0 US3312558A 27 0 US3269848A 11 7 US2911311A 26 引证 被引证 10 CN104968451A 1 4 CN109554562A 0
7	
公开号	CN101518794A
发明名称	一种 γ-TiAl 合金棒材的制备方法
申请人	哈尔滨工业大学
发明人	徐文臣，单德彬，张浩，吕炎
当前权利人	哈尔滨工业大学
申请日	2009-03-23
公开日	2009-09-02
摘要	一种 γ-TiAl 合金棒材的制备方法，它涉及一种棒材的制备方法。它解决了现有方法制备的 γ-TiAl 合金棒材存在棒材表面开裂、直径粗细不均、棒材组织晶粒大小不均匀以及当挤压温度高时 γ-TiAl 合金与坯料发生反应而熔化的问题。方法：（1）铸锭加热保温后退火；（2）铸锭内切割圆柱体，然后包裹硅酸铝纤维，再置于不锈钢管中部，将两端封接得包套坯料；（3）包套坯料经清洗干燥，加热保温后在空气中放置，然后放入玻璃润滑剂预压制的杯子中，再放入模具中挤压得到棒材；（4）棒材退火后出炉空冷，即得 γ-TiAl 合金棒材。本发明中得到的棒材无表面开裂，直径粗细均匀，棒材组织晶粒大小均匀，γ-TiAl 合金与包套不会发生反应而熔化

续表 7-6

项目	内容
首项权利要求	一种 γ-TiAl 合金棒材的制备方法，其特征在于 γ-TiAl 合金棒材的制备方法按以下步骤进行：（1）将 γ-TiAl 合金铸锭置于热等静压炉中，在 1250～1280℃、130～140MPa 的氩气气氛中保温 4～5h 后随炉冷却出炉，然后置于 1250～1300℃ 的条件下均匀化退火 12～24h，随炉冷却出炉；（2）在退火后的 γ-TiAl 合金铸锭内切割所需尺寸的圆柱体，然后包裹厚度为 2～7mm 的硅酸铝纤维，再置于壁厚为 2～7mm 的不锈钢管中部，并将不锈钢管两端用厚度为 2～7mm 的不锈钢板在氩气气氛下进行焊装封接，得包套坯料；（3）将包套坯料置于丙酮溶液中超声波清洗 3～6min 后取出包套坯料干燥，然后置于 1200～1400℃ 的条件下保温 3～4h 后取出，并在空气中放置 10～30s，然后放入玻璃润滑剂预压制的杯子中，再放入预热的模具中进行热挤压，得到棒材；（4）将棒材置于 900～1000℃ 的条件下退火 1～4h，然后出炉空冷，即得 γ-TiAl 合金棒材。其中步骤（1）中氩气的质量纯度为 99.99%；步骤（2）中包裹硅酸铝纤维的圆柱体与不锈钢管等高，且与不锈钢管的内壁之间无缝隙；步骤（3）中预热的模具温度为 150～200℃，热挤压的挤压比为（6～9）：1，挤压速度为 0.1～0.5m/s
权利要求数	10
同族专利公开号	CN101518794A、CN101518794B
扩展同族公开号	CN101518794A、CN101518794B
引证专利	引证　被引证 0　CN101518794A　7 4　CN109402543A　1 4　CN106521196A　3 8　CN103056182A　2 6　CN102205486B　0 5　CN101856675B　0 6　CN102205486A　3 5　CN101856675A　7
8	
公开号	CN102312181A
发明名称	TiAl 合金的等温锻造方法
申请人	上海交通大学
发明人	吕维洁，陈科，王立强，王敏敏，覃继宁，张获
当前权利人	浙江嘉钛金属科技有限公司
申请日	2011-09-07
公开日	2012-01-11
摘要	本发明公开一种 TiAl 合金的等温锻造方法，步骤为：将熔炼后的 TiAl 合金铸锭车去表面氧化皮及肉眼可见裂纹缺陷，采用超声波探伤；在压机上配备具有加热装置的保温炉，确保模具温度为 850～900℃，并保证锻造过程中的模具温度为 850～900℃；将无缺陷的 TiAl 合金表面涂上抗高温氧化涂层，自然干燥；表面处理后的 TiAl 合金进炉升温加热，在 1150～1250℃保温 2～2.5h；将热处理后的 TiAl 合金沿着材料高度方向等温锻造，初次变形量控制在 5%以内，反复压制 2 次后回炉加热，在 1150～1250℃保温 0.5～1h 后，重复上述锻造过程，直至得到预设厚度的板状 TiAl 合金。本发明工艺简单，成本低，可制得高质量、无缺陷的 TiAl 合金靶材

续表 7-6

首项权利要求	一种 TiAl 合金的等温锻造方法，其特征在于，包括以下步骤：（1）材料探伤。将熔炼后的 TiAl 合金铸锭车去表面氧化皮及肉眼可见裂纹缺陷，采用超声波探伤确定材料无气孔等缺陷。（2）机模具加热、保温。在压机上配备具有加热装置的保温炉，确保模具温度在 850~900℃，并保证锻造过程中的模具温度也在 850~900℃。（3）材料表面处理。将步骤（1）中确认无缺陷的 TiAl 合金表面涂上抗高温氧化涂层，自然干燥。（4）材料热处理。步骤（3）中表面处理后的 TiAl 合金进炉升温加热，在 1150~1250℃保温 2~2.5h。（5）等温锻造。将步骤（4）中热处理后的 TiAl 合金迅速放置到高温等温锻造压机上，沿着材料高度方向锻造，初次变形量控制在 5%以内，反复压制 2 次后回炉加热，在 1150~1250℃保温 0.5~1h 后，重复上述锻造过程，直至得到预设厚度的板状 TiAl 合金
权利要求数	5
同族专利公开号	CN102312181B、CN102312181A
扩展同族公开号	CN102312181B、CN102312181A
引证专利	引证：0 CN101559471A 16；1 CN102312181A 6；被引证：8 CN108580770A 0；11 CN105088329B 0；3 CN105483585A 0；11 CN105088329A 0；7 CN104588997A 10；4 CN103305781A 8
9	
公开号	CN102229018A
发明名称	一种适合 TiAl 基合金材料自身连接的氩弧焊方法
申请人	中国航空工业集团公司北京航空材料研究院
发明人	刘文慧，熊华平，郭绍庆，张学军，周标，李能
当前权利人	中国航空工业集团公司北京航空材料研究院
申请日	2011-04-28
公开日	2011-11-02
摘要	本发明是一种适合 TiAl 基合金自身连接的氩弧焊方法。本发明中通过焊前热处理改善被焊 TiAl 基合金本身的塑性，从而提高 TiAl 基合金的可焊性，焊前选择的热处理温度为 1310~1350℃。制备 Ti-Al-Nb 系填充材料，Ti-Al-Nb 系填充材料的具体成分为 Al 40%~50%、Nb 0~10%、V 0~3%、Mo 0~2%、Cr 0~4%、Ti 余量。采用感应线圈对焊接部位预热，预热温度 500~800℃，为了避免 TiAl 基合金氧化和吸氢脆化等问题，预热及焊接操作均在充氩箱内完成，焊接完成后，对焊件进行退火去应力处理，退火温度 900℃。与电子束焊、激光焊等方法相比，该发明提供的焊接方法操作简便，成本低，便于推广，可用于对 TiAl 基合金的铸件或锻件进行缺陷的补焊，TiAl 基合金自身的高效连接

续表 7-6

首项权利要求	一种适合 TiAl 基合金自身连接的氩弧焊方法，其特征在于：按以下步骤进行：（1）制备 TiAl 基合金氩弧焊用填充材料，成分（原子数分数）为：Al 40.0%～50.0%、Nb 0～10.0%、V 0～3.0%、Mo 0～2.0%、Cr 0～4.0%、Ti 余量；（2）对待焊的 TiAl 基合金进行焊前热处理，热处理温度为 1310～1350℃；（3）在充氩箱内，采用感应线圈预热待焊试件或待焊部位，测量被焊 TiAl 合金距离焊缝 20mm 以内位置处的温度，预热温度在 500～800℃之间；（4）在充氩箱内进行钨极氩弧焊焊接；（5）焊后充氩条件下对焊件进行退火热处理，热处理温度为：(900±50)℃
权利要求数	5
同族专利公开号	CN102229018B、CN102229018A
扩展同族公开号	CN102229018A、CN102229018B
引证专利	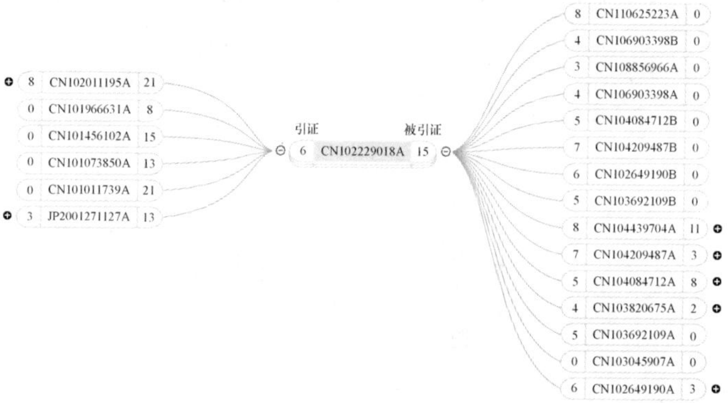 引证 8 CN102011195A 21 0 CN101966631A 8 0 CN101456102A 15 0 CN101073850A 13 0 CN101011739A 21 3 JP2001271127A 13 6 CN102229018A 15 被引证 8 CN110625223A 0 4 CN106903398B 0 3 CN108856966A 0 4 CN106903398A 0 5 CN104084712B 0 7 CN104209487B 0 6 CN102649190B 0 5 CN103692109B 0 8 CN104439704A 11 7 CN104209487A 3 5 CN104084712A 8 4 CN103820675A 2 5 CN103692109A 0 0 CN103045907A 0 6 CN102649190A 3

10

公开号	CN102011195A
发明名称	一种定向凝固高铌钛铝合金单晶的制备方法
申请人	北京科技大学
发明人	林均品，丁贤飞，郝国建，王皓亮，佟健博，陈国良
当前权利人	北京科技大学
申请日	2010-11-23
公开日	2011-04-13
摘要	一种定向凝固高铌钛铝合金单晶的制备方法，属于金属材料制备领域。高铌钛铝合金采用等离子电弧或真空感应凝壳熔炼的铸态母合金锭为原料，高铌钛铝合金主要由 Ti、Al、Nb 等元素组成，母合金成分的原子数分数一般为：(44%～49%) Ti-(45%～46%) Al-(6%～10%) Nb，利用 Bridgman 定向凝固系统，通过二步定向凝固工艺过程，即利用一次 Bridgman 定向凝固后的棒料倒转 180°后再次装入 Bridgman 系统，在相同定向凝固条件下进行二次定向凝固，成功制备了定向凝固高铌钛铝合金单晶。该加工工艺简单可靠，无须装配籽晶，适用性强，适合实际工程应用。利用该定向凝固方法制备的高铌钛铝合金单晶具有综合好的高温性能和室温塑性，在高温结构材料，尤其是航空发动机增压涡轮叶片等方面具有广阔的应用前景

续表 7-6

首项权利要求	一种定向凝固高铌钛铝合金单晶的制备方法，其特征在于：所述定向凝固高铌钛铝合金单晶成分的原子数分数为：(44%～49%)Ti-(45%～46%)Al-(6%～10%)Nb，制备工艺包括以下步骤： (1) 母合金熔炼：用等离子电弧或真空感应凝壳对原子数分数为(44%～49%)Ti-(45%～46%)Al-(6%～10%)Nb成分的原料合金进行熔炼，并浇铸成母合金锭；(2) 将铸态母合金锭电火花切割成$\phi(3\sim50)$mm×(50～1000)mm的圆柱体料棒，并装入有高纯氩气保护的Bridgman定向凝固系统中进行首次定向凝固，定向凝固过程中控制生长速度为5～200μm/s，温度梯度为1～10K/mm；(3) 首次定向凝固完成后，取出料棒，并对其表面进行打磨处理，而后将一次定向凝固合金棒倒转180°，再次装入有高纯氩气保护的Bridgman定向凝固系统中进行定向凝固，二次定向凝固过程的生长速度和温度梯度均与首次定向凝固相同；(4) 取出二次定向凝固后的高铌钛铝合金，表面再次进行打磨处理，即可得到高铌钛铝合金单晶
权利要求数	5
同族专利公开号	CN102011195B、CN102011195A
扩展同族公开号	CN102011195B、CN102011195A
引证专利	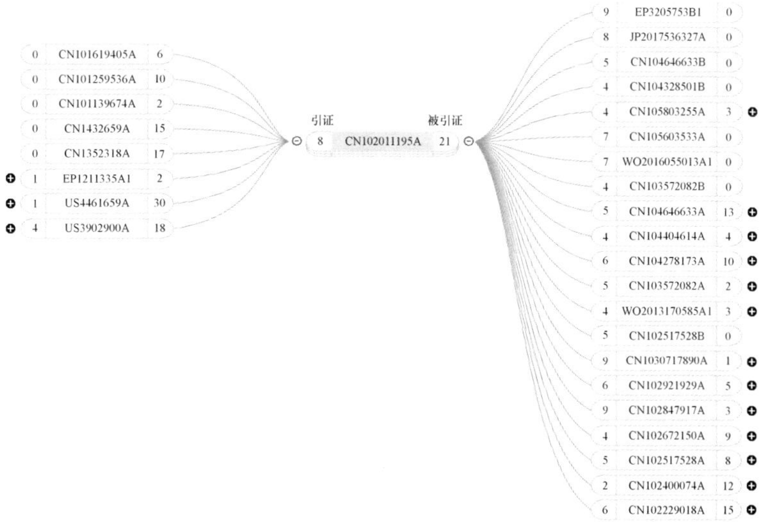 0 CN101619405A 6 0 CN101259536A 10 0 CN101139674A 2 0 CN1432659A 15 0 CN1352318A 17 1 EP1211335A1 2 1 US4461659A 30 4 US3902900A 18 引证 8 CN102011195A 21 被引证 9 EP3205753B1 0 8 JP2017536327A 0 5 CN104646633B 0 4 CN104328501B 0 4 CN105803255A 3 7 CN105603533A 0 7 WO2016055013A1 0 4 CN103572082B 0 5 CN104646633A 13 4 CN104404614A 4 6 CN104278173A 10 5 CN103572082A 2 4 WO2013170585A1 3 5 CN102517528B 0 9 CN1030717890A 1 6 CN102921929A 5 9 CN102847917A 3 4 CN102672150A 9 5 CN102517528A 8 2 CN102400074A 12 6 CN102229018A 15

从申请时间来看，重点专利中德国GKSS盖斯特哈赫特研究中心有限责任公司申请的专利CN1660540A，名称为“含有金属间钛铝合金构件或半成品的制造方法及相应构件生产”，申请时间较早为2005年2月28日。

从申请人国家来看，重点专利中有德国专利3件、澳大利亚专利1件、法国专利1件、美国专利1件和中国专利4件；反映出尽管钛铝金属间化合物材料领域国外申请人在华专利申请数量不多，但是重点专利占比大，尤其是德国。

从被引证次数来看，2008 年 12 月 12 日德国 GKSS 盖斯特哈赫特研究中心有限责任公司申请的专利 CN101457314A，名称为“钛铝化物合金”，被引证次数高达 26 次，说明该专利较易被行业内研发人员关注，被引证专利公开号分别为：US10597756B2、CN110438369A、CN109312427A、CN107699738A、CN107475595A、CN106367624B、CN107034384A、WO2017114069A1、CN106367624A、CN106367633A、CN103773981B、CN105624465A、CN103820674B、CN105441715A、CN103820677B、CN103484701B、CN103820672A、CN103820674A、CN103820675A、CN103820677A、CN103773981A、CN102449176B、CN103484701A、CN103320647A、CN103320648A 和 CN102449176A。

从同族数量来看，2008 年 12 月 12 日德国 GKSS 盖斯特哈赫特研究中心有限责任公司申请的专利 CN101457314A，名称为“钛铝化物合金”，同族数量高达 23 件，反映出申请人对该专利的重视程度高，同族专利公开号分别为：US2009151822A1、US2010000635A1、US2014010701A1、EP2075349A2、EP2075349A3、EP2075349B1、EP2145967A2、EP2145967A3、EP2145967B1、EP2423341A1、EP2423341B1、DE102007060587A1、DE102007060587B4、JP2009144247A、JP5512964B2、KR20090063173A、CN101457314B、BR-PI0806979A2、CA2645843A1、IL195756D0、RU2008149177A 和 RU2466201C2。然而，重点专利中我国机构申请的专利同族数量均为 2 件，反映出其占领国际市场的意识薄弱。

此外，从技术来看，重点专利涉及围绕钛铝金属间化合物材料制备展开，制备方法有应用熔炼冶金或粉末冶金方法的制备、制备含有少于约 15%（质量分数）铝的钛铝合金的方法、含有金属间钛铝合金的构件或半成品的制造方法、真空电弧再熔而生产经由 β-相固化的 γ-TiAl 基合金的方法、火花等离子烧结制造金属合金工件的工艺、铸模成分和模制的方法、γ-TiAl 合金棒材的制备方法、TiAl 合金的等温锻造方法、TiAl 基合金自身连接的氩弧焊方法、定向凝固高铌钛铝合金单晶的制备方法，材料用途涉及航空发动机等。

8 其他科技文献

科技文献还有诸多存在形态，如图书、会议文献、科技报告、音像资料、标准、报纸、统计资料等。本书以标准为例进行简要介绍，但是，由于目前对标准的计量分析手段研究尚不够完善，为此，本书仅对标准的知识予以简单介绍。

8.1 简　　介

1946 年 10 月 14 日由 25 国代表会聚伦敦开会决定创建国际标准化组织。1969 年 9 月，为纪念这个世界标准史上具有重要意义的日子，由国际标准化组织理事会发布决议，决定每年 10 月 14 日为世界标准日。

8.1.1 含义

标准是为了在一定的范围内获得最佳秩序，经协商一致制定并由公认机构批准，共同使用和重复使用的一种规范性文件。这是国际标准化组织、国际电工委员会、国际电信联盟三大国际标准组织共同制定的定义。

国际标准化组织网站主页如图 8-1 所示。

国际电工委员会网站主页如图 8-2 所示。

国际电信联盟网站主页如图 8-3 所示。

8.1.2 特征

（1）权威性。标准要由权威机构批准发布，在相关领域有技术权威，为社会所公认。例如，我国的推荐性国家标准由国务院标准化行政主管部门制定，行业标准由国务院有关行政主管部门制定并报国务院标准化行政主管部门备案，地方标准由省、自治区、直辖市人民政府标准化行政主管部门制定。

（2）民主性。标准的制定要经过利益相关方充分协商并听取各方意见。例如，2014 年 9 月我国发布的推荐性国家标准《钛及钛合金铸件》由全国铸造标准化技术委员会提出并归口，沈阳铸造研究所和中国船舶重工集团公司第七二五

图 8-1　国际标准化组织网站主页

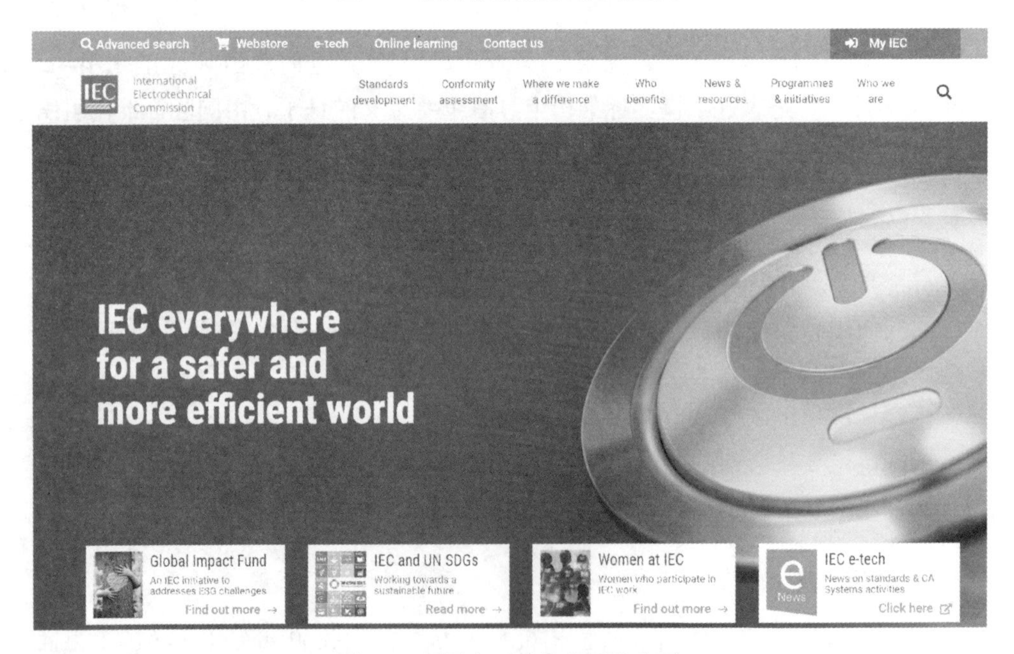

图 8-2　国际电工委员会网站主页

研究所负责起草，中国航空工业集团公司北京航空材料研究院、宝鸡钛业股份有限公司、贵州安吉航空精密铸造有限责任公司、武昌船舶重工集团有限公司和北京星航机电装备有限公司参加起草，多位专家为主要起草人，共同协商修订而形成的，该标准替代标准的历次版本发布的有 GB/T 6614—1986 和 GB/T 6614—1994。

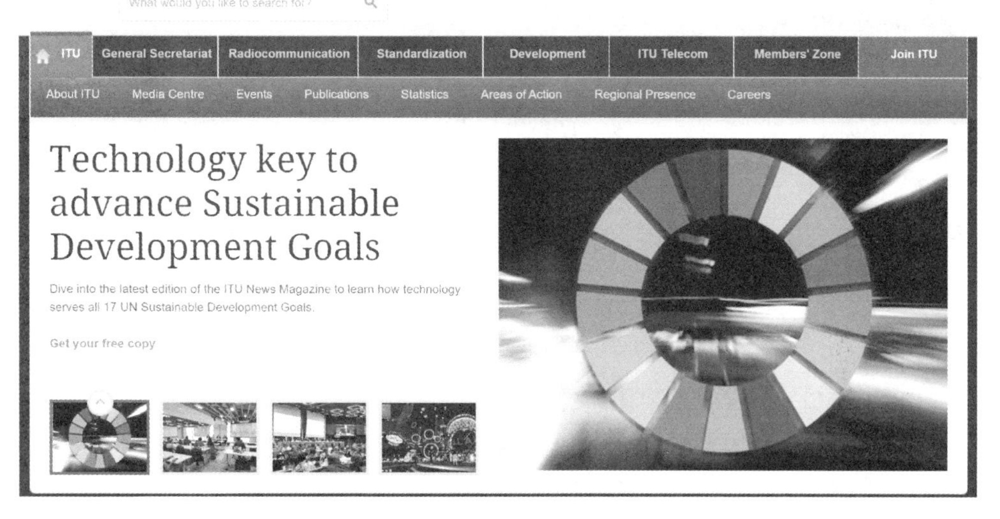
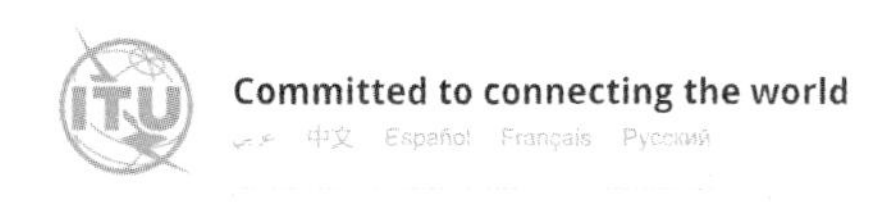

图 8-3　国际电信联盟网站主页

（3）实用性。标准的制定修订是为了解决现实问题或潜在问题，在一定范围内获得最佳秩序，实现最大效益。

（4）科学性。标准来源于人类社会实践活动，产生基础是科学研究和技术进步的成果，是实践经验的总结。在标准制定过程中，对关键指标要进行充分的实验验证，标准的技术内容代表着先进的科技创新成果，标准的实施也是科技成果产业化的重要过程。

8.2 示　　例

由于目前围绕钛铝金属间化合物材料的标准数量较少，本书以钛铝金属间化合物材料所属的钛及钛合金材料大类的标准为例进行介绍，见表 8-1。

表 8-1　部分国家钛工业标准

国家/组织	标准代号缩写	类型
中国	GB	国家标准
	GB/T	推荐性国家标准
	YB	冶金行业标准
	YS/T	有色金属行业标准
	GJB	国家军用标准

续表 8-1

国家/组织	标准代号缩写	类型
美国	ASTM	美国材料与试验协会标准
	ASME	美国机械工程师协会标准
	AMS	美国宇航材料标准
	MIL-T MIL-STD	美国军用标准
俄罗斯	ГОСТ	原苏联国家标准
	ОСТ	原苏联部门标准
日本	JIS H	日本（钛）工业标准
国际标准化组织	ISO	国际标准

摘录如下：

GB/T 6612—1986　重要用途的 TA7 钛合金板材

GB/T 1216—1992 TA5　钛合金焊接技术条件

GJB 1169—1991　航天用钛合金环材规范

GJB 1538—1992　飞机结构件用 TC4 钛合金棒材规范

ASTMF 136—2002a　外壳植入物用 Ti-6Al-4V ELI 加工材

ASTMF 1108—2002　外科植入物用 Ti-6Al-4V 铸件

AMS 4900—2001　钛薄板、带和板材（退火状态）（380MPa）

AMS 4901—2002　钛薄板、带和板材（退火状态）（485MPa）

MIL-T-81566—1996　钛及钛合金的圆棒、棒材、特殊形状面的挤压件

MIL-H-81200　钛及钛合金的热处理

ГОСТ 24890—81　焊接钛管

ГОСТ 26492—85　钛及钛合金轧棒

参 考 文 献

[1] 谢成木．钛及钛合金铸造［M］．北京：机械工业出版社，2005.
[2] 黄旭，朱知寿，王红红．先进航空钛合金材料与应用［M］．北京：国防工业出版社，2012.
[3] 张永刚，韩雅芳，陈国良，等．金属间化合物结构材料［M］．北京：国防工业出版社，2001.
[4] 林均品，张来启，郝建国．陈国良院士论文选集——高铌含量钛铝金属间化合物合金部分［M］．北京：科学出版社，2012.
[5] 项宏福，冯迪．钛铝金属间化合物的高温特性及疲劳行为研究［M］．镇江：江苏大学出版社，2016.
[6] 王向明．飞机钛合金结构设计与应用［M］．北京：国防工业出版社，2010.
[7] 中国材料研究学会．中国新材料产业发展报告（2019）［M］．北京：化学工业出版社，2020.
[8] 孙玉福．实用工程材料手册［M］．北京：机械工业出版社，2014.
[9] 李杰，陈超美．CiteSpace：科技文本挖掘及可视化［M］．2 版．北京：首都经济贸易大学出版社，2016.
[10] 王立清．信息检索教程［M］．2 版．北京：中国人民大学出版社，2008.
[11] 秦声出．专利检索策略及实战技巧［M］．北京：知识产权出版社，2019.
[12] 马天旗．专利分析——检索、可视化与报告撰写［M］．北京：知识产权出版社，2019.
[13] 张晓东．专利检索与信息分析实务［M］．上海：华东理工大学出版社，2017.
[14] 杨铁军．专利分析实务手册［M］．北京：知识产权出版社，2012.
[15] 邱均平．文献计量学［M］．2 版．北京：科学出版社，2019.
[16] 李明．创新思维与文献驱动［M］．北京：科学出版社，2017.
[17] 储节旺，郭春侠．文献计量分析的知识管理学科规范研究［M］．北京：中国社会科学出版社，2015.
[18] 赵生让．信息检索与利用［M］．2 版．西安：西安电子科技大学出版社，2019.
[19] 国家知识产权局组织，国家知识产权局专利文献部．专利文献与信息检索［M］．北京：知识产权出版社，2013.
[20] 国家知识产权局学术委员会．产业专利分析报告［M］．北京：知识产权出版社，2020.
[21] 南海．钛合金精密铸造技术及其应用发展［C］．中国机械工程学会 2008 中国铸造活动论文集，2008：712~718.
[22] 丁贤飞．航空航天用铸造钛合金技术研究现状及发展趋势［C］．中国机械工程学会铸造分会，2019：431.
[23] 胡海涛．降低定向层片组织 TiAl 合金凝固偏析和消除心部等轴晶的凝固过程研究［D］．北京：钢铁研究总院，2019.
[24] 曹春晓．航空用钛合金的发展概况［J］．航空科学技术，2005（4）：3~6.
[25] 曹春晓．一代材料技术，一代大型飞机［J］．航空学报，2008（3）：701~706.
[26] 张鹏，朱强，秦鹤勇，等．航空发动机用耐高温材料的研究进展［J］．材料导报，2014，

28 (11): 27~31, 37.

[27] 程玉洁，果春焕，周培俊，等. 金属间化合物基层状复合材料 Ti/Al_3Ti 制备技术及其研究进展 [J]. 中国材料进展，2015，34 (4): 317~325.

[28] 林均品，张来启，宋西平，等. 轻质 γ-TiAl 金属间化合物的研究进展 [J]. 中国材料进展，2010，29 (2): 1~8.

[29] 张建伟，李世琼，梁晓波，等. Ti_3Al 和 Ti_2AlNb 基合金的研究与应用 [J]. 中国有色金属学报，2010，20 (S1): 336~341.

[30] 杨锐. 钛铝金属间化合物的进展与挑战 [J]. 金属学报，2015，51 (2): 129~147.

[31] 钟庆东，勒霞文，纪丹，等. 铁铝金属间化合物的研究进展 [J]. 粉末冶金技术，2014，32 (6): 457~463.

[32] 赵丹丹. 钛合金在航空领域的发展与应用 [J]. 铸造，2014，63 (11): 1114~1117.

[33] 舒群，郭永良，陈子勇，等. 铸造钛合金及其熔炼技术的发展现状 [J]. 材料科学与工艺，2004 (3): 332~336.

[34] 金和喜，魏克湘，李建明，等. 航空用钛合金研究进展 [J]. 中国有色金属学报，2015，25 (2): 280~292.

[35] 黄张洪，曲恒磊，邓超，等. 航空用钛及钛合金的发展及应用 [J]. 材料导报，2011，25 (1): 102~107.

[36] 赵永庆. 国内外钛合金研究的发展现状及趋势 [J]. 中国材料进展，2010，29 (5): 1~8，24.

[37] 李重河，朱明，王宁，等. 钛合金在飞机上的应用 [J]. 稀有金属，2009，33 (1): 84~91.

[38] 许国栋，王凤娥. 高温钛合金的发展和应用 [J]. 稀有金属，2008，32 (6): 774~780.

[39] 蔡建明，李臻熙，马济民，等. 航空发动机用 600℃ 高温钛合金的研究与发展 [J]. 材料导报，2005 (1): 50~53.

[40] 任海水，熊华平，吴欣，等. 钛铝系合金与镍基高温合金异种连接技术研究进展 [J]. 机械工程学报，2017，53 (4): 1~10.

[41] 钱九红. 航空航天用新型钛合金的研究发展及应用 [J]. 稀有金属，2000 (3): 218~223.

[42] 李金山，张铁邦，常辉，等. TiAl 基金属间化合物的研究现状与发展趋势 [J]. 中国材料进展，2010，29 (3): 1~5.

[43] 张继，仲增镛. TiAl 金属间化合物工程实用化研究与进展 [J]. 中国材料进展，2010，29 (2): 9~13.

[44] 陈玉勇，张树志，孔凡涛，等. 新型 β-γTiAl 合金的研究进展 [J]. 稀有金属，2012，36 (1): 154~160.

[45] 张晓伟，刘洪喜，蒋业华，等. 激光原位合成 TiN/Ti_3Al 基复合涂层 [J]. 金属学报，2011，47 (8): 1086~1093.

[46] 彭小敏，夏长清，王志辉，等. TiAl 基合金高温氧化及防护的研究进展 [J]. 中国有色金属学报，2010，20 (6): 1116~1130.

[47] 陈玉勇，苏勇君，孔凡涛. TiAl 金属间化合物制备技术的研究进展 [J]. 稀有金属材料

与工程，2014，43（3）：757~762.
[48] 刘娣，张利军，米磊，等 . TiAl 合金的制备及应用现状［J］. 钛工业进展，2014，31（4）：11~15.
[49] 谢静波 . 论专利文献在企业技术创新中的作用［J］. 科技进步与对策，2000，17（3）：60~61.
[50] 梁春华，李晓欣 . 先进材料在战斗机发动机上的应用与研究趋势［J］. 航空材料学报，2012，32（6）：32~36.
[51] 孙红卫，田明 . 专利文献和技术创新［J］. 现代情报，2005，4（4）：216~217.
[52] 张建英 . 专利文献在技术创新中的应用［J］. 图书馆学研究，2003（9）：91~94.
[53] 赵保国，王思瑶 . 基于文献计量的价值共创研究现状分析［J］. 北京邮电大学学报（社会科学版），2015，17（3）：42~49.
[54] 车尧，张皓月 . 情报学范畴内有关信息分析的文献计量分析——基于 CNKI、万方和 Web of Science 数据库［J］. 情报科学，2011，29（3）：456~461.
[55] 陆晓红 . 基于 Web of Science 的知识研究文献计量分析［J］. 情报科学，2009，27（12）：1848~1852.
[56] 李贺，袁翠敏，李亚峰 . 基于文献计量的大数据研究综述［J］. 情报科学，2014，32（6）：148~155.
[57] 黄伟 . 我国科技成果转化绩效评价、影响因素分析及对策研究［D］. 长春：吉林大学，2013.
[58] 盛亚，孔莎莎 . 中国知识产权政策对技术创新绩效影响的实证研究［J］. 科学学研究，2012，30（11）：1735~1740.
[59] 顾丹丹 . 企业专利申请与专利保护策略探究［J］. 科技创新与应用，2020（3）：12~13.
[60] 栾春娟，王续琨，刘则渊，等 . 专利计量研究国际前沿的计量分析［J］. 科学学研究，2008（2）：334~338，310.
[61] 曹建勋 . 技术先进性评价的文献计量法［J］. 情报知识，1987（8）：29~32.
[62] 黄萃，任弢，张剑 . 政策文献量化研究：公共政策研究的新方向［J］. 公共管理学报，2015，12（2）：129~137.
[63] 鲍芳芳，高威，冯新，等 . 基于专利数据的钛铝合金材料发展态势研究［J］. 中国标准化，2020（S1）：12~17.
[64] 鲍芳芳，高威，冯新，等 . 基于专利数据的我国钛铝合金材料发展态势研究［J］. 高技术通讯，2021，31（4）：447~455.
[65] 鲍芳芳，高威，冯新，等 . 基于 CiteSpace 的钛铝合金研究可视化分析［J］. 中国材料进展，2022.
[66] 李杰 . Citespace 中文指南 . http：//blog. science. cn/blog-554179-1066981. html.
[67] 陈超美 . Citespace 中文指南 . http：//blog. science. cn/u/ChaomeiChen.
[68] GB 7713—87. 中华人民共和国国家标准科学技术报告、学位论文和学术论文的编写格式［S］. 国家标准局，1987.
[69] 陈玉勇，陈艳飞，田竟，等 . 一种熔模精密铸造 TiAl 基合金模壳的制备方法：中国，CN101462151A［P］. 2009-01-16.

[70] 弗里茨·阿佩尔，乔纳森·保罗，迈克尔·厄林．钛铝化物合金：中国，CN101457314 [P]．2009-06-17.

[71] 贾瓦德·海德尔．制备低铝的钛铝合金的方法：中国，CN102712966A [P]．2012-10-03.

[72] M. 奥林格，J. 保罗，F. 阿佩尔．含有金属间钛铝合金构件或半成品的制造方法及相应构件：中国，CN1660540 [P]．2005-08-31.

[73] 陈玉勇，陈艳飞，田竞，等．一种熔模精密铸造 TiAl 基合金模壳的制备方法：中国，CN101462151 [P]．2009-06-24.

[74] 孔凡涛，陈玉勇．叠层轧制-扩散复合制备钛合金/TiAl 合金复合板材的方法：中国，CN101011706A [P]．2007-08-08.

[75] 陈玉勇，孔凡涛．含元素钇的 TiAl 金属间化合物板材的制备方法：中国，CN101011705A [P]．2007-08-08.

[76] 陈玉勇，田竞，卢玉红，等．铸造钛及钛铝基合金多孔陶瓷型壳的制备方法：中国，CN101104195A [P]．2008-01-16.

[77] 冯吉才，吴会强，何景山，等．一种加过渡层的钛铝合金金属间化合物电子束焊接方法：中国，CN1695870A [P]．2005-11-16.

[78] 林铁松，何鹏，李海新，等．TiAl 基合金与 Ni 基高温合金的接触反应钎焊连接方法：中国，CN101972877A [P]．2011-02-16.

[79] 丁宏升，陈瑞润，郭景杰，等．制备 TiAl 基合金方坯的一种定向凝固装置：中国，CN101112716A [P]．2008-01-30.

[80] 林铁松，何鹏，李海新，等．TiAl 基合金与 Ni 基高温合金的接触反应钎焊连接方法：中国，CN101972877A [P]．2011-02-16.

[81] 苏彦庆，骆良顺，刘卫强，等．一种小型钛合金或钛铝合金复杂铸件的铸造成形方法：中国，CN102019401A [P]．2011-04-20.

[82] 孔凡涛，陈玉勇，杨非．三维网状结构 Ti_2AlC 增强的 TiAl 基复合材料及其制备方法：中国，CN101011737A [P]．2007-08-08.

[83] 李卓然，冯广杰，王世宇，等．一种高效率焊接 TiAl 合金的方法：中国，CN104759752A [P]．2015-07-08.

[84] 林均品，丁贤飞，王皓亮，等．一种定向凝固高铌钛铝基合金的制备方法：中国，CN101875106A [P]．2010-11-03.

[85] 何新波，王述超，路新，等．一种大量制备微细球形钛铝基合金粉的方法：中国，CN101850424A [P]．2010-10-06.

[86] 王辉，吕昭平，杨帆，等．一种梯度孔多孔高铌钛铝合金的制备方法：中国，CN101967578A [P]．2011-02-09.

[87] 林均品，丁贤飞，郝国建，等．一种定向凝固高铌钛铝合金单晶的制备方法：中国，CN102011195A [P]．2011-04-13.

[88] 林均品，王衍行，贺跃辉，等．一种制备高铌钛铝多孔材料的方法：中国，CN101089209A [P]．2007-12-19.

[89] 何新波，张昊明，曲选辉，等．注射成形制备高铌钛铝合金零部件的方法：中国，CN101279367A [P]．2008-10-08.

[90] 林均品，王艳丽，陈国良，等．一种高温高性能高铌钛铝合金：中国，CN1352318A [P]. 2002-06-05.

[91] 林均品，王艳丽，陈国良，等．一种高铌 TiAl 合金大尺寸饼材制备方法：中国，CN1352315A [P]. 2002-06-05.

[92] 路新，佟健博，曲选辉，等．一种短流程制备高铌钛铝合金球形微粉的方法：中国，CN102717086A [P]. 2012-10-10.

[93] 林均品，沈正章，梁永锋，等．一种高铌钛铝基合金板材的制备方法：中国，CN103801581A [P]. 2014-05-21.

[94] 邵慧萍，王志，林涛，等．一种用氢化钛粉制备 TiAl 金属间化合物粉末的方法：中国，CN102825259A [P]. 2012-12-19.

[95] 宋西平，张蓓，王艳丽，等．一种细化 TiAl 合金铸锭显微组织的热加工工艺：中国，CN1752265A [P]. 2006-03-29.

[96] 杜随更，傅莉，王剑，等．钛铝合金涡轮与 42CrMo 调质钢轴的摩擦焊接方法：中国，CN101844271A [P]. 2010-09-29.

[97] 熊江涛，张赋升，李京龙．TiAl/Nb 基合金与 Ni 基高温合金的扩散焊方法：中国，CN101352772A [P]. 2009-01-28.

[98] 唐斌，朱雷，寇宏超，等．一种 TiAl 合金与 Ti2AlNb 合金的扩散连接方法：中国，CN106808079A [P]. 2017-06-09.

[99] 唐斌，李金山，齐先胜，等．一种高 Nb-TiAl 合金扩散连接方法：中国，CN103785944A [P]. 2014-05-14.

[100] 谢发勤，李涌泉，吴向清．TiAl 合金表面包埋共渗 Al-Si-Y 的工艺方法：中国，CN102758169A [P]. 2012-10-31.

[101] 寇宏超，杨光，王军，等．一种 TiAl 合金晶粒细化方法：中国，CN103498065A [P]. 2014-01-08.

[102] 唐斌，张晓强，李金山，等．高温 TiAl 合金与 Ti_2AlNb 合金环形件的扩散连接方法：中国，CN107745178A [P]. 2018-03-02.

[103] 罗贤，杨延清，李嘉伟，等．一种轻质反射镜镜坯及其制备方法：中国，CN102495438A [P]. 2012-06-13.

[104] 杜玉俊，沈军，熊义龙．制备钛铝基合金定向全片层组织的电磁成形装置及方法：中国，CN102689000A [P]. 2012-09-26.

[105] 杜玉俊，沈军，韩军龙，等．一种制备 TiAl 基合金定向全片层组织的方法：中国，CN104651650A [P]. 2015-05-27.

[106] 郭万林，李天文，毛唯，等．钛基合金钎料粉末制备方法：中国，CN1695877A [P]. 2005-11-16.

[107] 魏战雷，黄东，李建崇，等．一种钛铝系金属间化合物铸件精密成型方法：中国，CN105499499A [P]. 2016-04-20.

[108] 刘娜，李周，袁华，等．一种氩气雾化粉末 TiAl 合金板材的制备方法：中国，CN102513537A [P]. 2012-06-27.

[109] 刘文慧，熊华平，郭绍庆，等．一种适合 TiAl 基合金材料自身连接的氩弧焊方法：中

国，CN102229018A [P]. 2011-11-02.

[110] 李臻熙，高帆，刘宏武. 一种 TiAl 合金及其制备方法：中国，CN108559872A [P]. 2018-09-21.

[111] 黄东，南海，刘晨光，等. 一种钛及钛铝基合金熔模精密铸造锆酸钙模壳的制备方法：中国，CN102974761A [P]. 2013-03-20.

[112] 熊华平，叶雷，李晓红，等. 用于 TiAl 或 Ti3Al 合金钎焊的钛-锆-铁基钎料：中国，CN102922172A [P]. 2013-02-13.

[113] 刘晨光，王红红. 钛铝基及铌硅基合金定向凝固熔模精铸模壳的制备方法：中国，CN102744366A [P]. 2012-10-24.

[114] 李建崇，朱郎平，南海，等. 一种钛铝基合金定向凝固熔模精密铸造模壳的制备方法：中国，CN103537620A [P]. 2014-01-29.

[115] 熊华平，王淑云，张敏聪，等. 一种新型钛基高温合金的制备方法：中国，CN102776413A [P]. 2012-11-14.

[116] M. 埃希特曼，W. 菲尔维特，V. 居特尔，H-P. 尼古拉. 生产 β-γ-TiAl 基合金的方法：中国，CN102449176A [P]. 2012-05-09.

[117] 阿兰·库雷特，菲利普·蒙乔克斯，马克·托马斯，等. 钛铝合金工件制造工艺：中国，CN105451915A [P]. 2016-03-30.

[118] B. P. 贝拉伊，B. M. 埃利斯，S. F. 班彻里，等. 包含六铝酸钙的铸模和表面涂层成分和用于铸造钛和钛铝合金的方法：中国，CN104968451A [P]. 2015-10-07.

[119] 徐文臣，单德彬，张浩，等. 一种 γ-TiAl 合金棒材的制备方法：中国，CN101518794A [P]. 2009-09-02.

[120] 吕维洁，陈科，王立强，等. TiAl 合金的等温锻造方法：中国，CN102312181A [P]. 2012-01-11.

[121] 刘文慧，熊华平，郭绍庆，等. 一种适合 TiAl 基合金材料自身连接的氩弧焊方法：中国，CN102229018A [P]. 2011-11-02.

[122] Murr L E, Gaytan S M, Ceylan A, et al. Characterization of titanium aluminide alloy components fabricated by additive manufacturing using electron beam melting [J]. Acta Materialia, 2009, 58 (5): 1887~1894.

[123] Emanuel Schwaighofer, Helmut Clemens, Svea Mayer, et al. Microstructural design and mechanical properties of a cast and heat-treated intermetallic multi-phase γ-TiAl based alloy [J]. Intermetallics, 2014 (44): 128~140.

[124] Lin J P, Zhao L L, Li G Y, et al. Effect of Nb on oxidation behavior of high Nb containing TiAl alloys [J]. Intermetallics, 2010, 19 (2): 131~136.

[125] Shuhai Chen, Liqun Li, Yanbin Chen, et al. Joining mechanism of Ti/Al dissimilar alloys during laser welding-brazing process [J]. Journal of Alloys and Compounds, 2010, 509 (3): 891~898.

[126] Bewlay B P, Nag S, Suzuki A, et al. TiAl alloys in commercial aircraft engines [J]. Materials at High Temperatures, 2016, 33 (4-5): 549~559.

[127] Seong-Woong Kim, Jae Keunhong, Young-Sang Na, et al. Development of TiAl alloys with

excellent mechanical properties and oxidation resistance [J]. Materials and Design, 2014 (54): 814~819.

[128] Liang Cheng, Hui Chang, Bin Tang, et al. Deformation and dynamic recrystallization behavior of a high Nb containing TiAl alloy [J]. Journal of Alloys and Compounds, 2013 (552): 363~369.

[129] Emanuel Schwaighofer, Boryana Rashkova, Helmut Clemens, et al. Effect of carbon addition on solidification behavior, phase evolution and creep properties of an intermetallic β-stabilized γ-TiAl based alloy [J]. Intermetallics, 2014 (46): 173~184.

[130] Niu H Z, Chen Y Y, Xiao S L, et al. Microstructure evolution and mechanical properties of a novel beta γ-TiAl alloy [J]. Intermetallics, 2012 (31): 225~231.

[131] Martin Schloffer, Farasat Iqbal, Heike Gabrisch, et al. Microstructure development and hardness of a powder metallurgical multi phase γ-TiAl based alloy [J]. Intermetallics, 2011 (22): 231~240.

[132] Helmut Clemens, Svea Mayer. Design, Processing, Microstructure, Properties, and Applications of Advanced Intermetallic TiAl Alloys [J]. Advanced Engineering Materials, 2013, 15 (4): 191~215.

[133] Appel Fritz, Paul Jonathan David Heaton, Oehring Michael. Gamma Titanium Aluminide Alloys: Science and Technology [M]. Wiley-VCH Verlag GmbH & Co. KGaA: 2011-09-15.

[134] Xinhua Wu. Review of alloy and process development of TiAl alloys [J]. Intermetallics, 2005, 14 (10): 1114~1122.

[135] Wilfried Wallgram, Arno Bartels, Volker Güther, et al. Design of Novel β-Solidifying TiAl Alloys with Adjustable β/B2-Phase Fraction and Excellent Hot-Workability [J]. Advanced Engineering Materials, 2008, 10 (8): 707~713.

[136] Kunal Kothari, Ramachandran Radhakrishnan, Norman M. Wereley. Advances in gamma titanium aluminides and their manufacturing techniques [J]. Progress in aerospace sciences, 2012 (55): 1~16.

[137] Lin J P, Zhao L L, Li G Y, et al. Effect of Nb on oxidation behavior of high Nb containing TiAl alloys [J]. Intermetallics, 2010, 19 (2): 131~136.

[138] Guang Chen, Yingbo Peng, Gong Zheng, et al. Polysynthetic twinned TiAl single crystals for high-temperature applications [J]. Nature Materials, 2016, 15 (8): 876~881.

[139] Appel F, Clemens H, Fischer F D. Modeling concepts for intermetallic titanium aluminides [J]. Progress in Materials Science, 2016 (81): 55~124.

[140] Seong-Woong Kim, Jae Keun Hong, Young-Sang Na, et al. Development of TiAl alloys with excellent mechanical properties and oxidation resistance [J]. Materials and Design, 2014 (54): 814~819.

[141] Wilfried Wallgram, Thomas Schmölzer, Limei Cha, et al. Technology and mechanical properties of advanced γ-TiAl based alloys [J]. International Journal of Materials Research, 2009, 100 (8): 1021~1030.

[142] Imayev R M, Imayev V M, Oehring M. Alloy design concepts for refined gamma titanium alu-

minide based alloys [J]. Intermetallics, 2007, 15 (4): 451~460.

[143] Alain Lasalmonie. Intermetallics: Why is it so difficult to introduce them in gas turbine engines? [J]. Intermetallics, 2006, 14 (10): 1123~1129.

[144] Emanuel Schwaighofer, Helmut Clemens, Janny Lindemann, et al. Hot-working behavior of an advanced intermetallic multi-phase γ-TiAl based alloy [J]. Materials Science & Engineering, A. Structural Materials: Properties, Misrostructure and Processing, 2014 (614): 297~310.

[145] Martin Schloffer, Boryana Rashkova, Thomas Schöberl, et al. Evolution of the ω o phase in a β-stabilized multi-phase TiAl alloy and its effect on hardness [J]. Acta Materialia, 2014 (64): 241~252.

[146] Bolz S, Oehring M, Lindemann J, et al. Microstructure and mechanical properties of a forged beta-solidifying gamma TiAl alloy in different heat treatment conditions [J]. Intermetallics, 2015 (58): 71~83.

[147] Witusiewicz V T, Bondar A A, Hecht U. The Al-B-Nb-Ti system Ⅳ. Experimental study and thermodynamic re-evaluation of the binary Al-Nb and ternary Al-Nb-Ti systems [J]. Journal of Alloys and Compounds: An Interdisciplinary Journal of Materials Science and Solid-state Chemistry and Physics, 2009, 472 (1/2): 133~161.

[148] Young-Won Kim, Sang-Lan Kim. Advances in Gammalloy Materials-Processes-Application Technology: Successes, Dilemmas, and Future [J]. Jom, 2018, 70 (4): 553~560.

[149] Hecht U, Witusiewicz V, Drevermann A, et al. Grain refinement by low boron additions in niobium-rich TiAl-based alloys [J]. Intermetallics, 2008, 16 (8): 969~978.

[150] Chen Y Y, Xiao S L, Niu Z. Microstructure evolution and mechanical properties of a novel beta γ-TiAl alloy [J]. Intermetallics, 2012 (31): 225~231.

[151] Andreas Stark, Michael Oehring, Florian Pyczak, et al. In Situ Observation of Various Phase Transformation Paths in Nb-Rich TiAl Alloys during Quenching with Different Rates [J]. Advanced Engineering Materials, 2011, 13 (8): 700~704.

[152] Teng Z K, Chen G L, Xu X J. Microsegregation in high Nb containing TiAl alloy ingots beyond laboratory scale [J]. Intermetallics, 2007, 15 (5): 625~631.

[153] Hu D, Yang C, Huang A, et al. Grain refinement in beta-solidifying Ti44Al8Nb1B [J]. Intermetallics, 2012 (23): 49~56.

[154] Young-Won Kim, Sang-Lan Kim. Effects of microstructure and C and Si additions on elevated temperature creep and fatigue of gamma TiAl alloys [J]. Intermetallics, 2014 (53): 92~101.

[155] Alberto Jesús Palomares-García, Maria Teresa Pérez-Prado, Jon Mikel Molina-Aldareguia. Effect of lamellar orientation on the strength and operating deformation mechanisms of fully lamellar TiAl alloys determined by micropillar compression [J]. Acta Materialia, 2017 (123): 102~114.

[156] Martin Schloffer, Farasat Iqbal, Heike Gabrisch, et al. Microstructure development and hardness of a powder metallurgical multi phase γ-TiAl based alloy [J]. Intermetallics, 2011 (22): 231~240.

[157] Huang Shyh Chin, Shin Donalds. Gamma titanium aluminum alloys modified by chromium and tantalum and method of preparation: USA, US5028491A [P]. 1991-07-02.

[158] Waldemar Link Gmbh Co Kg. Method for casting titanium alloy: China, CA2597248A1 [P]. 2006-02-27.

[159] コックス ジェイムズ アール, デ アルウィス チャナカ エル, コーラー ベンジャミン エイ. チタン-アルミニウム-バナジウム合金の製造方法: Japan, JP2019533081A [P]. 2017-09-13.

[160] Marianne Baumgärtner, Peter Dipl Ing Janschek. Verfahren zur Herstellung eines hochbelastbaren Bauteils aus einer Alpha + Gamma-Titanaluminid-Legierung für Kolbenmaschinen und Gasturbinen, insbesondere Flugtriebwerke: Germany, DE102015103422B3 [P]. 2015-03-09.

[161] Ulrike Habel, Dietmar Helm, Falko Heutling, et al. Forged TiAl-components and methods of making the same: Germany, DE102011110740A1 [P]. 2011-08-11.

[162] Karl-Hermann Richter, Herbert Hanrieder, Sonja Dudziak, et al. Process and apparatus for applying layers of material to a workpiece made of TiAl: USA, US2013143068 [P]. 2013-06-06.

[163] Wilfried Smarsly, Helmut Clemens, Volker Guether, et al. Material for a gas turbine component, method for producing a gas turbine component and gas turbine component: USA, US20110189026A1 [P]. 2008-10-18.

[164] Helm Dietmar, Heutling Falko, Habel Ulrike, et al. Method for producing forged TiAl components made of an alpha+gamma titanium aluminide alloy for piston engines and gas turbines, in particular jet engines: Germany, EP2742162A1 [P]. 2012-08-09.

[165] Toshimitsu Tetsui, Kentaro Shindo, Masao Takeyama. TiAl based alloy, production process therefor, and rotor blade using same: USA, US20010022946A1 [P]. 2001-02-22.

[166] Baumgärtner Marianne, Janschek Peter. Method for producing a heavy-duty component made of an alpha+gamma titanium aluminide alloy for piston engines and gas turbines, in particular jet engines: Germany, EP3067435A1 [P]. 2016-01-29.